本体理论与工程应用

徐享忠　汤再江　杨建东　孙俊峰　编著

国防工业出版社
·北京·

内 容 简 介

本书重点阐述本体的工程应用，以确定性本体为主、概率本体为辅，并根据需要引入相应的本体理论。全书分为本体理论、确定性本体及工程应用、概率本体及工程应用和附录等四部分，贯穿 Web 本体语言（OWL 2）、语义网规则语言（SWRL）、确定性本体建模工具 protégé 5.2.0、概率本体建模工具 UnBBayes - MEBN 4.22.18 的使用。

本书可作为信息系统互操作、系统仿真、知识工程等相关专业本科生和硕士研究生的教材或教学参考书，也可供有关工程技术人员自学和参考。

图书在版编目（CIP）数据

本体理论与工程应用 / 徐享忠等编著. —北京：国防工业出版社，2019.10

ISBN 978 - 7 - 118 - 11960 - 2

Ⅰ. ①本… Ⅱ. ①徐… Ⅲ. ①指挥信息系统 - 研究 Ⅳ. ①E94

中国版本图书馆 CIP 数据核字（2019）第 221183 号

※

国防工业出版社出版发行

（北京市海淀区紫竹院南路 23 号　邮政编码 100048）

三河市德鑫印刷有限公司印刷

新华书店经售

*

开本 710 × 1000　1/16　**印张** 17　**字数** 314 千字

2019 年 10 月第 1 版第 1 次印刷　**印数** 1—2000 册　**定价** 78.00 元

国防书店：（010）88540777　　发行邮购：（010）88540776

发行传真：（010）88540755　　发行业务：（010）88540717

前　　言

本体能够为领域术语显式地赋予语义，为信息智能处理奠定了良好基础，从而在语义网、知识库、信息系统互操作、数字图书馆情报检索等领域得到了非常广泛的应用。为便于理解，本书重点阐述本体的工程应用技术及相关应用案例，并根据需要引入相应的理论与工具，而不过多阐述形式化语言、描述逻辑、非单调推理等抽象内容；同时，不同于已有文献大多关注本体建模的现状，本书在应用案例中着重关注本体的推理，以充分发挥本体技术的优势。

全书总体上按照“本体理论—本体工程应用”的体系编写，分为本体理论、确定性本体及工程应用、概率本体及工程应用和附录等四部分：

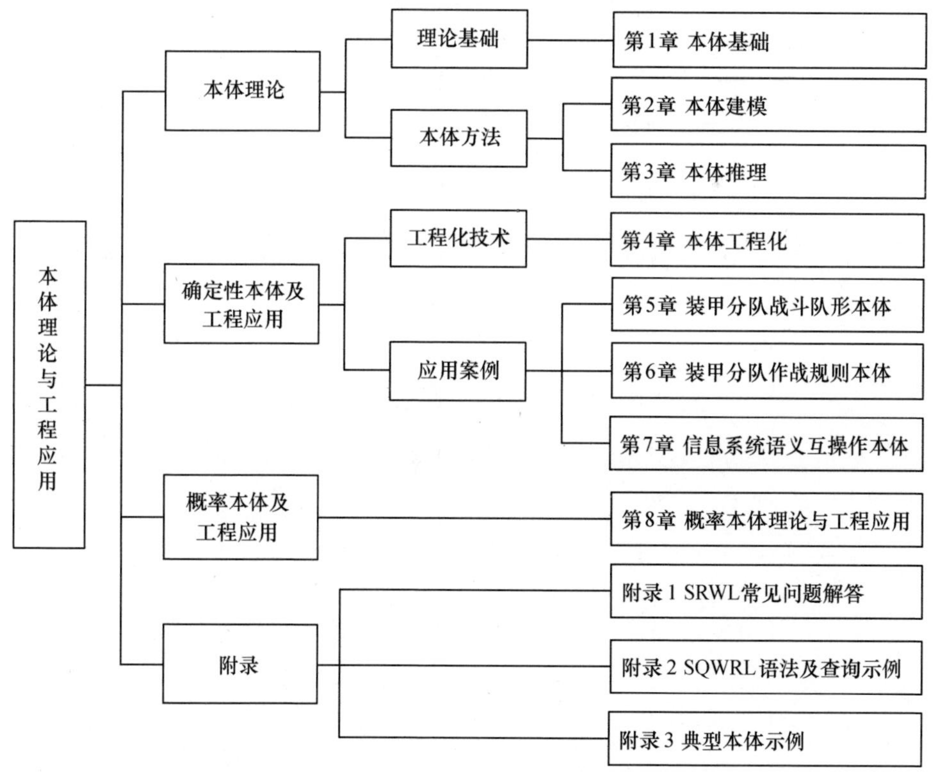

全书共 8 章，第 1 章以语义网整体框架为统揽，辨析了本体的基本概念，阐

述了本体描述语言、语义网规则语言、本体查询语言等基础内容,重点阐述本体描述语言 OWL 2 的新特性;第 2 章阐述本体建模的一般原则、一般过程、主要方法及主流工具,重点阐述改进的“七步建模法”及确定性本体建模工具 protégé 5.2.0 的使用;第 3 章阐述描述逻辑、开放世界假设、本体推理的特点、常用推理机及典型的推理案例;第 4 章重点从改进本体模型的质量和提高本体推理的效率两个方面,阐述了 OWL 本体中完整性约束、实体批量录入、本体重构、本体导入、加速本体推理等相关工程化技术,并介绍了 OWLAPI、SWRLRuleEngineAPI、SQWRLQueryAPI 的二次开发;第 5 ~7 章为确定性本体建模的 3 个工程应用案例,均涵盖本体建模及推理两大方面;第 8 章阐述概率本体及概率本体建模周期理论,并运用概率本体建模平台 UnBBayes - MEBN 4.22.18,给出了军用车辆识别多实体贝叶斯网络(MEBN)建模实例;3 个附录则分别给出了语义网规则语言(SWRL)的常见问题解答、本体查询语言(SQWRL)语法及查询示例、典型本体示例(Manchester OWL 语法格式),是资料性附录。

本书是军队科研项目(项目编号:9140A04030214JB35059)研究成果的总结,作者在编写过程中参阅了大量相关文献,吸收了同行们辛勤劳动的成果,在此一并表示诚挚的感谢。

由于本体理论、方法与工程应用的发展非常迅速,加之作者理论基础和专业知识有限,书中疏漏、不妥之处在所难免,敬请广大读者批评指正。

徐享忠

2018 年 10 月

目　　录

第1章　本体基础

本体(Ontology)源于哲学问题,用来表示世界本源的存在。本体被较早引入计算机领域,用来表达人们对领域知识的共同理解,并以显式的方式描述研究领域中概念及概念之间的关系。后来,本体又被引入到人工智能、知识工程和图书情报等领域,用来解决知识表示和共享方面的问题。现今,本体已成为新一代互联网——语义网的关键技术。本体有自己的描述语言,本体语言需要为用户提供信息描述、推理和查询等基本能力,并在表达能力和推理性能之间取得良好平衡。

1.1　语义网概述

语义网(Semantic Web)被称为第三代互联网,它以实现万维网中的信息成为机器可处理和可理解的信息为目标,并实现不同机器之间数据语义互操作。语义网不仅可以生成和发布信息与知识,而且可以进行语义校验、机器推理、形式证明,从而真正让新一代互联网形式化和语义化。

以语义网技术为代表的一系列标准规范近年来都得以确立,一系列元数据标准、本体语言和工具陆续开发了出来,一些示范性应用的成功也使人们看到了语义技术的巨大潜力。语义网成为目前计算机界最活跃的研究领域,为不同领域及领域之间的语义互操作提供了坚实的技术基础。

语义网的思想在军事领域同样产生了很大影响。早在2003年5月美国国防部签署的《国防部网络中心数据战略》中,数据的可理解性就被作为一个重要目标提出来:“用户和应用能同时在结构和语义上理解数据,并很容易确定该数据怎样用于特定需求。”

1.1.1　语义网的概念

万维网的发明者Tim Berners - Lee、万维网联盟(World Wide Web Consortium,W3C)以及网络科学(Web Science)专业的一些语义网基础教材等从不同角度对语义网进行了定义。

定义 1.1:语义网是一个具有一致性和逻辑性数据的万维网(The Semantic Web is a consistent logical web of data.)。语义网要开发一种语言,达到以机器可处理的形式表达信息的目的。

该定义在语义网整体框架提出之前给出,其认为语义网在某种形式上类似于一个全球性的数据库,它主要关注信息背后的网络空间关联结构以及如何开发语言来表达万维网信息等问题。

Web 中充满了不完整的信息,而 Web 上信息的缺失只是意味着这些信息尚未得到显式描述。语义网的核心在于推理得出新信息的可能性,但它不支持非单调推理(Nonmonotonic Inference)。为此,语义网采用了开放世界假设(Open World Assumption,OWA)而非封闭世界假设(Close World Assumption,CWA),不遵从唯一命名假设(Unique Name Assumption,UNA)。因此,语义网与传统数据库具有本质的不同。

定义 1.2:语义网是对当前万维网的一种扩展,其中的信息被赋予明确定义的含义,使机器与人能更好地协同工作。

该定义在较高的层次上对语义网进行了抽象概括。首先,指出了"信息被赋予明确定义的含义"是语义网的基础;其次,"协同工作"体现了语义网的最终目标就是要成为协同工作的媒介。

定义 1.3:语义网应该将当下可用的结构化和半结构化的数据转换为标准的格式并发布;语义网不仅发布类层面的数据集,同时也可以发布个体层面的数据集,以及这些个体之间的关系;语义网将这些数据想要表达的语义以一种形式化的方法表示出来,进而实现机器对这些语义的自动化处理。

该定义是从语义网的设计原则角度来描述的。这些设计原则虽然可以为语义网开发人员提供技术层面的指导,但并不能作为构成语义网理论体系的基础。

定义 1.4:语义网就是一组技术和标准,用以实现机器对万维网中信息所携带语义的理解。

该定义空泛地使用语义网的相关技术来代替自身的属性,在应用技术和理论基础的认识上发生了混淆,对于理解语义网的内涵非常不利。

比较上述各种定义可以发现:这些定义都强调了语义网需要一种数据表示方法。尽管各种定义都从不同角度关注语义网,但都没有完整描述语义网各个方面的特征。

本书认为,语义网包含两个方面涵义:由机器可处理的信息所组成的抽象信息空间,以及由语义网技术所组成的研究对象。实际上,"Semantic"含有"机器可推理"的意思,而不是自然语言或人的推理,对信息来说,"Semantic"表达了对信息能做哪些操作。

1.1.2 语义网整体框架

互联网超链接文件被认为只支持人类使用,而语义网被大众理解为一个数据网络(Web of Data)。语义网的想法是向网站创建机器可读和可理解的元数据以便实现机器检索数据、建立网站之间的连接和关系等。要将这个想法变成现实,Tim Berners - Lee 仿照开放系统互连(Open System Interaction,OSI)参考模型,提出了语义网 7 层整体框架(图 1 - 1),其中涉及多种方法和技术。

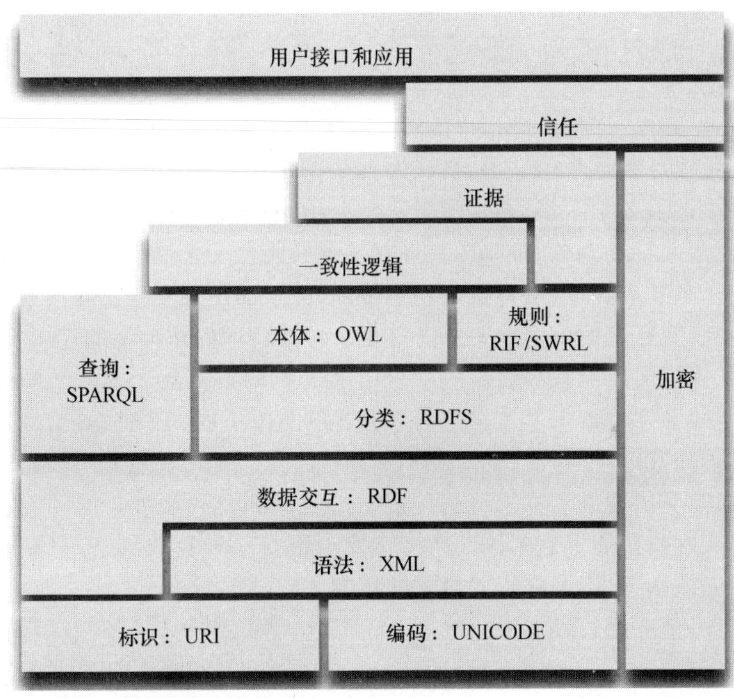

图 1 - 1 语义网整体框架

1.1.2.1 语义网标准集

语义网整体框架左下模块(加粗字体)给出了语义网所依赖的标准集。这些标准集允许语义网朝着机器支持和自动推理的新水平发展,在近年来可能实现,而在过去绝对不可能实现。另外,语义网社区内部的技术持续发展和交流也促进了在此方面达成共识和快速发展。

第一层:基础层

（1）语义网通用交流平台的重要基础是独立于机器和厂商的规范的使用，这就允许将信号解释为符号。语义网使用统一字符编码标准（UNICODE）对网络通信提供支持，并作为最低层的构建模块之一。

（2）第二个重要的支柱是通用资源标识符（Universal Resource Identifier，URI）的使用。网络上的每一个信息都是资源，并且可以用一种标准化的方式处理。

Tim Berners－Lee认为，URI不仅可以用来定位数据文件资源，理论上它可以被用来定位任何事物（包括现实世界中的各种物理事物）。在这种定位的基础上，人们就可以对这些物理事物及其相互关系进行逻辑描述，从而构建一个更加广义的包罗万象的语义网框架，即"Web of Things"。这个概念跟时下流行的物联网（Internet of Things）的概念非常相似，容易发生混淆，但两者之间是存在本质区别的。

Internet是人们常说的英特网或互联网，其更加注重物理线路的连接，从而实现数据传输。在这个意义上，物联网就是把传统意义上的计算机通信网络扩展成为智能设备通信网络，通常的做法就是给设备安装控制芯片和互联网连接端口，使之成为互联网的一部分。本质上，物联网是一个通信网络。语义网则是万维网的一个扩展，不解决数据的物理传输问题，而是建立事物相互联系的语义描述，侧重于数据之间的互联关系。这是一种非物理的逻辑上的连接关系，通过这种连接，人们可以寻找、定位、整合自己所需要的数据集。把语义网的概念扩展成为"Web of Things"，其实是把数据描述的对象扩展到任何事物，通过一整套的语义描述间接地把所描述的对象相互连接起来。描述的对象可以是个体层面的，也可以是类层面的。如果将这些描述的对象都视为某种资源的话，万维网、初期的语义网和扩展之后的语义网在本质上都是某种资源网络，只是在语义描述机器处理效率上，以及在指向对象的范围上有所不同。

第二层：语法层

可扩展标记语言（eXtensible Markup Language，XML）为资源描述提供了基本语法，它允许在资源内部的通信，从而完成资源查找、提取等功能。这使得通过XML Schema来描述和限制元素的结构和内容成为可能。

第三层：数据层

（1）资源描述框架（Resources Description Framework，RDF）允许将资源和资源之间的联系进行结构化，其作用类似于数据模型。大多数框架使用了XML，但由于存在可选方案，这已不再是必须的。然而，只要数据需要进行一致地交换（包括针对一个或多个资源的事务的概念），就需要公共RDF的支持。RDF以三元组的形式组织资源，从而提供更高层次操作的结构。

Turtle(Terse RDF Triple Language,简洁的 RDF 三元组语言)提供了一种候选的基本语法,使用了适于通用模式和数据类型的缩写语法,允许采用一种简洁的自然文本形式来描述 RDF 三元组。Turtle 是 W3C 一个团队的提案,并赢得了从业者的支持。

(2) RDF 不只是一个数据模型,而 RDF 模式(RDF Schema,RDFS)的使用可比作术语分类的定义,用以描述 RDF 资源的属性和种类。通过使用定义明确的联系类型来关联定义明确的结构并用通用术语进行标记,允许构建层次和复杂关系。RDF 采用通用的三元组,RDFS 规范了这些三元组的重要内容,并被业界所认可。

第四层:语义层

(1) Web 本体语言(Web Ontology Language,OWL)是对 RDFS 的扩展。它增加了许多标准化术语,如基数、等价、类型、枚举,来描述资源、属性和关系。如果所有的支撑资源都遵循相应的标准,OWL 则允许针对这些扩展进行推理。

(2) 资源查询并不要求资源按照 RDFS 和 OWL 格式进行编排。简单协议和 RDF 查询语言(Simple Protocol and RDF Query Language,SPARQL)支持三元组查询、三元组的交集及并集运算,以及其他操作。严格来说,SPARQL 可与 RDF、RDFS、OWL 共同使用。

(3) 规则交互格式(RIF)虽然还未标准化,但是被推荐使用。它允许在语义网内部进行约束通信,以确保各层次之间数据的一致性。一个基于资源的 OWL 替代方案是语义网规则语言(SWRL),它使用 OWL 的逻辑子集进行描述。

如果没有对可判定性及计算复杂性的问题进行恰当考虑,就不应决定使用 OWL。并不是所有的 OWL 剖面都是可判定的,并且即使它们都可判定,它们的应用也可能导致非多项式计算时间。仿真工程师应当关注 OWL DL(这是可判定的),要是能够关注为 OWL 2 所定义的剖面(OWL 2 EL、OWL 2 QL 和 OWL 2 RL)更好。关于更多信息,Hitzler 等(2009)给出了一个很好的可用语义网络工具和标准以及相应计算约束的评价。

1.1.2.2 一致性逻辑、证据和信任

除了本体层定义的术语关系和推理规则外,还需要有一个功能强大的逻辑语言来实现推理。这 3 层位于语义网整体框架的中部,也是语义表达的高级要求,目前正处于研究阶段,也有一些简单的示范性应用系统正在建设中。

第五层:逻辑推理层

逻辑推理层(Unifying Logic)提供了推理规则的描述手段,为智能服务提供基础,比如可利用分布在语义网上的各种断言或公理推理出新的知识。

第六层:逻辑验证层

逻辑验证层(Proof)通过运用逻辑推理层的规则进行逻辑推理和验证。

第七层:信任层

信任层(Trust)则负责为应用程序提供一种机制以决定是否信任给出的论证。证据语言允许服务代理在向客户代理发送断言的同时将推理路径也发送给客户代理,这样应用程序只需要包含一个普通的验证引擎就可以确定断言的真假。但是,证据语言只能根据语义网上已有的信息对断言给出逻辑证明,它并不能保证语义网上所有的信息都为“真”。因此,软件代理还需要使用数字签名和加密技术用来确保语义网信息的可信任性。

1.1.2.3 数字签名和加密

简单地说,数字签名(Digital Signature)就是一段数据加密块,机器和软件代理可以用它来无二义地验证某个信息是否由特定可信任的来源提供,它是实现语义网信任的关键技术。数字签名跨越了多层,是一种基于互联网的安全认证机制。当信息内容从一个层次传递到另一个层次时,允许使用数字签名说明内容的来源和安全性,这样接收方就可以通过数字签名鉴别其来源和安全性以决定是否接受。数字签名对于语义网及其他使用 XML 进行信息交换的系统非常重要。公共密钥加密算法是数字签名的基础。虽然公共钥匙密码技术已存在较长时间了,但还没有真正被广泛应用。如果加上语义网各层支持,使一个团体在一定范围内可信任,就实现了信任层。这样,一些诸如电子商务等重要的应用就可以进入到语义网的实用领域中。

1.1.2.4 用户接口和应用

语义网整体框架顶部模块表示语义网的各种用户接口和应用,主要包括 Web 服务和典型状态传输(REST)。

(1) Web 服务分为几类。早期的版本基于一个组合:使用 XML 定义用于交互的数据、采用简单对象访问协议(SOAP)来获取服务、使用基于 XML 的 Web 服务描述语言(WSDL)来描述服务的访问特性、使用同样基于 XML 的统一描述、发现与集成(UDDI)来支持发布和查询。一个常规的思路是 Web 服务采用 WSDL 描述服务的特性,并在 UDDI 服务器上发布。谁若是需要查找服务,可从 UDDI 下载服务特性的描述,并基于该描述查找合适的解决方案。如果该服务被找到并被访问,则搜索程序将使用 XML 提供所需数据并通过 SOAP 来访问该服务。缺点在于该过程从逻辑上与远程过程调用(RPC)非常接近,需要许多关于服务接口、信息交互需求等知识。

(2) 为了克服这些限制,典型状态传输(REST)方法应用于定义典型状态传输服务。REST 的思路是将尽可能多的接口进行一般化,并将所需信息放入交互数据而非应用程序接口。这就允许组件进行可伸缩的交互、独立的部署、减少延时、提高安全性。由于 REST 允许在已有系统周围建立封装,对遗留系统进行这样的封装可以支持其向新架构的迁移。为了支持这些方法,REST 将所有服务暴露作为资源并通过 URI 进行访问。它们通过通用连接器或渠道进行连接,这些连接器或渠道用来交换各种消息,这些消息包含以元数据和数据的形式表现的信息,接收方需要作用于所传输的消息。这就允许 REST 服务能够提供一个统一的接口描述相同的基本规则。这些基本规则包括:

(1) 消息里的资源采用 URI 进行标识,能够被接收者操作;

(2) 每个消息包含足够的信息来描述如何处理消息;

(3) 接收方使用超媒体进行状态转换;

(4) 所有的事务由服务器提供。

1.2 本体的概念及类型

本体是语义网的核心,用于表示语义网数据的形式化概念模式。采用万维网联盟制定的 Web 本体语言作为标准本体语言。

1.2.1 本体的概念

本体的英文单词"Ontology"由拉丁文 ontos(存在)与 logos(学说、言论)派生而来,被解释为"关于存在的学说、言论"。由于 Ontology 最先在哲学领域出现,所以在英汉词典中把 Ontology 翻译成"本体论、实体论"。近年来人工智能领域首先借用哲学 Ontology 概念拓展知识表示方面的研究,并据此来开发新型的知识表示理论和技术。

本体是描述概念及概念之间关系的概念模型,是概念化的详细说明,它强调相关领域的概念及概念本质之间的关联,其应用经历了从哲学到人工智能领域再到信息领域的发展过程。过去的十几年中,在信息系统中已经出现了本体的很多定义,其中大多可分成两种意思。第一,本体是表示性词汇,经常指定到某些领域或主题中。简单来讲,不是把词汇当成本体,而是获取词汇中术语的概念化。特别强调的是,概念化是语言无关的,而本体是语言相关的,即应该符合特定的形式化语言。第二,本体有时指的是使用表示性词汇来描述某些领域的知识体,特别是用来描述领域的共同知识。换句话说,表示性词汇提供描述某些领域的事实的一套术语,而使用词汇的知识体是领域的事实集合。

目前,获得学术界广泛认可的本体的定义包含以下 4 层含义。

(1) 概念化(Conceptualization):抽象出某领域中客观存在的一些术语概

念，再经过处理而得到模型；

(2) 明确性(Explicit)：清晰明了地定义概念及概念之间的关系；

(3) 形式化(Formal)：所构建的领域本体模型能够被计算机识别；

(4) 共享性(Share)：本体反映的都是面向大多数人、领域专家共同认可的知识。

Perez 等人用分类法进行本体的组织，归纳出了构成本体的 5 个基本要素：

(1) 类(Classes)或类型(Types)。该要素含义宽泛，其描述客观世界对象的类型，用于表达概念内涵。类或类型通常构成类层次。

(2) 对象或个体(Objects or Individuals)。该要素描述客观世界对象个体或实例，用于表达概念外延。若某个个体是某个类的成员，则称该个体是该类的实例(Instance)。

(3) 关系(Relations)。该要素描述类之间、个体之间、类和个体之间的相互作用，用于表达概念之间的关系。从语义上讲，其基本关系包括 4 种：Part - of 表达概念中整体与部分的关系；Kind - of 表达概念间继承的关系；Instance - of 表达概念与个体的关系；Attribute - of 表达某一个概念是另一概念的属性。在描述逻辑中，概念之间的常见关系还包括等价(Equivalent)、分离(Disjoint)。

(4) 函数(Function)。函数是一种特殊的关系，如果一个对象属性具有函数关系，说明该对象属性只能连接一个个体。对象或个体能够代入函数中进行运算。

个体的特征用数据属性来描述。数据属性可以具有函数关系。与类相似，数据属性可以具有层次结构，即子数据属性派生自父数据属性。

个体之间的关系用对象属性来描述，从语义上讲，其基本关系包括 9 种：函数(Functional)关系、逆函数(Inverse Functional)关系、传递(Transitive)关系、逆(Inverse)关系、对称(Symmetric)关系、反对称(Asymmetric)关系、自反性(Reflexive)关系、非自反性(Irreflexive)关系、否定(Negative)关系。与类相似，对象属性可以具有层次结构，即子对象属性派生自父对象属性。

对于对象属性 P、$P1$，变量 x、y、z，则这些关系在语义上意味着：

① 传递关系。$P(?x,?y)\hat{}P(?y,?z) \rightarrow P(?x,?z)$

② 对称关系。$P(?x,?y) \rightarrow P(?y,?x)$

③ 函数关系。$P(?x,?y)\hat{}P(?x,?z) \rightarrow ?y=?z$

④ 逆关系。若 P、$P1$ 是逆关系，则 $P(?x,?y) \rightarrow P1(?y,?x)$

⑤ 逆函数关系。$P(?y,?x)\hat{}P(?z,?x) \rightarrow ?y=?z$

⑥ 否定关系。$P(?x,?y) \rightarrow \neg P(?x,?y)$

(5) 断言(Assertions)或/和公理(Axiom)。利用以上概念给出论域中的相关命题，描述客观存在的逻辑关系。公理是一个本体的主体部分。例如，一个概念在另一个概念的范围内，也就是子类。再如，运用对象属性表达式和数据属性表达式来描述世界中的基本事实。在声明公理时，本体编辑工具将自动拒绝录入两条相同的公理。

1.2.2 本体的类型

尽管本体有多种定义方式，但从内涵上来看，本体是领域内不同主体之间进行语义交流的基础，即由本体提供一种共识。目前还没有能够被广泛接受的分类标准，不过可以明确的是任何一个本体都是针对特定的研究领域来定义的，存在其特殊性，具有特殊含义。

根据本体应用的主题，将本体分为通用或常识本体、知识本体、语言学本体、领域本体和任务本体。根据本体的描述详细程度和对领域的依赖程度，可以将本体分为顶层本体、领域本体、任务本体和应用本体。下面对第二种分类进行简要分析。

1.2.2.1 顶层本体

顶层本体主要研究公共的概念，例如，时间、空间、实体（对象）、事件、行为，它们完全区分于特定的问题或领域，与具体的应用没有关系。因此，顶层本体能够实现在一个很大范围内的共享。对于已有顶层本体，结合开放许可度、结构化、成熟度 3 个评价指标，有助于本体设计人员选择出具备发展前景、在国际范围应用广泛的顶层本体。

目前，顶层本体涉及民用领域和军事领域。其典型实例主要有：

1. 民用领域

顶层本体的典型例子包括：

（1）常识知识库 Cyc①。Cyc 包含 6000 个概念及其之间关系的 60000 个断言。Cyc 的开放技术版本为 OpenCyc，它以“万物（Thing）”为根节点，包含“数学的或计算相关对象（Mathematical Or Computational Thing）”“半无形对象（Partially Intangible Thing）”以及“个体（Individual）”。

（2）语言学领域的典型例子是 WordNet②，其包含 9 万多个词义。

（3）标准高层本体（Standard Upper Ontology，SUO）③。SUO 包含了 1770 个概念、7278 个断言和 1240 条规则。SUO 的根节点称为“实体”，包含“物理

---

① http://www.opencyc.org/

② http://www.semanticweb.org/library/

③ http://suo.ieee.org/

(Physical)实体”和“抽象(Physical)实体”两类子节点。SUO 实际上合并了多个顶层本体而得到(Suggested Upper Merged Ontology,SUMO),它描述了人类认知及现实世界的范畴,采用 SUO - KIF 的知识交换格式,并与一些领域本体建立了连接。

(4) 语言与认知工程本体(Descritive Ontology for Linguistic and Cognitive Engineering,DOLCE)。DOLCE 由 WonderWeb 项目的应用本体实验室开发,它描述了人类的认知、文化、社会习俗等概念,旨在描述自然语言及人类常识。

(5) 亚历山大项目(Project Alexandria)。“常识”代表了人工智能(AI)如今面临的最根本和最困难的问题之一。尽管 AI 在过去的十年里取得了巨大的进步,但它仍然存在很多不能做的事情,例如解决非结构化的问题或管理意料之外的情况。目前,普遍认为人工智能处于人类 3 ~5 岁年龄阶段的智能水平,如果机器具备 10 岁儿童的足够常识,那么它可以模仿诸多人类任务。它们可以定位和识别物体,爬楼,出售房屋,提供救灾等。2014 年,微软联合创始人保罗 · 艾伦与他人共同创办人工智能研究所(AI2),专注于研究人工智能可能给人类带来的帮助。“亚历山大项目”是 AI2 的一项新研究项目,其主要关注常识性。该项目将整合和发展 AI2 其他项目中的知识,包括机器阅读和推理(Aristo),自然语言理解(Euclid)和计算机视觉(Plato),以创建一个新的统一和广泛的常识知识源。接下来,“亚历山大项目”将推出 AI 系统常识能力的标准测量方法,开发新颖的众包方法,以前所未有的规模获取人们的常识知识,并开发利用从机器阅读和翻译到机器人和视觉在内的常识提升性能的应用程序,以进行广泛的实际 AI 训练。

2. 军事领域

(1) 通用数据核心(UCore)。为增强美国国防部和美国政府信息系统之间的互操作性,提供一种强有力的机制,美国国家司法部(Department of Justice,DoJ)、国土安全部(Department of Homeland Security,DHS)和国家情报部部长办公室(ODNI)联合开发和管理了通用数据核心(UCore)。UCore 是一种新的数据交换框架,它使用可扩展标记语言(XML)格式。2012 年 4 月,UCore 的利益共同体(Community of Interest,CoI)发布了 UCore3. 0。UCore 在制定过程当中,参考了美国国防部元数据发现规范(DoD Discovery Metadata Specification,DDMS)、美国情报部门信息安全标记、Web 本体语言、地理标记语言等相关标准。

(2) 作战知识顶层本体。该本体涉及时间、空间、实体、能力、计划、任务、活动、事件、态势等基本概念,如图 1 - 2 所示。

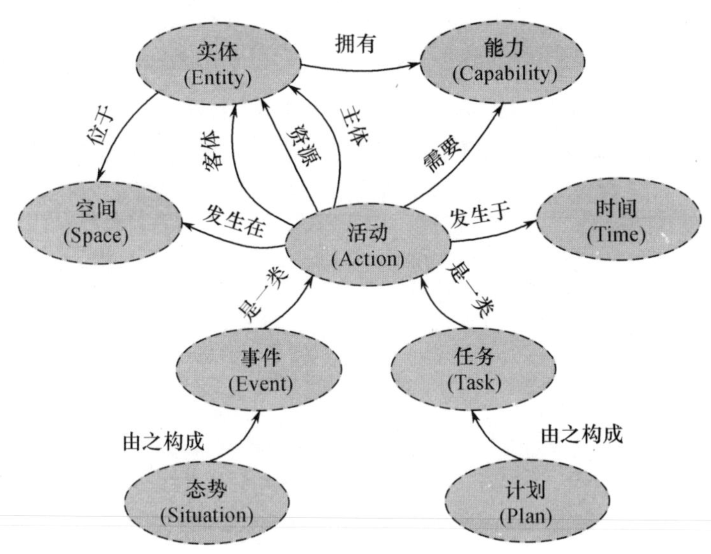

图 1-2　作战知识顶层本体的主干结构

1.2.2.2　领域本体和任务本体

领域本体为某领域内的概念及概念之间相互关系、领域活动以及该领域所具有的特性规律提供了一种形式化描述，并可以在这个特定的领域中实现复用。领域本体可以明确某领域中的专业术语和关系，有助于达成人与人以及人与机器之间的共识，从而实现知识共享。

任务本体为定义领域通用任务或推理活动的本体。

任务本体与领域本体属于同一层级层次，它们均可以应用顶层本体中的词汇来描述自己的词汇。

（1）作战管理语言本体。SISO BML 研究小组针对当前作战管理语言（Battle Management Language，BML）发展过程中出现的问题，将开发支持概念互操作的 BML 本体作为联合作战管理语言（Coalition Battle Management Language，C-BML）开发的阶段目标。BML 本体符合一般本体的定义，其通过对条令中的术语进行形式化的概念抽象，描述了作战管理领域的基本概念以及它们之间的关系和语义。BML 本体以指挥与控制信息交换数据模型（Command and Control Information Exchange Data Model，C2IEDM）为数据模型，具备对 C-BML 数据的语义验证能力。C2IEDM 几乎满足对于语义交互的所有需求，被普遍认为是指挥信息系统与作战仿真系统互操作的重要推手。然而，该模型在形式上过于细致、庞大（当前版本 3.0.2 拥有 273 个实体）而不实用。

（2）离散事件建模本体。佛罗里达大学和佐治亚大学均开发了离散事件建模本体,但侧重点不同。佛罗里达大学强调基于对象或者实例的知识获取建立本体,针对离散事件仿真中的进程交互策略开发了离散事件仿真进程交互建模本体(PIMODES);佐治亚大学则为一般的随机模型(如 Markov 过程或 Petri 网)创建本体,并开发了一个完整的离散事件建模本体(DeMO)。DeMO 是离散事件建模与仿真的通用本体,采用 OWL 描述,包括 4 个顶层类 DeModel、ModelComponent、ModelMechanism 和 ModelConcept。

1.2.2.3 应用本体

应用本体用于描述特定的应用。它不仅能够引用特定领域本体中的概念,还能够引用出现在任务本体中的概念。这方面的一个典型实例是学术知识图谱 AceKG①。

知识图谱是知识工程由语义网络发展而来的一个分支。近几年,在机器学习、自然语言处理等最新技术的推动下,知识图谱发展迅速,在搜索与推荐系统中具有极大的应用前景,受到了业界和学术界的广泛关注。最新发布的 Acemap 知识图谱(AceKG)描述了超过 1 亿个学术实体、22 亿条三元组信息,近 100GB 数据量,涵盖了全面的学术信息。具体而言,AceKG 包含了 61704089 篇论文、52498428 位学者、50233 个研究领域、19843 个学术研究机构、22744 个学术期刊、1278 个学术会议以及 3 个学术联盟(如 C9 联盟)。同时,AceKG 也为每个实体提供了丰富的属性信息,在网络拓扑结构的基础上增加了语义信息,旨在为众多学术大数据挖掘项目提供全面支持。

与现有学术知识图谱相比,AceKG 在以下几个方面具有优势:

(1) AceKG 提供了学术异构图谱,包含了多样的学术实体与相应的属性,支持多样的学术大数据挖掘课题,例如现阶段异构网络向量化的诸多课题。

(2) AceKG 从更高的角度统览整个学术圈,包括论文、作者、领域、机构、期刊、会议、联盟,支持权威和实用的学术研究。

(3) AceKG 以结构化的 Turtle 文件格式给出,致力于减少数据预处理的不便,同时更易于机器处理,支持全部 Apache Jena API。

(4) AceKG 在工程架构上采用 Apache Jena 框架(图 1-3)。Apache Jena (http://jena.apache.org)使用 TDB 数据库存储三元组数据,并且提供 SPARQL 引擎支持对三元组数据进行查询。

除 AceKG 之外,Acemap 团队近期也发布了学术会议期刊核心(Core)学者地图、CS 热词近五年热度变化趋势统计及未来热度预测等研究成果,从不同角度对学术信息进行了挖掘,展示了不同的应用。

---

① http://acemap.sjtu.edu.cn/app/AceKG/

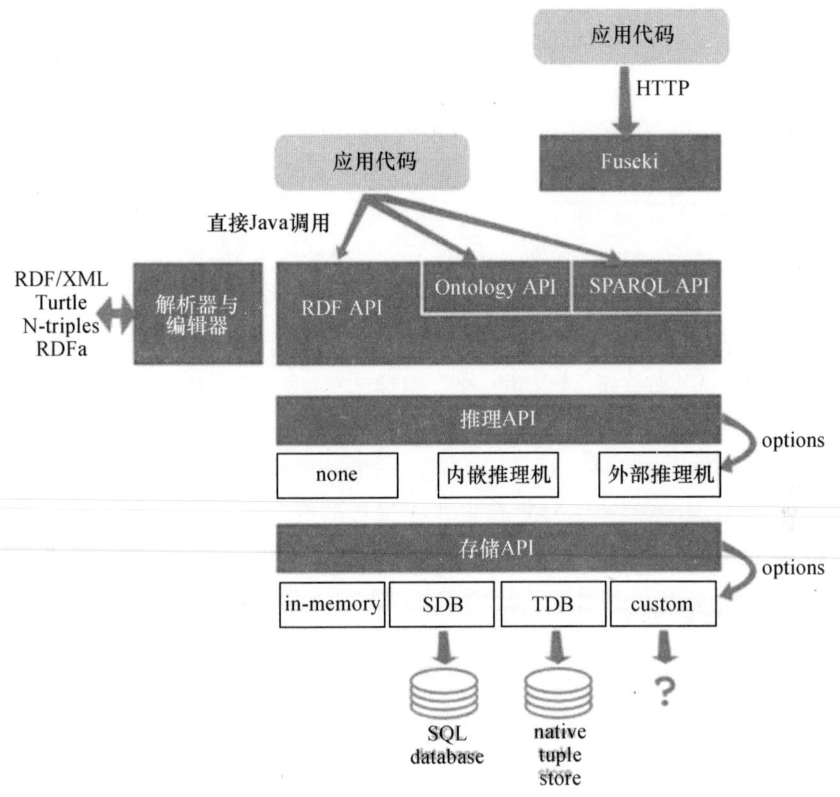

图 1-3　AceKG 具体工程架构

1.3　本体描述语言

本体描述语言是用于构建本体的形式化语言，其都应该提供本体建模原语(Primitive)，对领域模型进行显式的形式化描述；具有形式语义，支持高效率的推理；充当本体从自然语言的表示格式转换为计算机可识别的逻辑表示格式的工具，可为本体在系统之间的导入与导出提供标准的机读格式，有助于实现系统之间的互操作。按照 OWL 本体、基于框架的本体、其他格式的本体(如，DAML + OIL、RDF Schema)3 种类型，Protege Wiki 给出了数量庞大、涉及各个领域的本体列表[①]。

概括起来，本体描述语言的主要需求是：具有良好定义的语法；具有形式语义；支持高效率的推理；具有充分的表达能力和表达的方便性。

① http://protegewiki.stanford.edu/wiki/Protege_Ontology_Library

(1) 良好定义的语法的重要性是显然的,这在程序设计语言领域很清楚。它是机器处理信息的必要条件。下面介绍的基于 RDF 和 RDFS 构建的 DAML + OIL 和 OWL 都具有适合人类用户的语法,而基于 XML 的 RDF/RDFS 语法是否友好还有疑问。由于终端用户一般采用本体开发工具来建立本体,而不是直接使用 RDF/RDFS、DAML + OIL 或 OWL,所以,RDF/RDFS 的这个缺点不是很严重。

(2) 形式语义能精确刻画知识的含义。在数理逻辑中,形式语义的重要性早已耳熟能详。这里,精确的含义是,这种语义并不依据主观直觉,也不会因人(或机器)而异。形式语义的一种用途是允许人们推导知识。对于本体知识,需要进行类属关系、类等价、个体同一性、相容和分类等类型的推理。

(3) 似乎不太可能同时满足本体描述语言的全部需求:既具有高效率的推理支持,又具有由 RDF Schema 与完整逻辑的组合所形成的语言一样强大的表达能力。因此,本体描述语言要在表达能力和高效率推理支持之间进行折中。

几种主要的本体描述语言的简要情况如下。

1.3.1 RDF/RDFS

1999 年互联网联盟基于 XML,着手开发了资源描述框架(Resource Description Framework,RDF),其目的是创建描述 Web 资源的元数据。RDF 规范了一种通用框架,即采用一种固定的形式,来描述 Web 上的各种资源及资源与资源之间的关系。

RDF 提供了描述数据的简单模型,称为 RDF 数据模型。RDF 数据模型可以表示为三元组形式(Subject,Predicate,Object),其中,将被描述的资源称为主词(Subject)、描述资源属性的部分称为谓词(Predicate)、属性的值称为宾词(Object)。同时,RDF 数据模型也可以表示为带标记的有向图模型,简称 RDF 图,在 RDF 图中用椭圆形节点表示资源(Resource),矩形节点表示文字(Literal),弧代表属性,弧的源端节点是主词,目标端节点是宾词,并用属性名标记这条弧。

RDF 标准弥补了 XML 的语义局限性。RDF 具有几个特点:提高了对资源的控制和管理效率;容易扩展、交换和综合。RDF 的不足包括推理机制不够完善、推理能力不足,后期有所改善,但不能适应 Web 的快速变化。RDFS(RDF Schema)是基于 XML 对 RDF 的一种扩展,其定义了 RDF 中概念与概念之间的关系,可作为领域本体语言的建模基础,具有能够与领域知识进行交互的能力。

相对于 RDF 而言,RDFS 在建立特定领域本体方面更为重要。RDFS 在 RDF 基础之上定义了一组可清晰描述本体的原语集合。在 RDFS 中,最上层的抽象根类结点是 rdfs:Resource,它又派生出两个子类 rdfs:Class 和 rdf:Property,任何领域的知识都可以认为是这两个子类的实例(图 1-4)。在语义上,rdfs:Class 代表了领域中的本体,rdf:Property 代表了领域中本体的属性。在 RDFS 规范中,特别定义了 rdfs:subClassOf 作为 rdfs:Class 的子类来继承 rdfs:Class 的实例属性。这样,就可以定义不同本体类之间的从属关系,从而建立知识表达中最基本的本体语义层次结构。类似地,rdfs:subPropertyOf 作为 rdf:Property 的子类,可以继承 rdf:Property 的实例属性,从而定义不同属性之间的从属关系。RDFS 规范还定义了 rdfs:domain 和 rdfs:range,表示 rdf:Property 的实例所应用的范围。

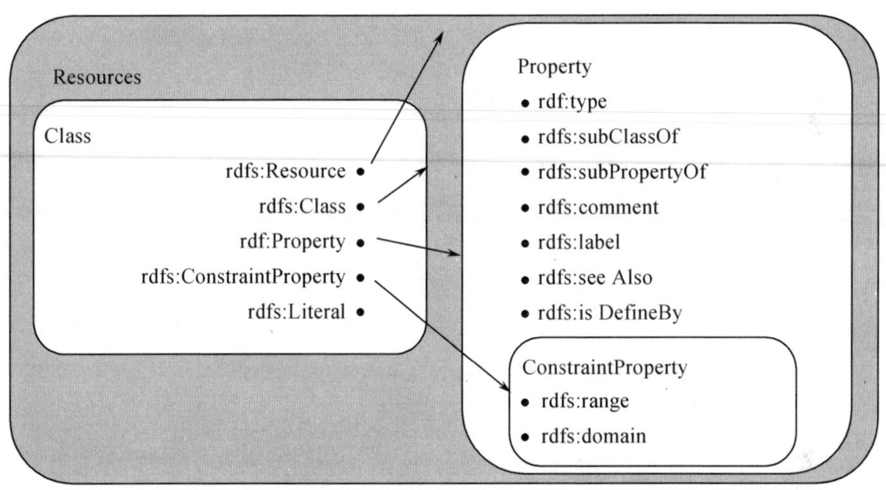

图 1-4 RDFS 类、属性和资源

不过,在实际应用中,RDFS 的表达能力存在如下局限性。

(1) 属性的局部辖域。rdfs:range 为一个属性(例如,吃)定义的值域是相对于所有类的,无法定义只适用于某些类的值域限制(例如,无法定义“牛只吃植物,而其他动物还可能吃肉”)。

(2) 类不相交性。有时需要表示类的不相交特性,如,$Male \equiv \neg Female$。但 RDFS 只能规定类间的子类关系,例如,女性是人类的子类。

(3) 类的布尔组合。有时希望通过对已有类的并、交或补等操作,组合产生新的类,例如,$Parent \equiv Father \cup Mother$, $Man \equiv Person \cap Male$。RDFS 不允许这样的定义。

(4) 基数约束。有时需要对一个属性不同取值的个数加以约束。如,$MotherWithManyChildren \equiv Mother \cap \geq 3hasChild$,一门课程至少由一个授课者讲授。

RDFS 同样不能表达这样的约束。

(5) 属性的特殊性质。有时需要规定属性具有传递性(如,属性“大于”)、唯一性(如,“身份证号码”),或定义属性的逆属性(如,“讲授”和“由……讲授”),等等。

概括起来,RDF 局限于二元常谓词;RDFS 局限于子类分层和属性分层,以及属性的定义域和值域限定。因此,设计一个比 RDFS 更强的语言,要在表达能力和高效率推理支持之间进行折中。一般来说,表达能力越强的语言,推理的效率就越低,甚至是不可计算的。这就需要一个兼顾两方面需求的语言,在能够高效率推理的同时又有充分描述各种本体和知识的表达能力。

1.3.2 DAML + OIL

在 XML + RDF 的语言表达能力不能满足需求时,欧盟的研究机构开发了本体交互语言(Ontology Interchange Language,OIL)。OIL 作为一种本体语言,首次做到将 Web 标准和描述逻辑框架语言相结合。DAML(DARPA Agent Markup Language) - ONT 是由美国国防高级研究计划局(DARPA)在 RDF 面向对象与基于框架知识基础上的一个扩展。这两种语言一方面是基于 RDF 和 RDFS,另一方面是为了建立面向 Web 的本体。最终,DAML - ONT 和 OIL 合并,建立了 DAML + OIL 语言。

DAML + OIL 采用了 RDFS 语法,并对 RDFS 进行了扩充。与 OIL 相比,DAML + OIL 拥有一个表达能力强大的描述逻辑;与 RDF 相比,DAML + OIL 是一种结构化语言,在对类的属性和限制程度上,可以认为是对 RDFS 的一种扩展。

DAML 获得广泛支持,在浏览器、编辑器、图形可视化、爬虫、应用程序接口(API)、推理工具、搜索引擎、知识库、关系数据库映射、本体库等方面均有大量第三方工具,完整的工具列表可参见 http://www.daml.org/index.html。

1.3.3 OWL

为了实现信息语义内容的理解,互联网联盟 Web - ontology 工作小组结合 RDF(Resource Description Framework)/RDFS(RDF Schema)、DAML(DARPA Agent Markup Language) + OIL(Ontology Interchange Language)、KIF(knowledge Interchange Format)等本体描述语言的优势,于 2004 年发布了 OWL。OWL 的语义以描述逻辑为基础,本体组织方式受到框架的影响,以 RDF/XML 为语法。

OWL 的基本构造块包括类(Class)、属性(Property)、个体(Individual)、公理(Axiom)。OWL 的逻辑基础是描述逻辑(DescriptionLogic),其有着严格的语法

和形式化的语义。描述逻辑是一阶谓词逻辑的一个子集,有着很好的可计算性,能够进行有效推理。也正因如此,语义网领域已经开发出了很多本体开发和知识推理的工具,如 Pellet、RacerPro、FaCT + + 、HermiT。OWL 的难点是均衡表达力和推理复杂度,即不仅要满足表达 Web 上的信息需求,还要把握推理过程的复杂度,方便应用的开发。

理想情况下,OWL 应是 RDFS 的一个扩展,以便继续使用 RDFS 中类和属性的含义(rdfs:Class、rdfs:subClassOf 等),并增加一些建模原语以提供更强的表达能力。这样的扩展也符合语义网的层次结构。遗憾的是,对 RDFS 的简单扩展不能同时保证表达能力和推理效率。RDFS 有一些强有力的建模原语,如 rdfs:Class(所有类的类)和 rdf:Property(所有属性的类),如果在继承这些原语的基础上继续扩展,则推理的可判定性是无法保证的。

依据语义表达与推理能力的不同,OWL 涵盖 3 种子语言,语义表达能力由强到弱分别是 OWL Full、OWL DL 和 OWL Lite,而推理的可判定性则逐步得到增强。

1.3.3.1 OWL Full

完整的 OWL 称为 OWL Full,它使用了 OWL 的所有原语。它还允许这些原语与 RDF/RDFS 任意组合,甚至通过原语间的相互作用来改变预定义原语的含义。例如,在 OWL Full 中可以对 rdfs:Class 施加基数约束,从而限制任何本体可以表达的类的个数。

OWL Full 的优点是语法和语义上都相对于 RDF 完全向上兼容——任何合法的 RDF 文档都是合法的 OWL Full 文档;任何有效的 RDF/RDFS 推论都是有效的 OWL Full 推论;缺点是 OWL Full 的表达能力过于强大,以致于是不可判定的(Undecidable),从而排除了完备或高效推理支持的任何希望。

1.3.3.2 OWL DL

为了保证计算效率,OWL Full 的子语言 OWL 描述逻辑(Description Logic,DL),对 OWL 和 RDF 构造(Constructor)的使用做了限制——本质上不允许构造之间的相互作用,从而确保这个子语言对应于一个已经得到充分研究的描述逻辑系统。

OWL DL 的优点是保证了高效率推理支持,缺点是不能与 RDF 完全兼容——合法的 RDF 文档一般需通过一些扩展或限制才能成为合法的 OWL DL 文档,但每个合法的 OWL DL 文档都是合法的 RDF 文档。

1.3.3.3 OWL Lite

OWL Lite 是对 OWL DL 的构造施加了进一步限制的子语言。例如,OWL Lite 没有枚举类、类不相交陈述、任意基数约束等。其优点是用户容易掌握和易于实现开发工具,缺点当然是表达能力有限。

采用 OWL 的本体开发人员需要考虑使用哪个子语言最符合自己的需要。选择 OWL Lite 还是 OWL DL 取决于用户多大程度上需要 OWL DL 和 OWL Full 提供的表达能力;选择 OWL DL 还是 OWL Full 取决于用户多大程度上需要 RDFS 提供的元建模(meta modeling)机制,如定义类的类和为类赋予属性等。与 OWL DL 相比,OWL Full 的推理支持是难以预料的,因为 OWL Full 的完全实现是不可能的。

这 3 个子语言之间是严格向上兼容的:

(1) 合法的 OWL Lite 本体都是合法的 OWL DL 本体;

(2) 合法的 OWL DL 本体都是合法的 OWL Full 本体;

(3) 有效的 OWL Lite 推论都是有效的 OWL DL 推论;

(4) 有效的 OWL DL 推论都是有效的 OWL Full 推论。

OWL 在很大程度上仍然使用 RDF 和 RDFS:

(1) 所有 OWL 变体都使用 RDF 语法;

(2) 实例声明和 RDF 一样,使用 RDF 描述和类型信息;

(3) OWL 的构造,如 owl:Class、owl:DatatypeProperty、owl:ObjectProperty,是对 RDF 中对应构造的特殊化(图 1-5)。

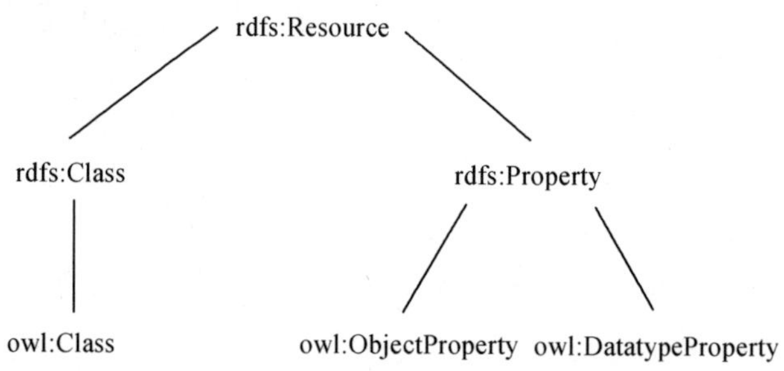

图 1-5 OWL 与 RDF/RDFS 之间的子类关系

1.3.4 OWL 2

2012 年,为改进 OWL 的语法,增强语义表达能力,W3C 又提出了 OWL 2。虽然 OWL 2 在类、属性、个体及数据值的基础上,添加了一些新的功能,增强了对属性表达、数据类型扩展以及注释的支持,但基于 OWL 2 的本体实际应用与语义网构想还有相当大的差距。

OWL 2 的主要组成及其之间的相互关系如图 1-6 所示。居中的椭圆部分表示一个本体的抽象概念——可被看作是一个抽象结构或者是一个 RDF 图形;

居于顶部的是各种具体的语法，被用以本体的存储及交换；居于底部的则是两种语义规范，用以定义 OWL 2 本体的含义。

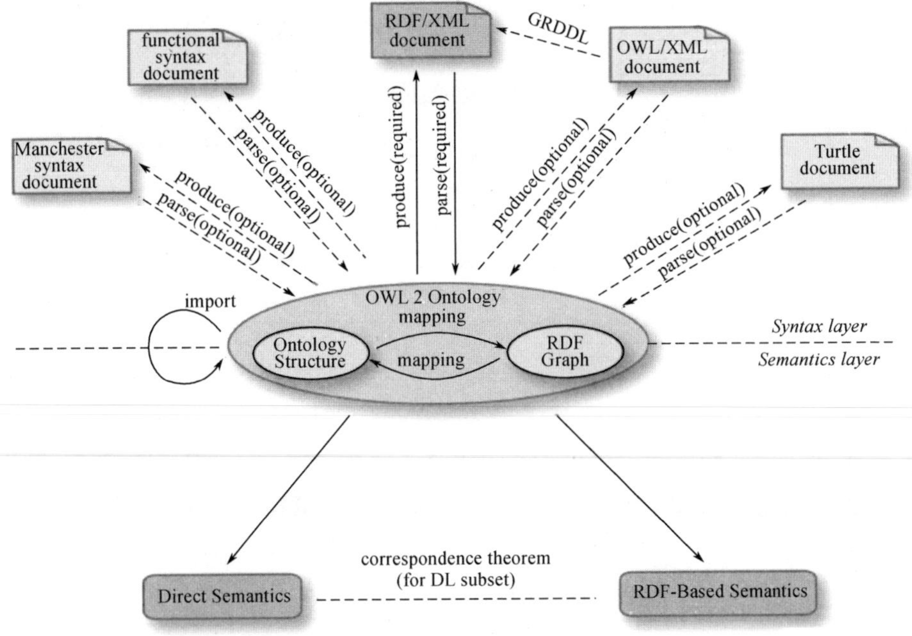

图 1－6　OWL 2 的结构

OWL 2 的大多数用户只需要了解其中的一种语法和一种语义；对于他们来说，这样的一个结构图将会简单得多：顶部只是所需的一种语法，底部是所需的一种语义，而几乎无须了解居中的椭圆部分的内容。

1.3.4.1　OWL 2 本体

OWL 2 的结构规范文档①定义了 OWL 2 本体的概念结构。该文档采用 UML 定义了 OWL 2 中可用的结构元素，通过抽象术语而没有引用任何特定的语法来解释这些结构元素的角色和功能。该文档还定义了函数样式的语法，该语法紧紧遵循了上述结构规范，支持用户以紧凑的形式来编写 OWL 2 本体。该语法规则还规定了一个本体成为合格的 OWL 2 本体的条件，以及一个 OWL 2 本体成为一个合格的 OWL 2 DL 本体的条件。

OWL 2 本体包括本体（Ontology）、公理（Axiom）、标识符（IDI）、注释（Annotation）4 个组成部分（图 1－7）。

① https://www.w3.org/TR/owl2-overview/#ref-owl-2-specification

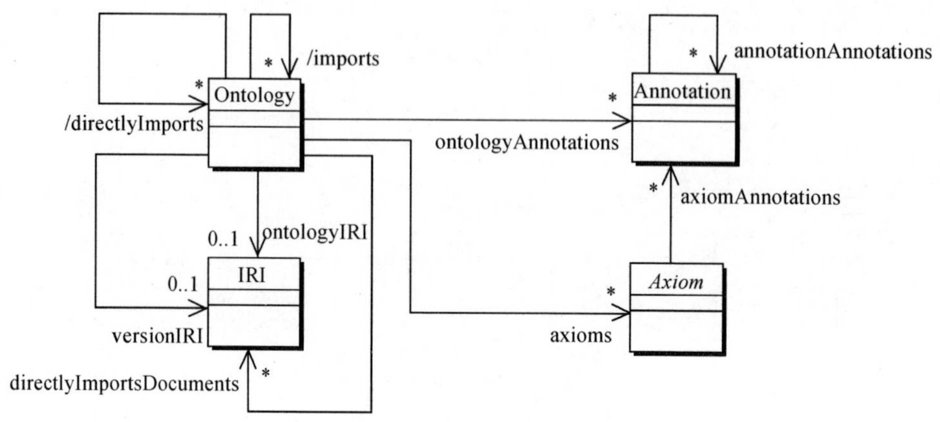

图 1－7 OWL 2 本体的结构

OWL 2 本体的基本组成部分为实体，包括：类、对象属性、数据属性、数据类型、注释属性以及个体（命名个体、匿名个体）（图 1－8）。

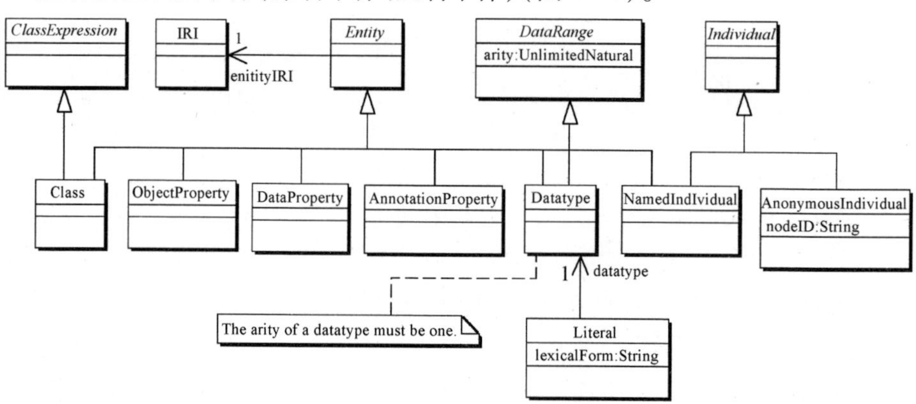

图 1－8 OWL 2 本体的实体

OWL 2 提供了一个扩展形式的公理集合，包括：声明、关于类的公理、关于对象属性或者数据属性的公理、数据类型定义、主键、断言（有时也称为"事实"）以及关于注释的公理（图 1－9）。

OWL 2 本体也均被看作是一个 RDF 图形。这两种视图之间的关系由"映射为 RDF 图形"文档①进行规范，该文档定义了 OWL 2 本体在结构形式与 RDF 图

① https://www.w3.org/TR/owl2－overview/#ref－owl－2－rdf－mapping

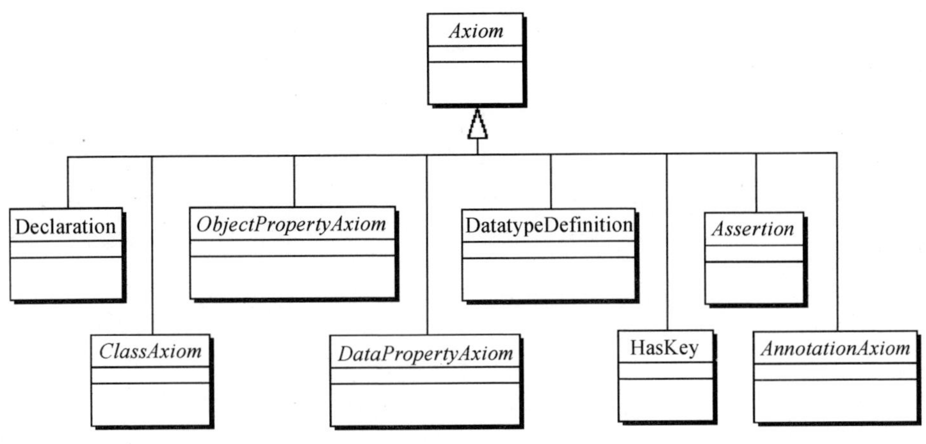

图 1－9　OWL 2 的公理

形形式之间的双向映射。文档[①]以对比的形式给出了 OWL 2 本体这两种视图的概要描述，为用户提供快速指导。

1.3.4.2　OWL 2 语法

在实际工作当中，需要一种具体的语法来存储并在不同工具和应用之间交换 OWL 2 本体。OWL 2 的主要交换语法是 RDF/XML，该语法实际上是唯一一种 OWL 2 各种工具都必须支持的语法。

尽管 RDF/XML 语法为 OWL 2 各种工具提供了互操作性，用户还可能需要其他的具体语法（表 1－1）。这些语法包括其他采用 RDF 的语法（如 Turtle）、一种采用 XML 的语法以及一种可读性更好在几个本体编辑工具中应用的语法（Manchester Syntax）。此外，函数样式的语法也可以用来存储本体，尽管该语法的主要用途是指定 OWL 2 的结构。

表 1－1　OWL 2 的语法

语法	规范	状态	目的
RDF/XML	http://www.w3.org/TR/2012/REC－owl2－mapping－to－rdf－20121211/, http://www.w3.org/TR/2004/REC－rdf－syntax－grammar－20040210/	强制	信息交互（可供所有兼容的 OWL 2 软件读写）
OWL/XML	http://www.w3.org/TR/2012/REC－owl2－xml－serialization－20121211/	可选	更便于使用 XML 工具处理

① https://www.w3.org/TR/owl2－overview/#ref－owl－2－quick－reference

（续）

语法	规范	状态	目的
Functional Syntax	http://www.w3.org/TR/2012/REC－owl2－syntax－20121211/	可选	更容易展现本体的形式化结构
Manchester Syntax	http://www.w3.org/TR/2012/NOTE－owl2－manchester－syntax－20121211/	可选	更便于 DL 本体的读写
Turtle (Terse RDFTriple Language)	http://www.w3.org/TR/2012/REC－owl2－mapping－to－rdf－20121211/, http://www.w3.org/TeamSubmission/turtle/	可选，不是由 OWL－WG 提出的	一种简洁的 RDF 三元组语言，更便于 RDF 三元组的读写

勾选 Protégé 5.2.0 工作区菜单“Window | Views | Ontology views”里的菜单项 Manchester syntax rendering、OWL functional syntax rendering、OWL/XML rendering、RDF/XML rendering，将在弹出的视图当中，分别以所选择的语法形式显示当前加载的本体。而菜单“Window | Views | Misc views”里的菜单项“Manchester syntax entity rendering”，则在弹出的视图当中以 Manchester syntax 显示当前选中的实体（便于剪切与粘贴）。

Protégé 5.2.0 工作区菜单“File | Save as”可以将当前加载的本体另外存储成为所需格式的文档，便于本体建模平台之间的交互。正如表 1－1 中 OWL 2 各种格式的目的所揭示的那样，与 OWL/XML 格式相比，RDF/XML 格式要常用和稳定得多，特别是在做与 SWRL/SQWRL 有关的实验时，RDF/XML 格式更加稳定。在实际工程当中曾发生过 OWL API 解析 OWL/XML 格式的 OWL 本体出现异常的情形。

1.3.4.3 OWL 2 语义

OWL 2 的结构规范文档定义了 OWL 2 本体的抽象概念结构，但并没有定义这些概念的含义。直接语义和基于 RDF 的语义提供了两种为 OWL 2 本体赋予含义的可选方法，而两者之间的链接也有相似定理（Correspondence Theorem）予以支持。推理机和其他工具采用这两种语义来推断类的一致性和包含性，以及实例检索。

直接语义方法直接为本体结构赋予含义，这种语义与 SROIQ 描述逻辑的模型论语义兼容。SROIQ 描述逻辑是一阶谓词逻辑的子集，其具有良好的计算特性。这种密切关系带来的好处是，OWL 2 工具可以直接应用大量的描述逻辑文献以及丰富的实现经验。然而，为确保能够将 OWL 2 本体的结构转换为 SROIQ 知识库，本体结构必须满足一些条件，例如，在数量限制上不能使用可传递的数据属性。这些限制条件的完整列表可参看 OWL 2 结构规范文档的“第 3 节 语法”。满足这些语法条件的本体被称为 OWL 2 DL 本体。而使用直接语义方法来解释的 OWL 2 DL 本体被非正式地称为 OWL 2 DL。

基于 RDF 的语义方法直接为 RDF 图形赋予含义,并通过“RDF 图形向本体结构的映射”间接地为本体结构赋予语义。基于 RDF 的语义与 RDF 的语义完全兼容,并对为 RDF 定义的语义条件进行了扩展。由于所有的 OWL 2 本体都可被映射为 RDF,所以,基于 RDF 的语义方法能够被毫无限制地应用到所有的 OWL 2 本体上。而将 RDF 图形看作 OWL 2 本体并使用 RDF 图形来解释基于 RDF 的语义时,这样的本体被非正式地称为 OWL 2 Full。

1.3.4.4 OWL 2 剖面

为提供应用的灵活性,依据语义表达与推理能力的不同,OWL 2 也定义了 3 种不同的剖面,由简单到复杂排序分别是:OWL 2 EL、OWL 2 QL 和 OWL 2 RL。OWL 2 的剖面是 OWL 2 的子语言(语法子集),其在特定的应用场合下具有明显的优势。每个剖面都是在 OWL 2 的结构规范上施加语法限制进行定义的,也就是作为 OWL 2 结构元素的一个子集,而且其均比 OWL DL 具有更强的描述能力。每个剖面都是在 OWL 的表达能力和计算开销、实现复杂性之间做的权衡。

对于所有标准的推理任务,OWL 2 EL 都能够在多项式时间里完成。在需要大量的本体且可以为推理效率对表达能力做出某种牺牲的应用场合,特别适合采用 OWL 2 EL。OWL 2 QL 采用标准的关系数据库技术,支持在 LogSpace(更准确地说,是 AC^0)进行连接查询。因此,在采用规模相对较小的本体来组织大规模的个体且最好或者必须通过关系查询(如 SQL)来直接访问数据的应用场合,特别适合采用 OWL 2 QL。OWL 2 RL 采用扩展规则的数据库技术,直接操作 RDF 三元组,能够在多项式时间里完成推理。因此,在采用规模相对较小的本体来组织大规模的个体且最好或者必须直接操作 RDF 三元组形式的数据应用场合,特别适合采用 OWL 2 RL。

当然,所有的 OWL 2 EL、OWL 2 QL 或者 OWL 2 RL 本体都是 OWL 2 本体,并可以采用直接语义的方法或者基于 RDF 的语义方法进行解释。当使用 OWL 2 RL 时,采用规则的实现能够直接操作 RDF 三元组,并可应用到任意的 RDF 图形(也就是所有的 OWL 2 本体)上。在这种情形下,推理将总是正确的(也就是说,将只计算正确的答案),但推理可能不完备(也就是说,并不能确保计算得出所有正确的答案)。然而,PR1 理论证明,一般来说,当本体与 OWL 2 RL 的结构定义保持一致时,可以基于规则实现一种既正确又完备的查询。

1.3.4.5 OWL 2 数据描述手段

在描述能力上,OWL 2 比 OWL 有了大幅增强。由于借鉴了面向对象的分析与设计思想,这些描述手段大多是比较容易理解的。本节仅针对其中一些较为复杂的内容进行阐述,例如,限定数据取值范围、限定数据取枚举值、限定字符串长度范围、将数据属性指定为 OWL 类的主键、数据属性的否定、对象属性链。

1. 限定数据取值范围

OWL 2 提供了描述数据取值范围的手段。例如,如果规定小于 12 岁为小孩(Children)、12 岁至 40 岁之间为青年(Young)、40 岁至 60 岁之间为中年(MiddleAged)、60 岁以上为老年(Old);假设类 Person 有一个数据属性 hasAge,其值域的数据类型为整型;类 Person 包括 4 个子类,即 Children、Young、MiddleAged 和 Old,则上述规定可分别用 OWL 2 描述(图 1-10):

Children Equivalent To hasAge some xsd:integer[< = 12]

Young Equivalent To hasAge some xsd:integer[> 12 , < =40]

MiddleAged Equivalent To hasAge some xsd:integer[>40 , < =60]

Old Equivalent To hasAge some xsd:integer[>60]

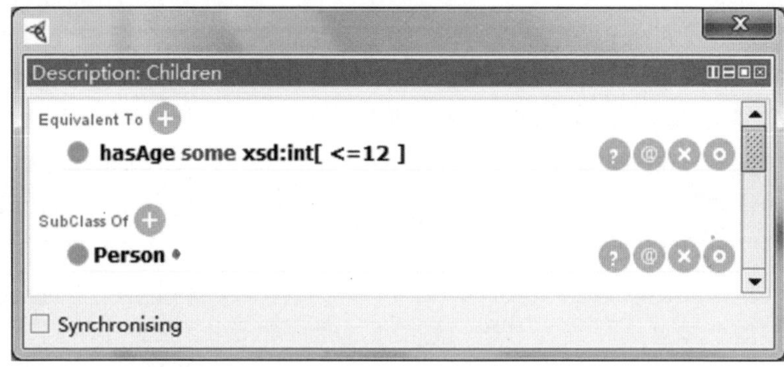

图 1-10 限定数据取值范围

"1.4.2 节"将采用 SWRL 对这个问题进行等价的描述。

2. 限定数据取枚举值

如果限定某个数据属性只能取枚举值,例如,性别只能限定在某些值当中取,可用 OWL 2 描述(图 1-11):

hasGender 的 DataRange {"Female", "Male"}

如果实例赋值违反了取值限制,例如,将 Peter 的性别赋予为"Man"(而不是"Male"),则推理机能够检测出这种情形,并给出提示,帮助用户修改(图 1-12)。

同理,颜色只能限定在某些值当中取,可用 OWL 2 描述:

hasColor 的 DataRange {"Black", "Blue", "Green", "Orange", "Purple", "Red", "White"}

这种方法也可用来定义类。例如:

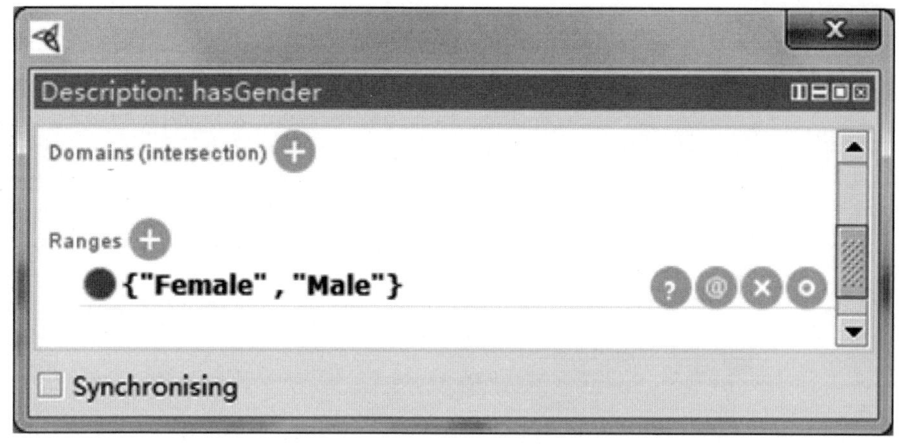

图 1－11　限定数据取枚举值

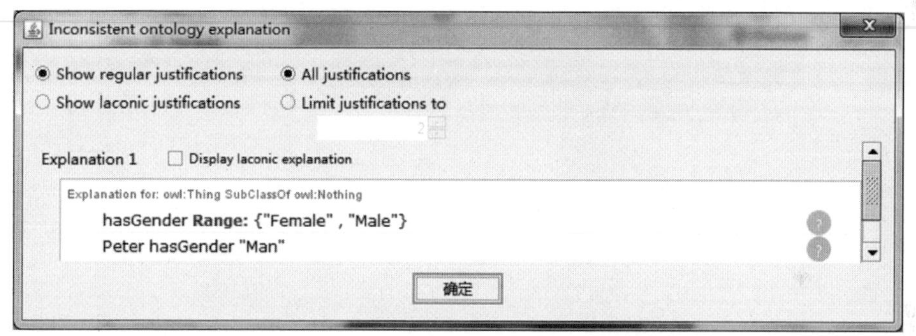

图 1－12　违反取值规定情形的检测

A SubClassOf hasColor some {"Blue", "Green", "Red"}

3. 限定字符串长度范围

限定字符串长度在 3 位和 8 位之间,可表示:

strName some xsd:string[minLength 3 , maxLength 8]

4. 将数据属性指定为 OWL 类的主键

如果将 OWL 的数据属性指定为 OWL 类的主键,那么,该类的个体的对象属性只要具有相同的值,就可以推理出这些个体是同一个体。

例如,将 hasEmail 指定为 Person 类的主键(图 1－13),如果个体 Peter、Peter2 的 hasEmail 的值均为"Peter@abc.com",则可推理出 Peter 与 Peter2 实际上是同一个体。

5. 数据属性的否定

如果声明 Martin 有邮箱:Martin hasEmail"Martin@abc.com",同时,使用了

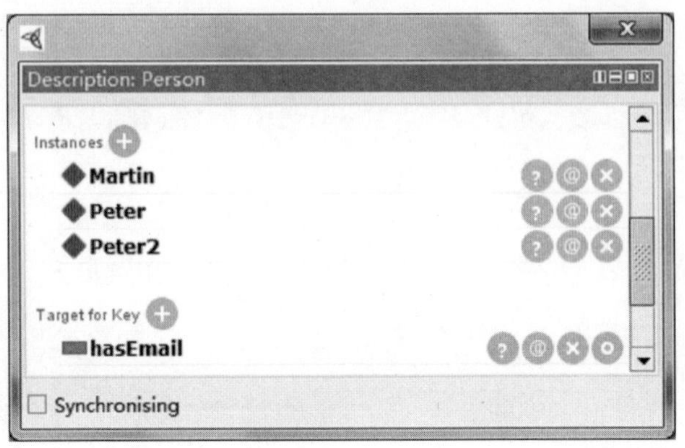

图 1－13　将数据属性指定为 OWL 类的主键

数据属性的否定(图 1－14),即:not (Martin hasEmail "Martin @ abc. com");在推理时,推理机将发现其中存在的不一致性。

图 1－14　数据属性的否定

1.3.4.6　OWL 2 对象属性链

如果一个对象属性 prop1 具备传递性,则意味着

prop1(? x,? y)^prop1(? y,? z) －＞prop1(? x,? z)

对于多个对象属性,OWL 2 提供了对象属性链这种手段。对象属性链(Property chains)允许直接在多个对象属性之间实现传递,用小写字母"o"(Unicode 编码为 006F)来描述。声明方法是:对于当前选择的对象属性 prop3,在它的 SuperProperty Of (Chain)编辑框中输入

prop1 o prop2 [o …] → prop3

或者

prop1 o prop2 [o …]

意味着如下语义：

ifx prop1 y and y prop2 z then x prop3 z

可见,对象属性链是产生式规则的一种特例。

例如,对于家庭成员本体,可以创建如下比较完整的对象属性层次结构(图1-15)。

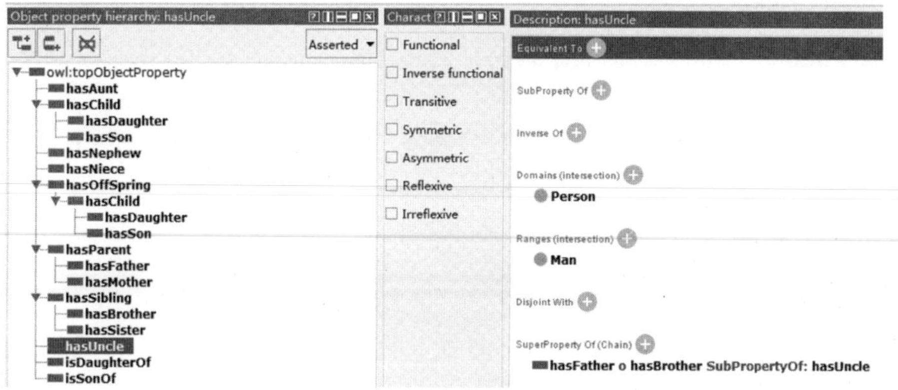

图1-15　对象属性层次结构

由常识可知:如果一个人的父亲有兄弟,则他就有叔叔(或伯伯)。用“1.4.2节”中的SWRL规则可描述为

Person(? x) ^ hasFather(? x, ? y) ^ hasBrother(? y, ? z) - > hasUncle(? x, ? z)

该知识也可以用对象属性链来描述,如图1-16所示。

图1-16　对象属性链

同理,可以创建如下对象属性链:

hasMother o hasSister - > hasAunt

hasSibling o hasSon - > hasNephew

hasSibling o hasDaughter - > hasNiece

使用对象属性链时，要注意以下两点：

(1) 对象属性链的函数复合(composition)操作是从左至右进行的，其不同于数学中的函数复合操作是从右至左(即由内而外)进行的。即 prop1 o prop2 - > prop3 意味着

prop1(? x,? y)^prop2(? y,? z) - >prop3(? x,? z)

(2)避免出现对象属性链的循环。例如，如果同时定义了如下对象属性链：

prop1 o prop2 - > prop3 以及 prop2 o prop3 - > prop1

推理机将提示如下错误：

ERROR OWLReasonerManager An error occurred during reasoning: The given property hierarchy is not regular.

There is a cyclic dependency involving property <http://www.semanticweb.org/pc-10/ontologies/2017/6/untitled-ontology-2#C>.

1.3.5 KIF

知识交互格式(Knowledge Interchange Format, KIF)是由斯坦福大学计算机科学系的逻辑小组(The Logic Group)提出的一种基于谓词演算的形式化语言。提出 KIF 的目的，不是实现人机的完美互操作，也不是在单个计算机系统内部作为知识的表现方式，而是在不同计算机系统之间实现知识的高效交互：把各自的表现方式转换成 KIF，交互后再转换成各自的方式。

KIF 语法始于 Lisp 语言，采用基于前缀表达式和表结构的方式描述语言。KIF 有 3 项本质特征：①具有说明性语义，语言本身自解释，无需翻译程序；②语义逻辑完备，可表达任意逻辑语句；③可表达元知识，允许用户显式表达判定知识，并在同一语言下引入新的知识表述结构。KIF 还具有可实现性和可读性两项附加特征。

KIF 的开发思路与 Postscript 类似，主要是以一种效率相对较低、可读性相对较差，但内容程序员可读的格式，实现知识处理程序的独立开发。KIF 有如下几个特点：具有公共语义、全面的逻辑关系、元知识的清晰表现性以及良好的可读性。

KIF 是一种使用前景很广的知识描述语言，可用于包括制造系统集成在内的许多领域，以解决系统间知识传递与共享问题。

1.4 语义网规则语言

尽管本体语言 OWL 能够提供令人满意的语言子集，以支持实现一定程度

的描述与可判定性的推理系统，但是 OWL 无法表达类似于（If… Then…）这类基于事实的推理关系。因此，语义网规则语言（Semantic Web Rule Language，SWRL）被提出来以弥补这方面的不足。SWRL 在 OWL DL 子语言中包括类 Horn 规则的高层次的抽象语法。它提出一个语义理论模型，给 OWL 本体提供形式化的语义，其中包括利用抽象的语法写成的规则，以增强 OWL 的描述能力。

SWRL 是一种基于语义网的表示规则的语言，其结合了本体描述语言和规则标记语言（Rule Markup Language，RuleML）各自的优点。相比于 RuleML，SWRL 的优势在于它可以直接使用本体中的词汇，能够很好地和本体结合，然后导入推理引擎进行推理。另外，SWRL 拥有数学、字符串、逻辑、时间等多种类型的 Built－In（内置原子），使得规则具有丰富的语义关系表达能力。

SWRL 是以语义的方式呈现规则的一种语言，其规则部分的概念由 RuleML 演变而来，再结合 OWL 本体形成。由于具有更强的逻辑表达能力和推理能力，SWRL 的使用越来越广泛。目前，SWRL 已经成为 W3C 的规范之一。

SWRL 遵循开放世界假设（Open World Assumption，OWA），不支持非单调推理（Nonmonotonic Inference）。SWRL 推理的特点及应用示例，详见“附录 1 SWRL 常见问题解答”。

1.4.1 SWRL 的架构

SWRL 主要由 4 部分组成：Imp（实现）、Atom（原子）、Variable（变量）和 Built－In（内置原子），其架构如图 1－17 所示。

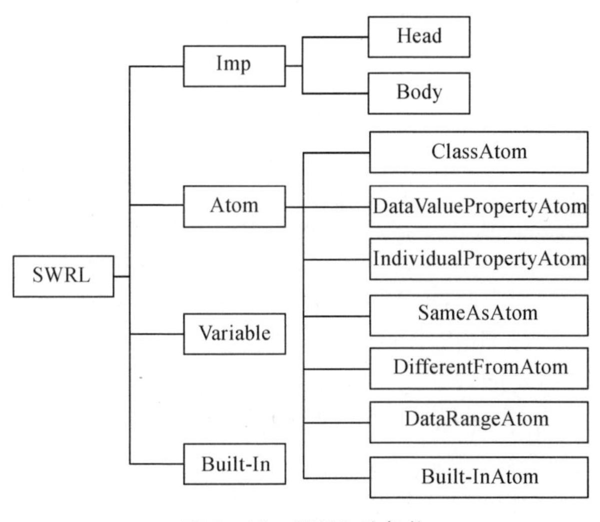

图 1－17 SWRL 的架构

SWRL 的规则在 Imp 中保留了 RuleML 的基本形态，即以 Head（头部）表示推理结果、Body（主体）表示推理前提。Imp 的 Head 和 Body 表达式的的基本成分是 Atom（原子），并且，Head 部分和 Body 部分都允许出现若干个 Atom 的合取。Atom 中所使用的变量部分记录在 Variable 中。

因此，SWRL 的规则可被看作是产生式规则的一种，其包含两个组成部分：前提条件（主体）和结论（头部）。语义网规则语言不支持原子的否定形式或析取（逻辑或）。因此，主体和头部这两个部分都由原子的肯定形式合取（逻辑与）而成：

原子^原子……→原子^原子

通俗地说，SWRL 规则可被解释为：如果前提部分的原子全部为真，则结论也为真。

1.4.2 SWRL 的原子

SWRL 的原子是如下这种形式的表达式：

P(arg1，arg2，……，arg *n*)

其中，P 是谓词符号，并且，arg1，arg2，……，arg *n* 是表达式的项或参数。

在 SWRL 中，谓词符号可以是 OWL 的类、属性或数据类型；参数可以是 OWL 的个体或数据值，或引用这些实例或数据值的变量；所有变量被当作是全称量词，在特定规则的限制范围内取任意值。

SWRL 提供 7 种类型的原子：①类原子（Class atoms）；②对象属性原子（Object Property atoms）；③数据属性原子（Data Property atoms）；④个体不同原子（Different Individuals atoms）；⑤个体相同原子（Same Individual atoms）；⑥内置原子（Built - in atoms）；⑦数据取值范围原子（Data Range atoms）。其中，用于数学计算的内置原子，包括 swrlb：add，swrlb：subtract，swrlb：multiply，swrlb：divide，swrlb：mod，swrlb：sin，swrlb：cos，swrlb：tan 等；用于布尔运算的内置原子，包括 swrlb：booleanNot 等；用于字符串操作的内置原子，包括 swrlb：stringEqualIgnoreCase，swrlb：sringConcat，swrlb：substring，swrlb：stringLength，swrlb：startsWith，swrlb：upperCase 等；用于时间、日期的内置原子，包括 swrlb：yearMonthDuration，swrlb：dayTimeDuration，swrlb：dateTime，swrlb：addYearMonthDurations 等；用于比较的内置原子有 6 种，即 swrlb：equal，swrlb：notEqual，swrlb：lessThan，swrlb：lessThanOrEqual，swrlb：greaterThan，swrlb：greaterThanOrEqual。

针对“1.3.4.5 OWL 2 数据描述手段”一节对于运用 OWL 2 来限定数据取值范围，采用 SWRL 的类原子、数据属性原子以及内置原子可以得到相同的描述效果，即

Person(? person)^hasAge(? person,? age)^swrlb:lessThanOrEqual(? age,12) - > Children(? person)

Person(? person) ^ hasAge(? person, ? age) ^ swrlb:greaterThan(? age,12)^

swrlb:lessThanOrEqual (? age,40) - > Young(? person)

Person(? person) ^ hasAge(? person, ? age) ^ swrlb:greaterThan(? age,40)^

swrlb:lessThanOrEqual (? age,60) - > MiddleAged(? person)

Person(? person) ^ hasAge(? person, ? age) ^ swrlb:greaterThan(? age,60) - > Old(? person)

因此,通过组合本体知识和SWRL内置元素可以方便地建立形式化描述的SWRL规则。通过使用SWRL规则,可以定义类似的规则表示OWL本体中属性之间的复杂关系,使得属性更具有清晰的语义。

SWRL各类原子的含义及应用示例详见“附录1 SWRL常见问题解答”。

1.4.3 SWRL与OWL的关系

在本体模型中,本体描述语言OWL的语义表达能力虽然比较丰富,基本能够满足知识结构表达的需要,OWL 2提供的对象属性还能够直接表达对象属性之间的传递关系,但是其欠缺对一般形式规则的表达,极大地制约了本体知识技术的运用。同时,OWL 2自身的推理能力也局限于以类别为基础加上关联性的推理,远远不能满足关系推理对逻辑表达的需求。因此,在OWL描述的本体知识库的基础上,通过利用SWRL建立推理规则库,能弥补OWL在规则描述与逻辑推理方面的不足,从而有助于实现对建模对象的精确描述和逻辑关系的正确推理。

SWRL标准中定义了SWRL的“模型—理论”语义。SWRL以OWL DL为基础,并且具有比单独使用OWL DL更强的表达能力。SWRL共享了OWL DL的形式化语义:由SWRL规则推理得出的结论,与使用标准的OWL构造推理得出的结论在形式上具有相同的保证。然而,SWRL带来的更强的表达能力以可判定性为代价。也就是说,在进行OWL本体分类时,OWL推理机能够确保在有限的时间内终止(得到推理结果);对于SWRL规则进行推理,则不能确保这一点。

SWRL比单独使用OWL DL具有更强的表达能力,但是这个更强的表达能力是以可判定性为代价的。然而,可判定性的这种限制可能更多地只是理论意义而非实际影响上的,这取决于底层的推理引擎以及特定本体和相关SWRL规则的内在特性。尽管如此,一般来说,只要有可能,建模人员应该只使用OWL构造;并且,只是当要求更强的表达能力时,才使用SWRL。

1.5 本体查询语言

本体查询语言主要有 SPARQL、SQWRL、DL Query，其中，SPARQL 本是一种 RDF 数据查询语言和访问协议，用于访问分布于 WWW 上的 RDF 数据资源；SQWRL 和 DL Query 则是专门针对 OWL 本体而开发的查询语言。

1.5.1 SPARQL

资源描述框架(RDF)是 W3C 组织推荐的资源描述语言标准，在语义网和 Web2.0 中得到广泛的应用。互联网上的 RDF 数据越来越多，促使 RDF 查询语言成为当前研究的热点。简单协议和 RDF 查询语言(Simple Protocol and RDF Query Language，SPARQL)是一种面向 RDF 数据模型的查询语言和数据访问协议，也是 W3C 指定的候选推荐标准。

1.5.1.1 SPARQL 的主要功能

使用 SPARQL 查询语言，用户能够清晰地表达复杂的 RDF 数据查询意图，但是 SPARQL 本身并不具备推理和查询能力。为了实现 RDF 数据查询，还需要开发专门的 SPARQL 查询处理器。目前，SPARQL 本身还有许多未解决的问题，例如，只能读取而不能修改 RDF 数据。显然，SPARQL 规范还需进一步完善。在 SPARQL/Update 语言发布之后，它可实现 RDF 数据的修改。

SPARQL 查询可定义为一个四元组(GP，DS，SM，R)，其中，GP(Graph Pattern)是一个图模式，表达查询意图；DS(Data Set)是一个 RDF 数据集，指示 RDF 数据资源；SM(Solution Modifier)是解的一组修饰符，指定结果集的约束条件；R 是一个结果格式，指定查询结果的输出形式。

例如，查找 Martin 熟人的姓名和电子邮箱，可采用如表 1-2 所列查询图模式(其中，前缀@ prefix foaf：<http://xmlns.com/foaf/0.1/>.)。

表 1-2 SPARQL 查询示例

结果格式(R)	SELECT ? name ? email
数据集(DS)	FROM <http://www.example1.com/ZhangSan/foaf.rdf>
图模式(GP)	WHERE { ? id1 foaf:name "Martin" ; foaf:knows ? id2 . ? id2 foaf:name ? name ; foaf:mbox ? email . }
解修饰(SM)	ORDER BY ? name

由于本体描述语言 OWL 也采用了 RDF 规范，SPARQL 因而也可被用于本

体查询。当然,这种查询是比较僵硬的,因为 SPARQL 无法理解 OWL 本体的内在特性。SPARQL 查询(具有 OWL 限定继承体制)是一种图形模式。概括起来,SPARQL 查询具有如下特点:

(1) 可以针对任何事物采用图形模式进行匹配。

(2) 具有非常丰富的操作符,可以针对数字、字符串、日期/时间和表达项进行操作。

(3) 得到广泛的支持(尽管不是所有的 SPARQL 引擎都支持 OWL 2 限定继承体制)。

(4) 支持带有映射的关系数据库(例如,Ontop)。

(5) 支持跨网的联合查询。

(6) 由于存在 OWL 到 RDF 的形式化映射,能够与 OWL 本体协同工作。但是,复杂的类表达式具有非常冗长的 RDF 表示。

1.5.1.2 SPARQL 查询构建器

对于普通用户来说,熟练掌握 SPARQL 语法、手工提取并正确使用 RDF 数据源背后的本体,并在此基础上构造出能满足自己需求的 SPARQL 查询,是一件比较困难的事。因此,一些研究者开始研制 SPARQL 查询构建器来辅助用户构建 SPARQL 查询。有代表性的 SPARQL 查询构建器一般可分为 5 种类型。

1. 基于 Web 表单的 SPARQL 查询构建器

这类查询构建器部署在 Web 服务器端,以 Web 应用程序的方式运行。用户在浏览器地址栏中键入构建器的网址后,可在相应页面的表单组件中输入查询条件,点击“提交”按钮后,系统自动根据查询条件生成相应的 SPARQL 查询。典型例子如,QueryMed① 和 VIVOSPARQL。其中,QueryMed 的架构如图 1-18 所示。

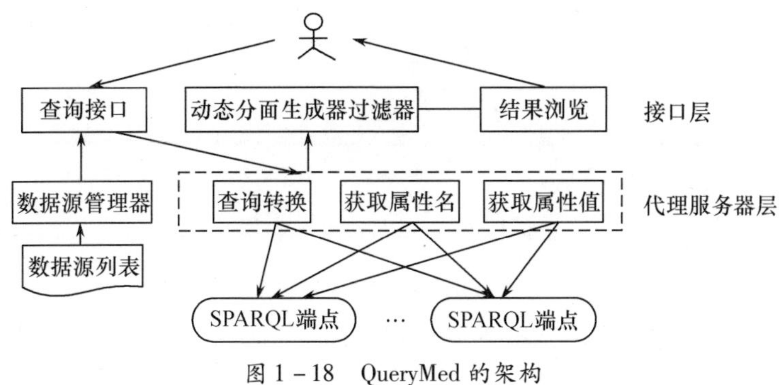

图 1-18 QueryMed 的架构

① http://code.google.com/p/querymed/source/browse/

2. 基于可视化图形的 SPARQL 查询构建器

这类查询构建器允许用户利用系统工具栏中的图形按钮在系统提供的画布上绘出能表达三元组模式或图模式的图形，每个图形的形状、颜色等特征都有特定的含义。当点击“提交”按钮时，系统能根据用户所绘图形的元素个数、元素间的关系等要素自动生成相应的 SPARQL 查询。典型例子如，Viziquer①、iSPARQL 和 NITELIGHT。其中，Viziquer 的架构如图 1－19 所示。

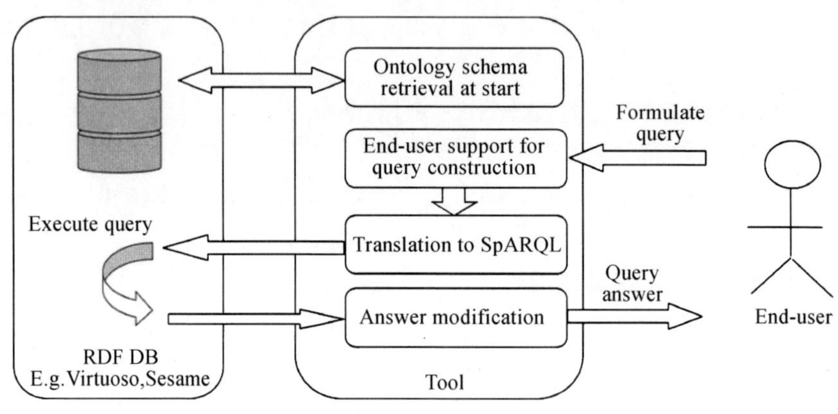

图 1－19　Viziquer 的架构

3. 基于窗口组件的 SPARQL 查询构建器

这类查询构建器以 Windows 应用程序或插件的形式存在和运行，用户可在系统提供窗口组件中输入查询条件，系统将据此自动生成 SPARQL 查询。典型例子如，VQB②、SPARQLViz 和 MashQL。其中，VQB 的输入界面如图 1－20 所示。

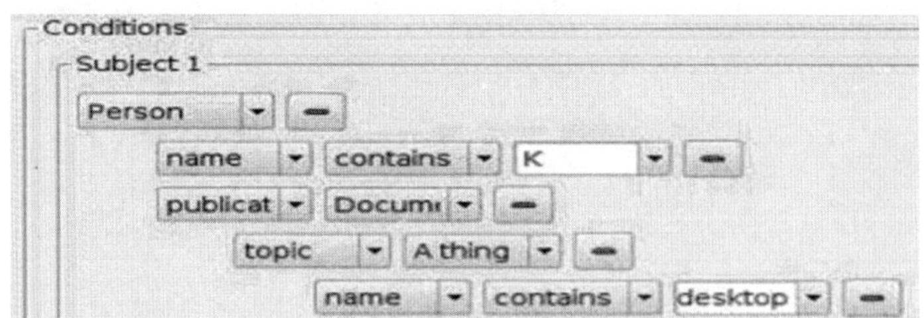

图 1－20　VQB 的输入界面

4. 基于启发式规则的 SPARQL 查询构建器

这类查询构建器用语言技术平台（Language Technology Platform，LTP）解析

① http://viziquer.lumii.lv/ViziQuer.exe

② http://code.google.com/p/vqb/ source/browse/

出查询的依存分析树(Dependency Parsing Tree,DPT),然后对查询集的依存分析树进行统计和分析,总结出用于查询三元组抽取的启发式规则,利用这些规则去掉无意义的查询三元组,合并和重组意义不完整的查询三元组。查询三元组经过类映射、实例映射和属性映射得到本体三元组,形成 SPARQL 查询。用户在 B/S 结构的查询界面中提交中文自然语言查询,得到中间结果和查询结果。其主要步骤如图 1-21 所示。

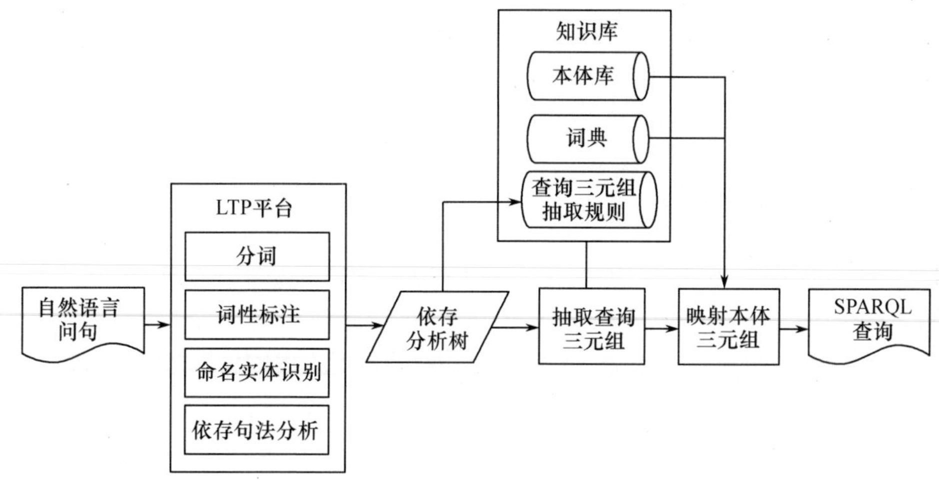

图 1-21　基于启发式规则的 SPARQL 查询构建步骤

5. 其他类型的 SPARQL 查询构建器

这类查询构建器采用了其他方法或综合利用上述方法来引导用户生成 SPARQL 查询。例如,BioSPARQL① 构建器在引导用户生成 SPARQL 查询时使用了可视化界面和 Web 表单交互应用的方法。其架构如图 1-22 所示。

1.5.2　SQWRL

扩展的语义查询 Web 规则语言(SQWRL)的首要任务是从 OWL 本体中查询到相关信息。SQWRL 以语义网规则语言(SWRL)强大的语义基础为理论支撑,具有以描述逻辑为基础的定义良好的丰富语义。

1.5.2.1　SQWRL 的主要功能

SQWRL 是 OWL/SWRL 的一种扩展,使用 SWRL 规则的条件部分作为模式规范,并且使用 SQWRL 的选择操作符替代 SWRL 规则的结论部分。SQWRL 提

① http://biosparql.org/doc/programs/ BioSPARQL_DataFileManager_Source_31Dec2011.zip

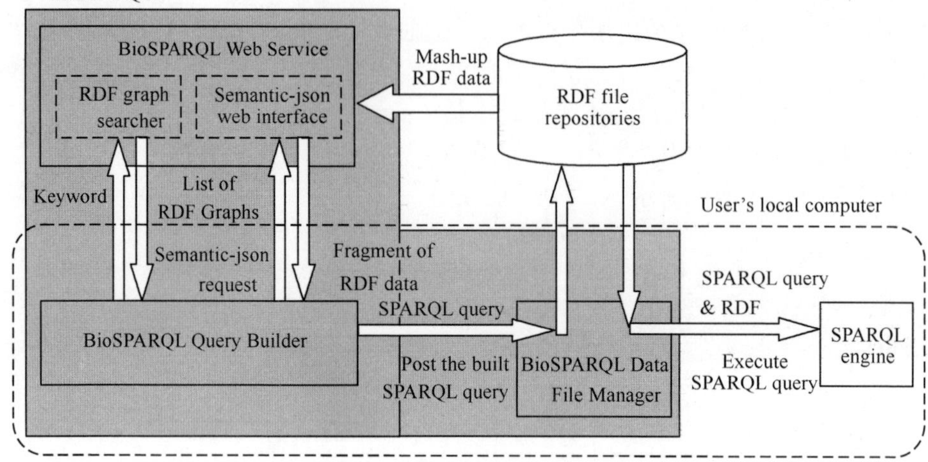

图 1-22　BioSPARQL 的架构

供了数量不多但功能强大的核心操作符①,对 OWL 本体进行查询。SQWRL 还提供了集合操作符②,可将查询结果构建为集合(不能包含相同元素)或包(可包含相同元素),并在集合或包上完成计数、求均值、分组、统计等操作,以及某些特定形式的"失败即否定(Negation As Failure)"、原子析取操作。

实际上,按照功能,SQWRL 查询涉及 4 种类型:本体自身的信息查询、基本信息查询与统计、基于集合或包的查询、其他类型的查询。

例如,对于基本信息查询与统计,以下查询将返回 18 岁及以上的"成年人"个体:

Person(? p)^hasAge(? p, ? age)^swrlb:greaterThanOrEqual(? age,18) - > sqwrl:select(? p)

SQWRL 查询能与 SWRL 协同工作,因而可被用来检索由 SWRL 规则推理得出的知识。例如,对于上述查询需求,可首先编写以下规则,用于将 18 岁及更大年龄的人划分为成年人:

Person(? p)^hasAge(? p,? age)^swrlb:greaterThanOrEqual(? age,18) - > Adult(? p)

其次,运行以下查询能够列举出本体中的所有成年人:

Adult(p) - > sqwrl:select(? p)

再次,运行以下查询能够统计所有成年人的人数:

Adult(p) - > sqwrl:select(? p)^sqwrl:count(? p)

① https://github.com/protegeproject/swrlapi/wiki/SQWRLCore

② https://github.com/protegeproject/swrlapi/wiki/SQWRLCollections

最后,运行以下查询还能够计算所有成年人的平均年龄:

Adult(p) - > sqwrl:avg(? age)

类似地,可以运用 sqwrl:max,sqwrl:min,sqwrl:sum 等内置算子进行相关查询。更多的基本信息查询与统计以及其他类型功能的查询示例,可参看"附录 2 SQWRL 语法及查询示例"中"1. 基本信息的查询与统计"一节。

1.5.2.2 SQWRL 的主要特点

SQWRL 查询能方便地使用 SWRL 的各种内置函数。SWRL API 包含了一个基于 OWL 2 RL 的推理机,该推理机同时支持 SWRL 和 SQWRL。而 HermiT、Pellet 及其他推理机只支持 SWRL 而不支持 SQWRL。SWRL API 提供的内置函数列表可参见文献①。通过 SWRL Tab 的内置函数桥接器机制,用户也能自行开发内置函数,并用于 SQWRL 查询。用户对内置函数的这种灵活定义和在查询中使用的能力,提供了一种不断增强查询语言能力的方法。

尽管 SQWRL 的运算符是作为 SWRL 的内置函数被实现的,它们的工作方式不同于标准的内置函数。与大部分内置函数不同,即使参数满足某些谓词的条件,SQWRL 的运算符不评估这些参数,也不返回真值。相反,它们总是返回真值,充当结果累积器,并且在本体外部建立表格式数据。然而,对于这个本体而言,这样做没有副作用——SQWRL 不对本体进行任何修改。至关重要的是,SQWRL 的运算符没有违反 SWRL 的语义。与 OWL 以及 SWRL 不同,SQWRL 采用唯一命名假设。

SQWRL 查询针对当前已加载本体中的已知实例进行。值得注意的是,SQWRL 不能对通过规则得到的累积信息进行利用,因此,查询结果不能被写回本体中。例如,SQWRL 无法将计算得到的统计结果插入本体中;否则,可能违背 OWL 的开放世界假设,并导致非单调推理。

概括起来,SQWRL 查询具有如下主要特点:

(1) 对 OWL 具有天然的理解能力。

(2) 只支持对实例的查询。

(3) 具有扩展的内置函数集合(包括算术运算能力)。

(4) 具有"使世界进行闭合"的集合操作符。

(5) 允许对同一实例的不同属性值进行比较。

(6) 只得到 Protégé 的支持。

(7) 支持跨网的联合查询(federate query)。

---

① https://github.com/protegeproject/swrlapi/wiki/SWRLAPIBuiltInLibraries

1.5.3 DL 查询

DL 查询是 OWL 的一个类表达式。DL 查询具有如下主要特点：

（1）查询结果可以是所输入的类表达式的父类、子类或实例。

（2）具有紧凑的形式。

（3）不能使用变量，因此，不能对同一个体的不同属性值进行比较，例如，“for all individuals ? x of class C where ? x. length = ? x. width”。

（4）具有功能非常有限的操作符（例如，可以针对字符串使用正则表达式，但不支持算术运算）。

（5）采用开放世界假设。

（6）支持与导入闭包（import closure）有关的查询，不支持联合查询（federate query）。

（7）DL 查询得到所有 OWL 推理系统的支持，Protégé 则为 DL 查询提供了图形用户界面。

1.6 本章小结

本章辨析了语义网的基本概念，并以语义网整体框架为统揽，介绍了相关标准规范及支撑技术；讨论了本体的基本概念及主要类型，阐述了本体描述语言（RDF/RDFS、DAML + OIL、OWL/OWL 2、KIF）、语义网规则语言（SWRL）、本体查询语言（SPARQL、SQWRL、DL Query）等基础内容，重点阐述本体描述语言 OWL、OWL 2 的不同剖面，以及 OWL 2 的新特性，例如，OWL 2 的数据描述手段（限定取值范围、限定取枚举值、限定字符串长度范围、主键、负数据属性）、对象属性链，为本体建模奠定基础；简要阐述了语义网规则语言（SWRL）、3 类本体查询语言的相关规范，为后续章节的展开奠定了基础。

第2章 本体建模

信息资源的“语义”通常采用“硬编码”的方式,即语义是通过公共约定隐含在数据元素及处理程序当中的,缺乏必要的柔性与灵活性。可以设想,建立领域本体模型,使信息系统包含的资源的语义“显性”化,而不是像现在大多数信息系统那样,隐式地、内含地包含在语法和其他结构中,将大大地促进信息系统语义互操作问题的解决。构建本体需要合适方法的支持。常见的构建本体的方法都是从具体的本体构建项目中总结出来的,针对不同的项目有不同的原则与标准,没有完整、通用的方法论。根据是否从头开始,建立本体模型有两种方法:一是直接法,即依据词典、教程、规范等资料,运用某种本体建模工具,从头建立本体模型;二是间接法,即通过考察,从已有本体模型中选择出某个合适的本体模型,并将其转换为项目所需要的本体模型。

2.1 本体建模的一般原则

本体作为知识共享、语义互操作和系统工程的基础,必须经过精心的设计。实际上,本体建模是一个非常费时费力的过程。因此,建立本体模型需要遵循一定的原则,以达到预期目标。其中,比较有影响力的是 Gruber 在 1994 年提出的构建本体模型的 5 条原则。

(1) 清晰性(Clarity):构建领域本体之前,应该采用明确、客观的自然语言定义该领域的概念,能够完整、清晰地表达其含义。

(2) 一致性(Coherence):知识推理产生的结论与概念术语本身的含义具有一致性。

(3) 最大单调可扩展性(Maximum Monotonicity Extendibility):向本体中添加通用或专用概念术语时,不需要修改本体已有的内容。

(4) 编码偏好程度最小(Minimal Encoding Bias):为了方便实际构建过程中可以灵活地采用合适的知识表示方法,在描述相关概念时不应该依赖于某一种特定的表示方法。

(5) 本体约定最小(Minimal Ontological Commitment):本体约定只要能够满

足特定的知识共享需求即可,不要贪大求全。一般可以通过定义约束最弱的公理和只定义系统所需的相关术语来构建小体积的本体。

领域本体和应用本体的构建,在概念和关系上是对顶层本体的精化和扩充。领域本体和应用本体在精化和扩充过程中,应遵循以下两个原则。

(1)“奥卡姆剃刀”原则:“如无必要,勿增实体”,保持本体中概念和关系简单、有效。概念和关系越复杂,构建过程中越容易出错,同时知识推理更耗资源。

(2)模块化原则:提高本体的内聚度,减小本体间的耦合度,这可以利用本体语言提供的模块化特征(如 OWL 的模块化、可组合、分布等特性)通过关注点分离来实现。

遵循这些原则,可以带来如下好处:

(1)可扩展,利于开发,使本体设计可协作、可持续。

(2)可组装,利于维护,许多维护任务可以通过更换发生问题的模块来完成。

(3)可重用,方便使用,每个独立模块都可以更容易地在其他语境中使用。

(4)有效推理,因为简单并且可能只有模块的一小部分与推理问题有关或这个推理可以分配到独立模块中进行处理,使得对一些推理变得更有效率。

(5)更开放,便于本体更方便、自然地演进。

本体建模的这些一般原则可以在实际构建本体的过程中给建模人员提供一些参考依据,从而便于构建过程的开展。但是,这些基本的设计原则描述大多过于抽象,所以在实际本体建模过程中,很多时候仍需凭借本体开发人员的经验和主观判断进行把握。

2.2 本体建模的一般过程

本体建模是一个复杂的系统工程。它不仅需要广大领域专家的参与,还需要有效的开发方法和建模工具。研究者们从工程化的角度给出了很多本体开发方法。一般地,包括以下步骤。

(1)确定本体建模的目的、范围和需求。本体的使用目的是什么?使用本体来完成哪些具体任务?需要对哪一具体领域建模?需要这一领域哪些方面的知识?本体以何种粒度进行建模?

(2)获取领域知识。根据需求,针对不同的知识性质对知识进行分类,确定相关知识的来源;对不同来源的知识采用相应的方法进行知识获取,形成本体的半形式化描述。

(3) 本体构建与精化。按照一定的概念模型,利用建模工具,对半形式化的领域知识,进行结构化的显式表达,形成形式化本体;如果有相关本体存在,重用已经存在的本体。

(4) 本体验证与确认:根据逻辑标准、结构和形式标准、准确性标准等来评估与验证本体,确定所构建的本体是否符合需求。

当然,这些步骤之间可以存在一些迭代。

2.3 本体建模的主要方法

领域本体的直接建模方法主要包括:七步法、MCSC2O 法、骨架法、九步法、企业建模法、METHONTOLOGOY 方法、KACTUS 方法。

2.3.1 七步法

“七步法”由斯坦福大学开发,其主要面向领域本体。“七步法”对本体建立的有关技术和方法进行了详细说明,考虑了软件的复用性,不过没有涉及评价、优化步骤。该方法主要分为 7 个步骤(图 2-1)。

2.3.1.1 确定本体的领域和范围

开发一个领域本体本身不是目的,就好比定义一组数据及其数据结构为其他程序使用一样。换句话说,本体是为特定目的而建立的特定领域的模型。因此,不存在特定领域的“正确”本体。本体必须是特定领域的一种抽象,而选择其他抽象总是可能的。抽象中包含的内容取决于这个本体将被如何使用以及预期的扩展。在这个阶段要回答的基本问题是:这个本体将覆盖什么领域? 使用该本体的目的是什么? 该本体将回答哪些类型的问题? 谁将使用和维护这个本体?

2.3.1.2 考虑现有本体的复用性

构建领域本体的一个重要目标就是为了促进领域知识的重用和共享,但目前的状况不容乐观。首先,很多领域本体自身不够规范,重用价值低;再者,大多数本体构建方法对重用和借鉴现有领域本体不够重视。

随着语义网的快速推广,本体也将被更加广泛地利用。在建立本体模型时,已经很少需要从零开始。几乎总能从第三方获得可用的本体,其至少可以作为构建自己本体的一个有用的起点。例如,Protégé 本体库(http://protegewiki.stanford.edu/wiki/Protege_Ontology_Library)、Ontolingua 本体库(http://www.ksl.stanford.edu/software/ontolingua/)、DAML 本体库(http://www.daml.org/ontologies/)。还有许多可用的商业本体,例如,UNSPSC(www.unspsc.org)、

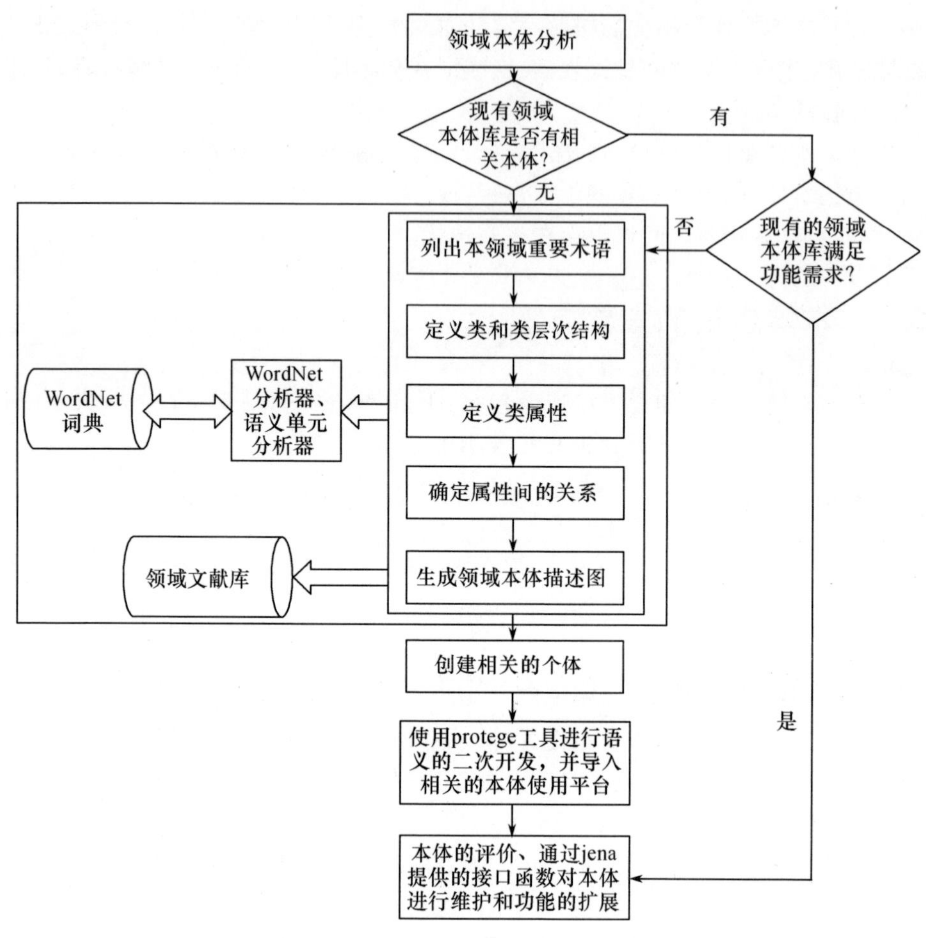

图 2-1　七步法

RosettaNet(www. rosettanet. org)和 DMOZ(www. dmoz. org)。

2. 3. 1. 3　罗列本体中重要的概念

梳理在该本体中期望出现的所有相关术语的一个非结构化列表,建模人员试图对这些术语进行解释或者做出陈述。刚开始时,要把重点放在这些术语的完整性上,而不必过多关注这些术语所代表的概念、这些术语之间的关系或者这些术语所具有的属性这些方面的交叉,以及这些术语应该作为类还是属性。

通常来说,名词是类名的基础,动词或动词短语是属性名(如 is part of、has component)的基础。

接下来的两个步骤,即定义类和类的概念层次结构以及定义类的对象属性与数据属性,通常是紧密交织在一起的,很难完全串行进行。实际上,它们也是本体建模最为重要和复杂的两个步骤。

2.3.1.4 定义类和类的概念层次结构

在确定了相关术语之后，这些术语必须组织成一种分层结构。当然，确保这个分层结构是类与子类的层次结构是重要的。这就是说，如果 A 是 B 的子类，那么 A 的每个实例也必须是 B 的一个实例，这样才能确保 owl:subClassOf 和 rdfs:subClassOf 等原语的内嵌语义得到遵守。

至于用自顶向下还是自底向上方式来做这个工作更高效/可靠，还存在不同的看法。或者采用两者相结合的做法。

2.3.1.5 定义类的属性

类的属性包括对象属性与数据属性，其中，对象属性描述个体之间的关系，数据属性描述个体的特性。

定义类的属性时，应该立即陈述这些属性的定义域和值域。这里需要考虑一般与具体之间的折中。一方面，给属性尽可能一般的定义域和值域，使之通过继承应用于子类，是有吸引力的；另一方面，尽可能窄地限定定义域和值域，这样有助于通过检查定义域和值域的违规来检测出本体中潜在的不一致性和概念偏差。

为了使属性的定义更加完整，需要进一步规定属性的"侧面"(facet)，该侧面包括 3 类，分别是：

(1) 基数。为尽可能多的属性规定是否允许或必需有一定数目的不同值。常见的情况包括"至少有一个值"，即"必要属性"(required properties)和"至多有一个值"，即单值属性。

(2) 特定值。经常用某个属性所具有的一些特殊值来定义类，这些特定值可以用 OWL 中的 owl:hasValue 加以指定。有时可以放宽这个要求，规定属性的值取自一个给定的范围(owl:someValuesFrom)，而不必是一个特定值。

(3) 关系特性。其包括对称性、反对称性、传递性、逆属性、函数性和逆函数性，以及属性的否定，例如，对象属性断言的否定"Negative Object Property Assertions"和数据属性断言的否定"Negative Data Property Assertions"。

2.3.1.6 创建个体

实际上，定义本体很少是因为自身的缘故，而是为了用本体来组织大规模的个体。创建这些大规模的个体是一个独立的步骤。典型情况下，个体的数量比本体中类的数量高很多个数量级。本体所含类的数量从几百个到上万个，而个体的数量则从数百个到几十万个甚至更多。

由于个体的数量如此巨大，所以将它们置入本体中通常不是手工完成的。个体经常是从原有数据源(如数据库)中检索得到的。另一种常用技术是从文本库中自动抽取个体。具体内容可参见“4.2 实体批量录入”一节。

2.3.1.7 描述个体的特征

这一步骤描述个体所属 OWL 类、与哪些个体相同、与哪些个体不同,更重要的是,将个体与对象属性、数据属性进行关联(图 2-2)。如果某个个体(如图中的 Charlie)属于多个 OWL 类,则意味着该实体将同时具备这些 OWL 类的特征,即面向对象分析与设计中的“多继承”。

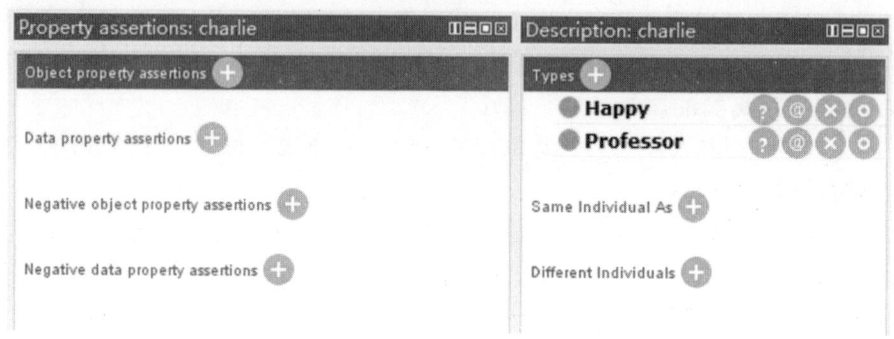

图 2-2 描述个体的特征

在本体构建过程的这一步骤完成之后,就可以检查本体内在的不一致性(注意这是 OWL 的优势,RDF Schema 还不足以表达这些不一致性)。在传递属性、对称属性或逆属性的定义域和值域的定义中出现矛盾,是不一致性的常见情况。类似地,基数属性也常常是不一致性的来源。另一种可能的不一致性来源是对属性值的约束与定义域和值域限定相冲突。

2.3.2 MCSC2O 法

MCSC2O(A Methodology for Constructing A Simple Command and Control Ontology)法建立在七步法之上,目的是针对指挥控制创建一个逻辑框架、一个理论基础研究、一种分类,从而提供一个为指挥与控制(C2)所理解的基础本体。MCSC2O 法构建本体模型同样分为 7 步,每一步的主要大体工作类似于“七步法”,是“七步法”在构建指挥控制的领域本体中的具体应用。MCSC2O 法提供了较详细的方法步骤,易于掌握,能够帮助建模者很好地掌握指挥控制领域本体构建的方法及特点,促使建模者对指挥控制领域本体构建有一个清晰直观的认识。但 MCSC2O 法构建过程中并没有充分考虑指挥控制的特殊性和复杂性,也不支持构建形式化的指挥控制本体。然而,可以将 MCSC2O 视为一种常用构建本体方法,在构建具体项目时,借鉴其中的一些步骤。

MCSC2O 法在本体的评价、共享及重用方面存在不足,还没有形成切实可行的本体评价机制以及本体共享与重用机制。这样,开发者在开发特定的指控领域本体时,不能有效利用已有的成果,导致指控领域本体开发周期长、成本高、正确性难以保证,进而影响了指控领域本体的实际运用效果。

2.3.3 骨架法

“骨架法”又叫企业法,是专门面向企业、建立企业本体的方法,为企业本体建模的过程提供指导性方针。该方法主要包括 4 个步骤。

(1) 确定本体应用的目的和范围:从研究目的出发,确定研究领域的范围,构建相应的本体模型。

(2) 本体分析:定义本体内所有术语的意义及术语之间的关系,对该领域知识的了解越细致,所构建的本体也就越完善。

(3) 本体表示:使用语义模型表示本体。

(4) 本体的评价:采用特定标准对初步建立的本体模型进行评价;符合要求的以文件形式保存,达不到要求的重新进行本体分析,直到结果达到要求为止;评价标准具有明确性、一致性和可靠性等。

“骨架法”的简化流程如图 2-3 所示。

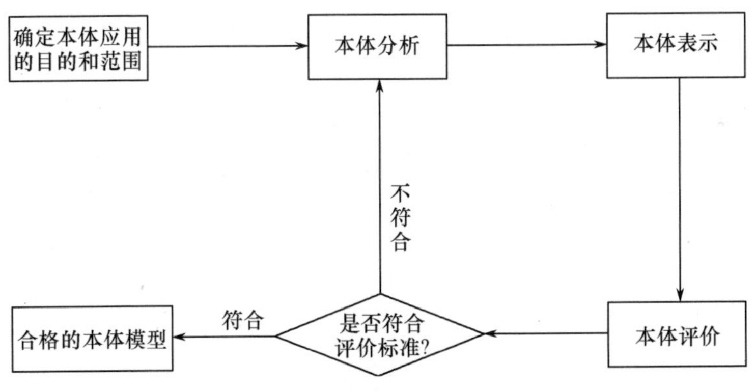

图 2-3 “骨架法”构建本体模型的简化流程

2.3.4 九步法

“九步法”是美军卓越软件中心和指挥与控制(C2)核心作战电子信息工作小组开发的一种构建 C2 核心本体的方法,该方法是通过对 C2 数据词汇的一个子集进行标准化处理,在结构化和语义方面提供一个通用的平台,在 XML 的消息可理解和互操作的基础上,达到在指挥控制内能够提供更高层次的信息交互。其主要步骤为:①初步的领域分析;②识别条令资源;③选取出现频率高的术语和定义;④开发分类和关系;⑤映射 UCore 分类;⑥扩展到实例层术语;⑦要求对象领域专家的反馈;⑧修改;⑨进行试验验证。“九步法”的简化流程如图 2 - 4 所示。

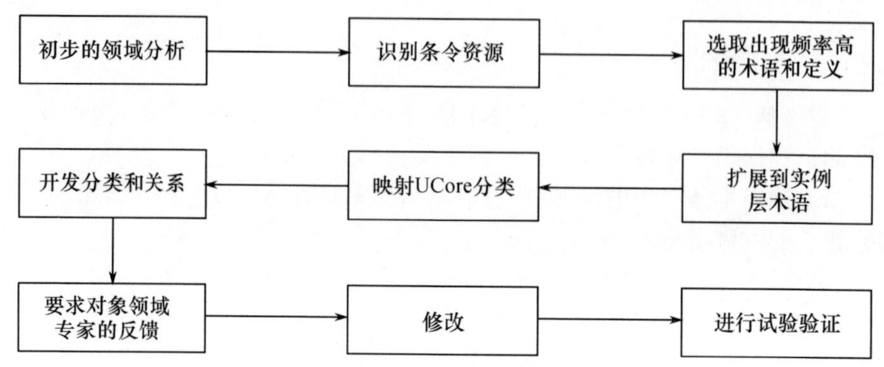

图 2 - 4 “九步法”构建本体模型的简化流程

2.3.5 企业建模法

企业建模法是由 Micheal Gruninger 与 Mark. S. Fox 共同提出并应用于 TOVE 项目中,因此,又称为 TOVE 法。TOVE 是由多伦多大学开发的一个项目,目的是建立一套方便商业和企业建模的集成本体,最终形成了自己的本体构建和评价方法:企业建模法。该构建方法主要包含以下几个步骤:理解设计动机、非形式化的能力问题、一阶逻辑表达的术语规格说明、形式化的能力问题、一阶逻辑表达的公理规格说明、完备性定理(图 2 - 5)。

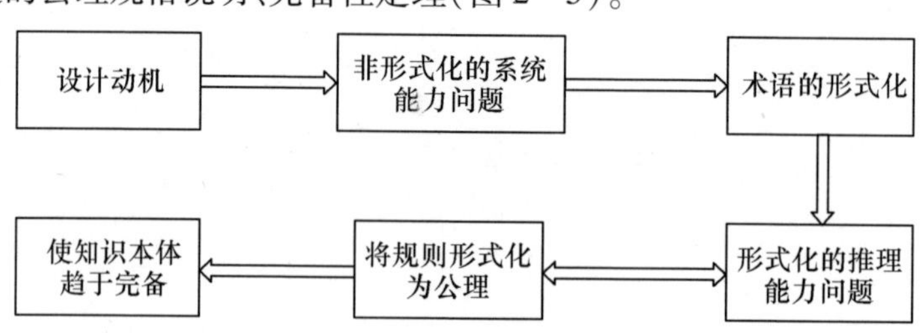

图 2 - 5 企业建模法的流程

这些步骤的主要流程分别是:

(1) 定义直接可能的应用和所有解决方案,提供潜在的非形式化的对象和关系的语义表示。

(2) 将系统能解决的问题作为约束条件,包括系统能解决什么问题和如何解决。这里的问题用术语表示,解决方案用公理和形式化定义描述,由于是在知识本体没有形式化之前进行的，所以又被称为非形式化的系统能力问题。

（3）术语的形式化：从非形式化系统能力问题中提取非形式化的术语，然后用知识本体形式化语言进行定义。

（4）形式化的推理能力问题：一旦知识本体内的概念得到了定义，系统能力问题就脱离了非形式化，演变为形式化的能力问题。

（5）将规则形式化为公理：术语定义所遵循的公理用一阶谓词逻辑表示，包括定义的语义或解释。

（6）调整问题的解决方案，从而使知识本体趋于完备。

2.3.6 METHONTOLOGOY 法

METHONTOLOGOY 法是一种专门用于构建化学本体的方法，目前已被西班牙马德里大学人工智能图书馆采用。该方法具体流程主要包含 3 个阶段：管理阶段、开发阶段和维护阶段，而开发阶段又可细分为 5 个步骤：规范说明、概念化描述、形式化描述、实现和维护（图 2－6）。

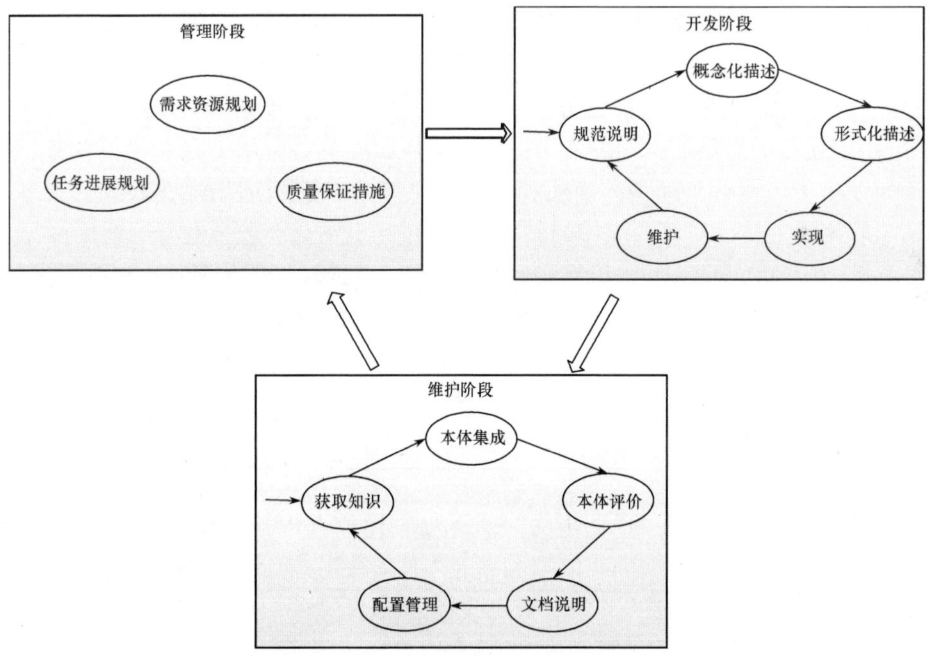

图 2－6　METHONTOLOGOY 法的流程

2.3.7 KACTUS 法

KACTUS 方法来源于 KACTUS 项目。KACTUS 即“关于多用途复杂技术的知识建模”的英文缩写，KACTUS 项目的目的在于开发一套关于技术系统的知识重用方法论，为相应的技术系统的设计、开发、操作以及维护提供便利。

KACTUS 方法主要分为 3 个步骤。

(1) 应用说明：提供应用的上下文和应用模型所需的组件。

(2) 相关知识本体范畴的初步设计：搜索已存在的知识本体，进行提炼、扩充。

(3) 知识本体的构造：用最小关联原则来确保模型既相互依赖，又尽可能一致，以达到最大限度的系统同构。

2.4 本体模型构建方法的改进

当前，虽然已经提出了多种本体构建方法，但是，本体模型的构建仍缺乏强有力的方法指导，因此其有待完善。

2.4.1 已有本体模型构建方法的分析

骨架法严格来说只是一种原则性指导，它不能够直接应用于实际的本体项目中，但是它也具有本体构建方法的一些特征，并且具有较为明确的阶段性任务，基于此其仍然具有一定的参考意义。TOVE 法主要应用于企业建模业务，它比较注重于企业业务模型的描述和建模，其针对性较强，通用性比较差。另外，KACTUS 法主要针对其所应用的具体项目，因此也不具有较强的普遍适用性。

METHONTOLOGOY 法虽然是针对构建化学领域(元素周期表)本体提出的一种方法，但是它引入了生命周期的思想。其过程很类似于软件开发的过程，将整个构建过程比较明确地分段，各个阶段具有明确的任务，从而使整个构建过程比较清晰。虽然它也存在一些不足，但这种思想值得借鉴。

2.4.2 改进的“七步法”

由斯坦福大学开发的“七步法”步骤清晰、比较合理，适用于多个领域，当前主流的本体建模工具 Protégé 依据的就是“七步法”。此外，本体建模的其他许多方法都借鉴了“七步法”。本节提出改进的“七步法”(图 2－7)，对“七步法”的步骤(以虚线框表示)进行了改进，其要点有以下 3 个。

(1) 强调了本体的需求分析，以此牵引本体建模工作。

在构建本体之前，首先要弄清楚构建本体的目的和需求，这就要求首先要做好针对本体项目的需求分析。这一工作在之前的很多方法中没有得到充分重视。只有先搞清楚所构建本体针对哪个领域、需要解决什么问题以及满足哪些

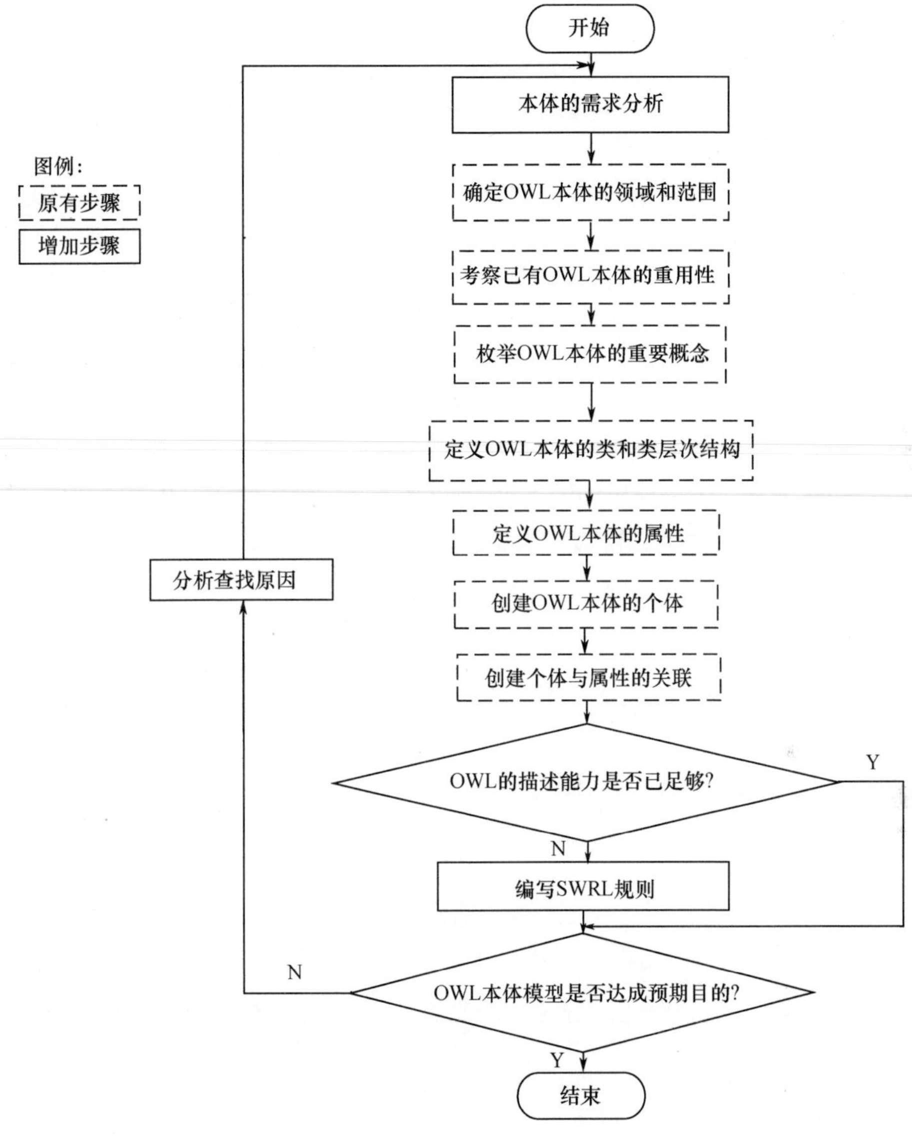

图 2-7　改进的"七步法"本体建模流程

要求等基础性问题,才能针对具体情况合理筹划本体的设计。在弄清基本需求之后,就可以以此为据合理界定领域知识边界,确定领域本体的体积和规模,选择合适的本体描述语言和本体开发工具。相关工作完成之后,需求分析人员要编写一份完善、规范的需求规格说明书并存档,作为这一阶段的里程碑。

(2) 将 OWL 与 SWRL 进行有机结合。

SWRL 是 OWL 与规则语言的结合,其增强了本体的推理能力。而且,以 SWRL 为基础的 SQWRL,进一步增强了本体查询能力。

(3) 引入了本体评价与修正环节,从而将本体建模看作是一个闭环迭代、逐步逼近的过程。

本体评价的主要任务就是对此前构建完成的领域本体进行评价,判断该领域本体是否达到了相关要求。评价的依据主要有:本体构建的基本原则、本体需求规格说明书等。参照需求规格说明书中的各项要求,对本体进行测试,具体包括本体一致性测试、冗余测试等程序。各项评测完成后,给出评价结果,如果符合要求,就将该领域本体提交给使用者;如果测试不通过,则需要返工进行修正。

修正的主要工作就是在已有的领域本体框架下,逐步将领域知识术语添加到领域本体中,扩充和细化本体中概念的层次关系,并明确相应概念的属性、关系及实例,合理扩充本体中的公理集,使设计的本体逐步完善。在每次迭代过程完成后,都要给出相应的领域本体设计书。

以上直接构建本体模型的各种方法的优点和缺点,如表 2-1 所列。

表 2-1 本体模型构建方法比较

本体模型构建方法	优点	缺点
九步法	为适用于指挥与控制(C2)的术语、实体和事件提供一个系统的组织过程,并要求通过现场实验来验证 C2 核心本体的方法	没有描述具体的建模细节,未提及本体的集成方法和工具
七步法	包括了领域分析、本体合并与概念创建等方面,详细描述了构建本体的相关技术和方法,而且考虑到了软件的复用	没有涉及针对本体的评价和优化步骤
骨架法	对构建框架和各个阶段的指导方针有参考价值,且要求文档化,有本体评估的步骤	每个阶段都没有具体的方法和技术
SC2M 法	建立在“七步法”基础上,相对较成熟,易于掌握,详细说明了本体构建的方法	对本体的集成、文档化没有提供具体的方法、步骤
TOVE 法	主要应用于企业业务建模,比较注重于企业业务模型的描述和建模	针对性较强,通用性比较差
KACTUS 法	主要针对所应用的具体项目	普遍适用性不强
METHONTOLOGOY 法	本体建模过程类似于软件开发,划分为比较明确的阶段,各个阶段具有明确的任务	针对构建化学领域(元素周期表)本体提出的一种方法
改进的“七步法”	建立在“七步法”基础上,增加了本体需求分析以及本体评价环节,并将 OWL 与 SWRL 进行有机结合,增强了本体的描述能力	本体推理的复杂性有所增加

2.5 本体建模主流工具

目前，常见的本体建模工具包括：英国曼彻斯特大学开发的 OilEd、美国南加州大学开发的 Ontosaurus、英国开放大学开发的 WebOnto、德国 Ontoprise 公司和卡尔斯鲁厄大学开发的 OntoEdit、西班牙马德里大学开发的 WebODE、美国斯坦福大学开发的 Ontolingua 和 Protégé。这些工具都在一定程度上支持本体的演化。

根据是否依赖于某种特定的语言，这些工具可以分为如下两类。

第一类包括 Ontosaurus、WebOnto、Ontolingua 等，它们都是基于某种特定的语言（例如，Ontosaurus 基于 LOOM 语言、WebOnto 基于 OCML 语言、Ontolingua 基于 Ontolingua 语言），并在一定程度上支持多种基于 AI 的本体描述语言。

第二类包括 Protégé、OntoEdit、WebODE、OilEd 等。这些工具独立于特定语言，可导入/导出多种基于 Web 的本体描述语言，如 RDF/RDFS、DAML + OIL、OWL。在这些工具当中，除了 OilEd 是一个单独的本体编辑工具，其他的都是本体的集成开发环境或者一组工具，它们支持本体开发生命周期中的大多数活动，并且都采用了基于组件的架构，具有良好的可扩展性，很容易通过添加新的组件来提供更多的功能。

（1）Ontosaurus。Ontosaurus 是美国南加州大学为 Loom 知识库开发的一个 Web 浏览工具，没有开放的源码。它以 LOOM 语言为基础本体环境，提供了一个与 LOOM 知识库链接的图形接口，具有本体浏览、分类和 LOOM 知识库的编辑功能。用户可以利用 Ontosaurus 对本体进行浏览和修改。

（2）Ontolingua。1995 年 2 月 Ontolingua 由斯坦福大学知识系统人工智能实验室（KSL）的网络服务中心开发。该工具提供一种分布式协作的环境，使用面向对象的框架视图表示和浏览知识。它使用类/子类的方式展现类层次，以便浏览、构建、编辑、使用本体。

（3）WebOnto。1997 年，WebOnto 作为研究项目由英国开放大学知识媒体研究所开发，其采用了 OCML 推理引擎，目的是开发一个基于 Web 的本体编辑器。与 Ontosaurus 相比，WebOnto 具有更为复杂的浏览、可视化和编辑能力。另外，WebOnto 具有最先进的合作构建本体的功能，支持用户合作浏览、创建和编辑本体。

（4）OntoEdit。OntoEdit 由德国 Ontoprise 公司和卡尔斯鲁厄大学知识管理研究组开发。其在本体建模时采用了骨架法。它们的主要成果之一是提出了一种本体交互语言(OIL)。它采用 OntoBroker 推理引擎,支持 RDF/RDFS、DAML + OIL 和 Flogic,使用图形方式支持本体的开发和维护。OntoEdit 安装有多种插件,具有良好的可扩展性,可满足用户多种需求。OntoEdit 已经产品化,不开放源代码,其后续版本是 KAON(Karlsruhe Ontology)语义网开发工具。

(5) WebODE。WebODE 由西班牙马德里大学开发。其在本体建模时采用 METHONTOLOGOY 方法,支持本体建模过程中的大多数行为。实现上采用 Java、RMI、CORBA、XML 等技术,灵活、可扩展。其不需要用具体的表示语言,而是在概念层构建本体,然后将其转换成不同表示语言。WebODE 是 ODE(Ontologoy Design Environment)的一个网络升级版本。WebODE 未开放源代码,只能通过网络注册方式使用。

(6) OilEd。OilEd 由英国曼彻斯特大学开发。OilEd 的基本设计受到 OntoEdit、Protégé 等类似工具的影响,其新颖之处在于:可对框架编辑器进行扩展,表达能力强;优化了描述逻辑推理引擎,可对推理过程进行跟踪。OilEd 不提供合作开发的能力,不支持大规模开发,不支持本体移植、合并、版本控制。OilEd 可将本体导出为其他格式,如:Simple RDFS、SHIQ、SQOQ(D)、HTML。OilEd 开放了源代码。

(7) Protégé。Protégé 是美国斯坦福大学基于 Java 语言开发的知识获取和本体编辑软件,属于开放源代码软件。Protégé 提供了一个图形交互式的本体设计和基于知识的开发环境,是语义网中构建本体的核心开发工具。其可以通过后端插件、slot widgets 类插件和 tab 插件等支持不同的本体格式。Protégé 构建本体采用两种主要方式:Protégé - Frames 编辑器和 Protégé - OWL 编辑器,用户不需要掌握复杂的本体描述语言,只需要在概念层次上构建领域本体模型。Protégé 的特点包括:强大的本体存储功能;可提供丰富的知识模型框架;易扩展;用户可以安装使用最新的 graphviz - 2.39 插件,实现 OWLViz 生成类的直观的可视化关系结构图;丰富的导入及导出文件格式;可检索和浏览本体;支持多个推理引擎;有个体开发及团体合作开发两大类型,即 Protégé Desktop 和 Web Protégé。

本书在阐述本体的工程应用时,均以 Protégé Desktop 软件为工具。

2.5.1 Protégé 概述

最新的 Protégé 个体开发版本是 2017 年 4 月发布的 Protégé Desktop 5.2.0,其所集成的各种主要插件的版本如表 2 - 2 所列。可见,与 5.0.0 版本相比,最新的 Protégé Desktop 版本主要对 DL Query 版本有了较大升级。

表 2 - 2　Protégé Desktop 5. 2. 0 及主要插件

本体建模工具	Protégé Desktop Version 5. 0. 0, Build beta - 23	Protégé Desktop Version 5. 2. 0
主要插件	Cellfie Protege 5. 0 + Plugin (2. 0. 0. beta - 6)	Cellfie Protege 5. 0 + Plugin (2. 1. 0)
	OWL Code Generation Plug - in (2. 0. 0)	OWL Code Generation Plug - in (2. 0. 0)
	Existential Query (2. 0. 0)	Existential Query (2. 0. 0)
	Explanation Workbench (3. 0. 0)	Explanation Workbench (3. 0. 0)
	OntoGraf (2. 0. 2)	OntoGraf (2. 0. 3)
	DL Query (3. 0. 1)	DL Query (4. 0. 1)
	HermiT (1. 3. 8. 413)	HermiT (1. 3. 8. 413)
	OWLDoc (3. 0. 2)	Browser View (OWLDoc) (3. 0. 3)
	OWLViz (5. 0. 1)	OWLViz (5. 0. 3)
	OWLAPI RDF Library (2. 0. 1)	OWLAPI RDF Library (2. 0. 2)
	Protégé SPARQL Plugin (2. 0. 1)	Protege SPARQL Plugin (2. 0. 1)
	SWRLTab Protégé 5. 0 + Plugin (1. 0. 0. beta - 10)	SWRLTab Protege 5. 0 + Plugin (1. 0. 3)

各种操作的结果,包括异常情形,会被记录在日志文件“C:\Users\pc - 10\.protege\logs\ protege. log”当中(可通过菜单“Window | Show log…”快捷查看该日志文件)。

2. 5. 2　Protégé 的启动配置

Protégé 5. 2. 0 是采用 Java 语言编写的无需安装的绿色软件。Protégé 的启动十分简单,双击运行 Protégé 5. 2. 0 所在目录下的批处理文件 run. bat,将出现如下文本形式的默认启动界面(图 2 - 8)。

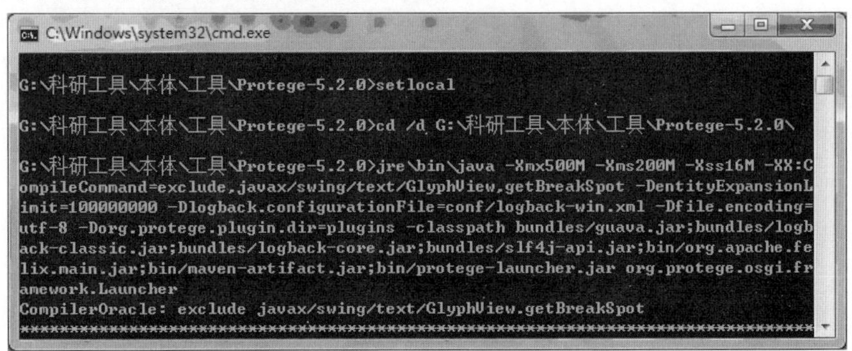

图 2 - 8　Protégé 5. 2. 0 的默认启动界面

启动程序所显示的大量信息往往为用户所忽视。实际上,启动信息中也蕴含着不少玄机。即:①所运行的 run. bat 位于“G:\科研工具\本体\工具\Protege - 5. 2. 0”,操作系统正确显示了中文字符。②该界面还显示了 Protégé 5. 2. 0 平台所加载的各种插件及其版本,便于用户复现及调试出现的问题。③Protégé 启动时将自动检查是否有各个插件的更新版本,但每天只检查一次。当然,也可以运行菜单项“File|Check for plugins…”手工启动对插件更新版本的检查。

启动完毕,将出现主界面。在这个界面下,用户就可以新建本体或加载已有本体了。例如,点击菜单“File|Open…”,通过文件浏览,加载“G:\科研工具\本体\装甲分队作战规则 . owl”,出现如下加载界面(图 2 - 9)。

图 2 - 9　Protégé 5. 2. 0 加载已建立本体

用户往往会忽视 Protégé 默认启动界面反馈的信息。这时,Protégé 默认启动界面反馈的信息如图 2 - 10 所示。

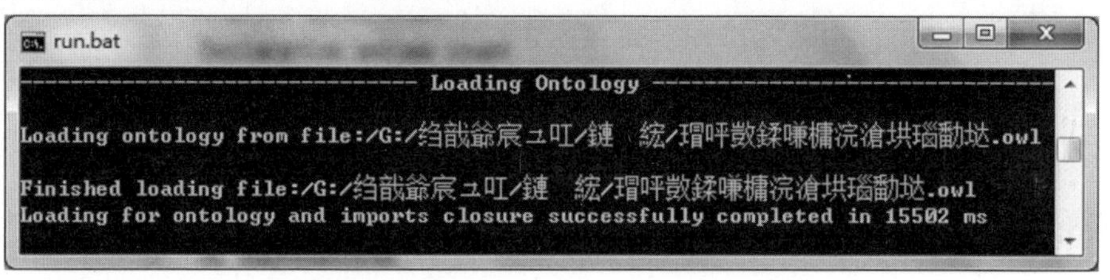

图 2 - 10　Protégé 5. 2. 0 反馈本体加载的有关信息

不难发现两个信息:一是加载程序没有正确显示本体所在中文路径及文件名称(Protégé 5. 2. 0 应该是支持中文字符的);二是完整加载该本体共耗时大约 16s。

如果要让加载程序正确显示本体所在中文路径及文件名称,以及缩短本体加载特别是后续本体推理的耗时,就需要修改 Protégé 5. 2. 0 的默认启动配置。

(1) 改变默认的字符集。

编辑 run. bat,修改默认的字符集选项“ - Dfile. encoding = utf - 8”为“ - Dfile. encoding = gb2312”。

(2) 改变分配的内存大小。

编辑 run. bat,修改默认的初始分配的内存大小选项“ - Xms200M”为“ - Xms500M”、最大分配的内存大小选项“ - Xmx500M”为“ - Xmx1000M”,保存所做的修改。

重新启动 Protégé 5.2.0，并再次加载“G:\科研工具\本体\装甲分队作战规则.owl”。这时，Protégé 默认启动界面反馈的信息如图 2-11 所示。

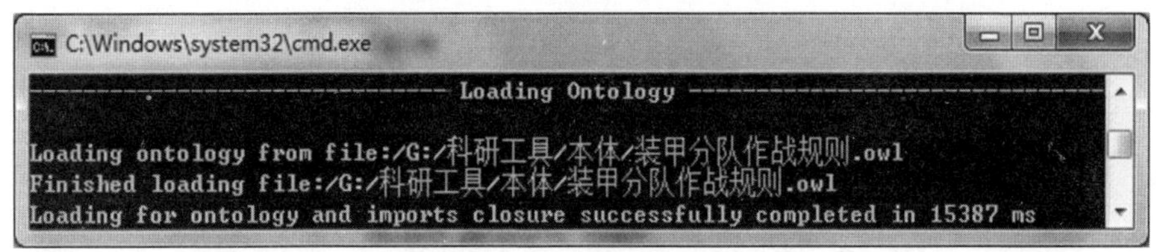

图 2-11　改变默认配置后 Protégé 5.2.0 反馈本体加载的有关信息

由此可见：加载程序正确显示了本体所在中文路径及文件名称；完整加载该本体共耗时大约 16s，没有显著改进，这说明默认的初始分配的内存大小选项“-Xms200M”是合理的，无需修改。

实际上，About 对话框中显示了内存设置及消耗情况（图 2-12）。

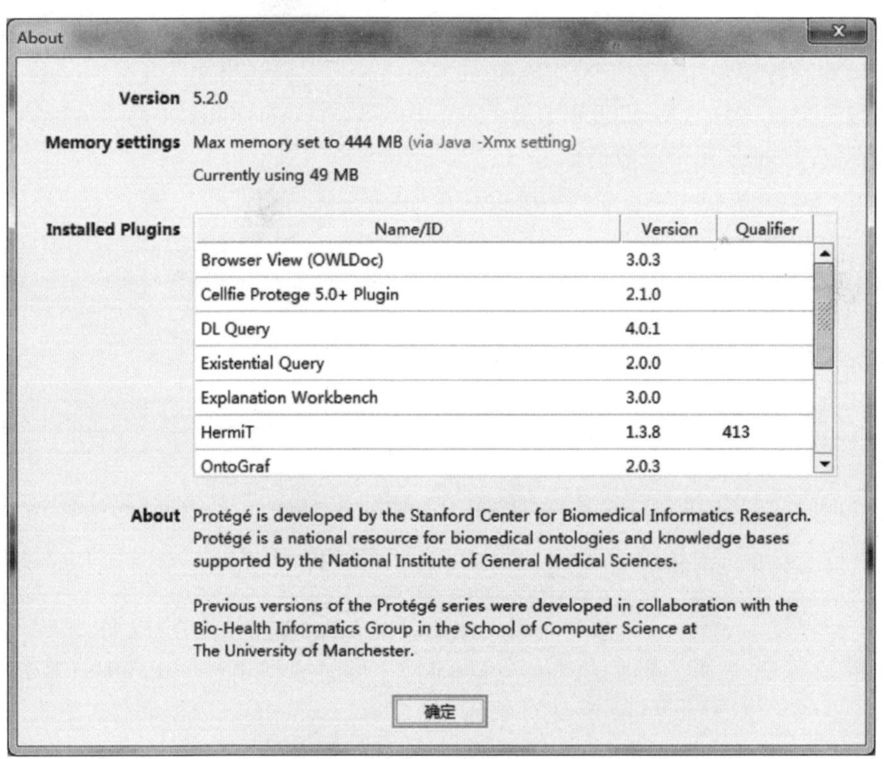

图 2-12　About 对话框中显示了内存设置及消耗情况

注:(1)对于运行在非 OS X 操作系统上的 Protégé 4,需编辑如下 Protege. lax 文件来改变分配的内存大小,即

```
# LAX. NL. JAVA. OPTION. JAVA. HEAP. SIZE. INITIAL
# ------------------------------------------
# 初始分配的内存大小(字节)

lax. nl. java. option. java. heap. size. initial = 800000000

# LAX. NL. JAVA. OPTION. JAVA. HEAP. SIZE. MAX
# ---------------------------------------
# 最大分配的内存大小(字节)

lax. nl. java. option. java. heap. size. max = 800000000
```

需注意的是,这里的内存大小单位是字节,默认值为 8×10^8B(约为 763MB)。

(2) 对于运行在 OS X 操作系统上的 Protégé 4,可右击“Protege 4 owl editor”,在快捷菜单中选择“Show Package Contents”,则会弹出文本文件“Info. plist”的编辑窗口,将“ - Xmx200M”(最大分配内存)、“ - Xms200M”(初始分配内存,可不修改)修改为所需数值即可:

```
< key > VMOptions < /key >
< array >
< string > - Xms200M < /string >
< string > - Xmx200M < /string >
< string > - Dosgi. clean = true < /string >
< /array >
```

(3)对于以压缩文件形式发行的,可修改如下命令行中的“ - Xmx800M”选项:

```
java  $ {CMD_OPTIONS}  - Xmx800M  - Dosgi. clean = true  - jar org. eclipse. osgi. jar
```

2.5.3 Protégé 的界面配置

启动之后,Protégé 5. 2. 0 将出现如图 2 - 13 所示的图形用户界面,该界面中包括 12 个标签页,分别是:Active Ontology(当前活动本体)、Entities(实体)、Classes(类)、Object Properties(对象属性)、Data Properties(数据属性)、Individuals by class(按类索引的个体)、OntoGraf(本体可视化)、OWLViz(本体可视化)、SPARQL Query(本体查询)、DL Query(本体查询)、SWRLTab(语义网规则)、SQWRLTab(本体查询)。

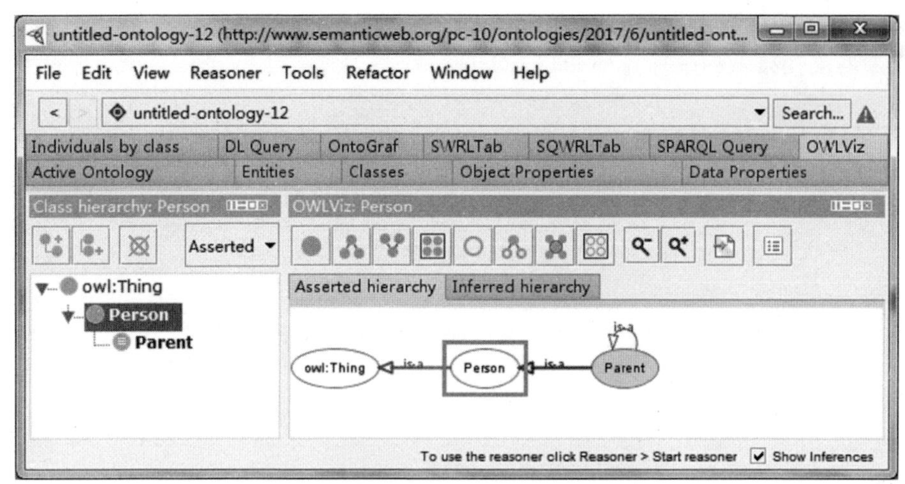

图 2－13　Protégé 5.2.0 的图形用户界面

需要说明的是，该界面显示哪些标签页取决于用户安装了哪些插件，以及隐藏了哪些界面。实际上，如同办公软件，用户也可以根据本体建模工作的需要，自行定制显示哪些标签页以及每个标签页有哪些窗口小部件（即 widget），以保持一个简洁的用户界面。

Protégé 5.2.0 的主界面是一个框架，可容纳若干个标签页，用户可通过菜单“Window | Tabs”选择在框架里加载哪些标签页（图 2－14）。

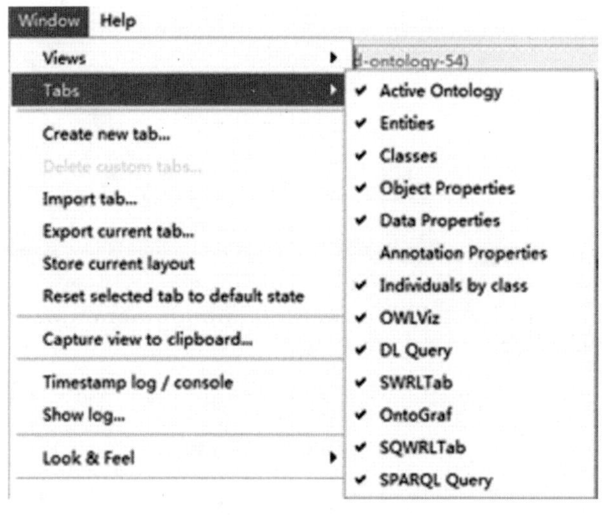

图 2－14　Protégé 5.2.0 的标签页

每个标签页则是一个小的界面容器，用户可通过菜单“Window | Views”选择在相应的标签页里加载哪些窗口小部件（图2-15）。

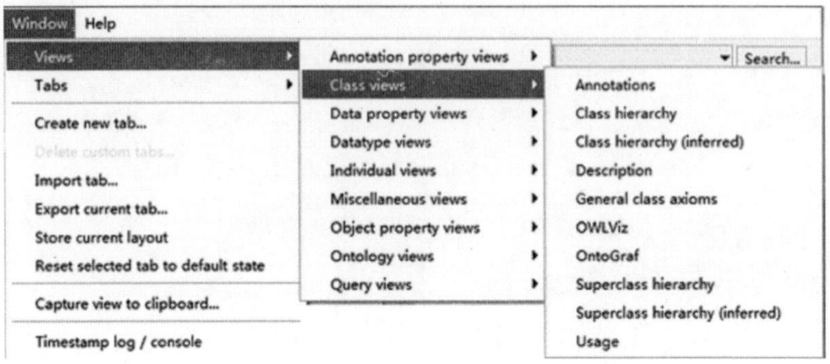

图2-15　Protégé 5.2.0 的窗口小部件

Protégé 中显示的字号通常偏小，可通过菜单项“File | Preferences…”设置字号（图2-16）。

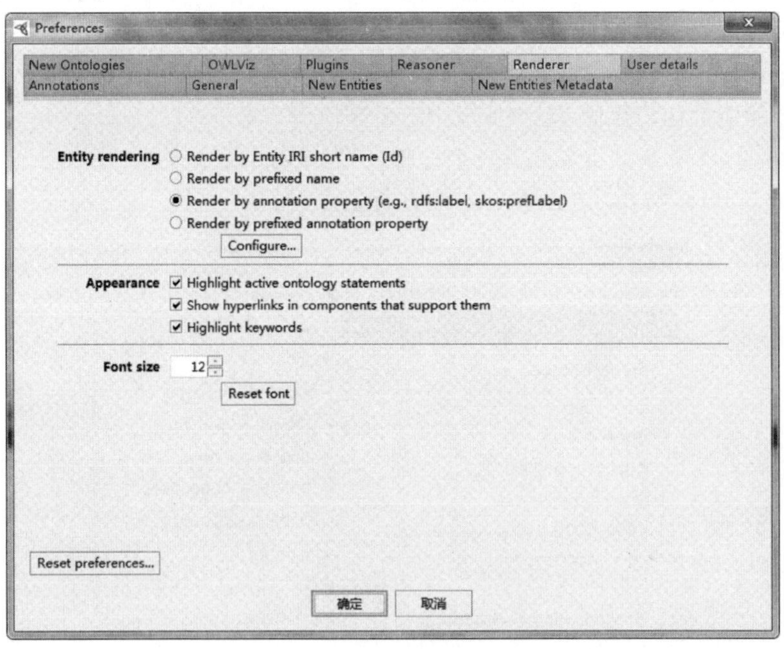

图2-16　设置界面文字的字号

为了较好地符合阅读习惯以及支持后期的正向工程（代码生成），类、属性和个体的命名可采用英文，而将其标签（Label）值设为对应的中文，根据需要在 Protégé 中将实体显示模式设置为显示标签值（图2-17）。

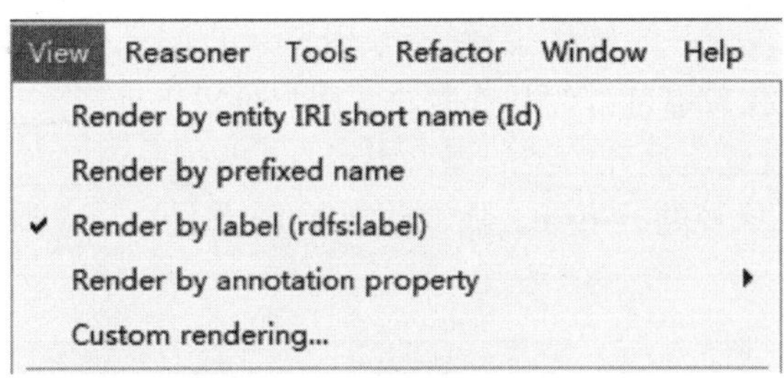

图 2-17 设置实体的显示方式

这里,需要注意以下几点:

(1) 实体是 OWL 2 本体的基本组成部分,包括:类、对象属性、数据属性、数据类型、注释属性以及个体(命名个体、匿名个体)(参看图 1-7)。因此,“实体”标签页是 Protégé 5.2.0 中最为复杂的,其包含了 6 个子标签页,即:类、对象属性、数据属性、数据类型、注释属性以及个体。

(2) 如果 Protégé 工作区“Search…”栏的右侧出现了故障符号,意味着推理机识别出了本体的内在不一致性(图 2-13)。这时,可通过菜单“Window | Show log…”快捷查看日志文件里的具体异常信息。只有在消除了不一致性之后,才能进行推理;而本体查询以推理为基础,也只能针对消除了内在不一致性的本体进行查询。

(3) 定期清理日志文件。否则,日志文件 protege.log 可能变得十分庞大,影响程序运行速度。

2.5.4 Protégé 本体的可视化插件

Protégé 能够展示类的层次结构、对象属性的层次结构、数据属性的层次结构、实例等内容,但形式比较单一,没有采用更加直观的图形化方式。为弥补这种不足,可采用第三方插件,更为直观地展示本体的结构。OWL Viz 及 Onto Graf 插件均可对本体模型的结构与内容进行可视化展示,但侧重点有所不同。这些插件的比较如表 2-3 所列。

表 2-3 Protégé 可视化插件的比较

可视化插件	表现内容	表现元素	表现结构	交互性
Protégé 类视图	类层次结构	文本	树状结构	弱
OWL Viz	类层次结构	图形	树状结构	强
Onto Graf	类层次结构、类之间以及类与个体之间的关系	图形	网状结构	强

2.5.4.1 OWL Viz

OWL Viz 已经集成到 Protégé 平台,可通过工作区界面的菜单“Window | Tabs |

OWLViz”来切换该插件的显示/隐藏。与 OntoGraf 不同，OWL Viz 主要是以树状图形式对类的层级关系进行交互式展示。用户可以根据需要自行控制可视化展现的细节等级(设置所展开的类的覆盖半径)。

用 OWL Viz 展现的装甲分队战斗队形本体，如图 2－18 所示(覆盖半径为 4 级)。

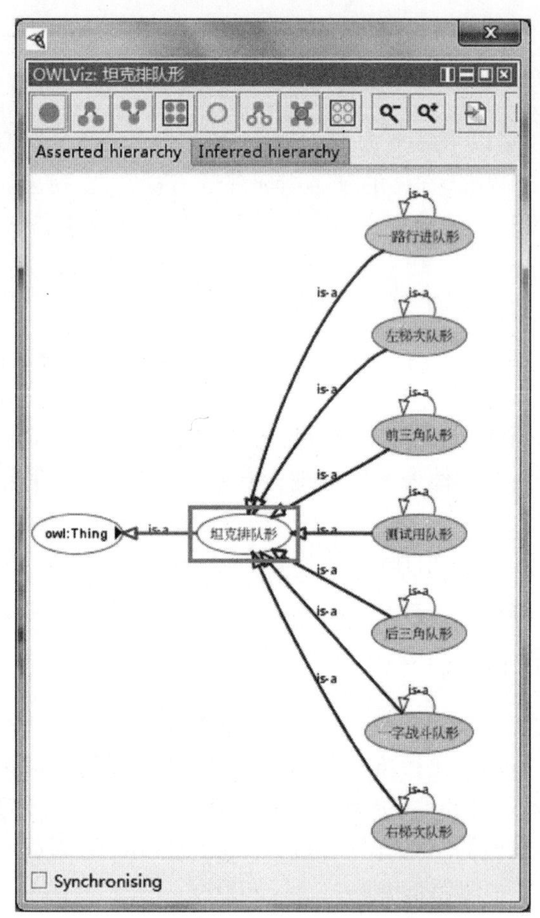

图 2－18　用 OWL Viz 展现的装甲分队战斗队形本体

运行 OWL Viz 时，用户需要自行安装第三方绘图程序，如常用的 graphviz_2.39 程序，并进行正确配置(图 2－19)。

否则，OWL Viz 插件将不能正常工作，而日志文件“C：\Users\pc －10\.protege\logs\protege.log”当中则会记录出现的各种异常情况(可通过菜单“Window|Show log…”快捷查看该日志文件)，例如：

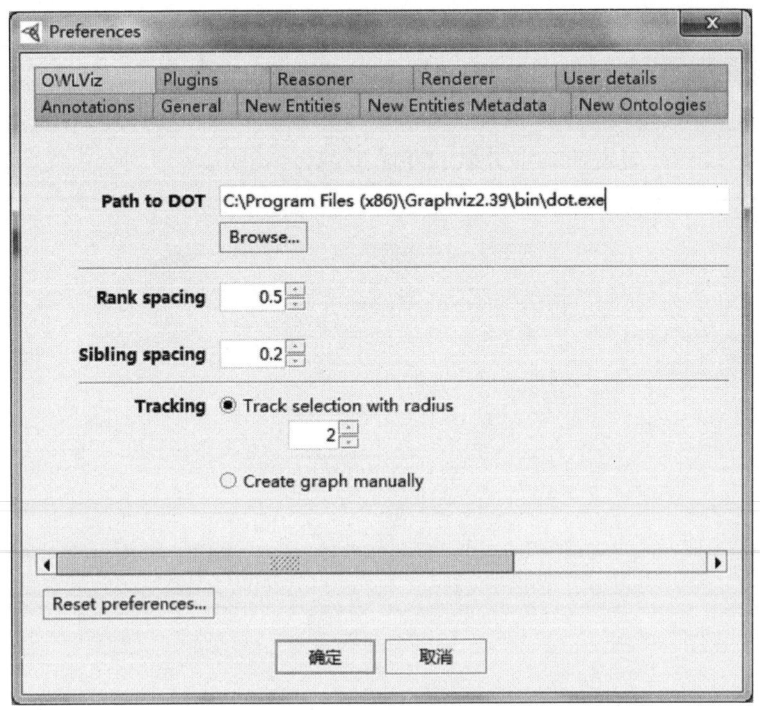

图 2-19　设置 OWL Viz 插件所用的绘图程序

"ERROR DotProcess An error related to DOT has occurred. This error was probably because OWLViz could not find the DOT application. Please ensure that the path to the DOT application is set properly

java. io. IOException: Cannot run program " C: \Program Files (x86) \Graphviz2. 39\bin\dot. exe": CreateProcess error = 2，系统找不到指定的文件。"

2.5.4.2 OntoGraf

OntoGraf 也已经完全集成到 Protégé 平台，可通过工作区界面的菜单"Window|Tabs|OntoGraf"来切换该插件的显示/隐藏。OntoGraf 插件的主要功能是以网状图形式来表现本体模型的类、实例及其之间的逻辑关系，每条线段都代表两者之间的逻辑关系。

用户可以根据需要自行控制可视化展现的细节等级（点击节点图标左上角的"+"按钮）。用 OntoGraf 展现的装甲分队战斗队形本体如图 2-20 所示。

2.5.5 Protégé 本体的 SWRL 规则插件

Protégé 工作区切换到标签页"SWRLTab"，点击"new"按钮即弹出 SWRL 规则的编辑页面（图 2-21）。其中，Name 栏填写"SWRL 规则的名称"，Comment

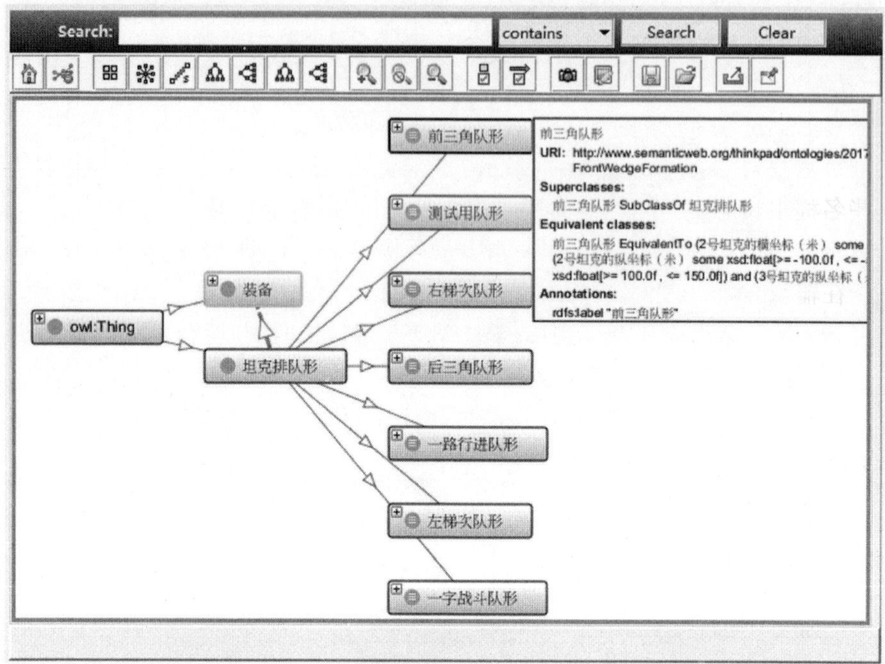

图 2-20 用 OntoGraf 展现的装甲分队战斗队形本体

栏填写“SWRL 规则的注释”(可选),Status 栏显示“SWRL 规则的语法状态”,Status 栏下方的编辑框才是输入规则文本的地方。

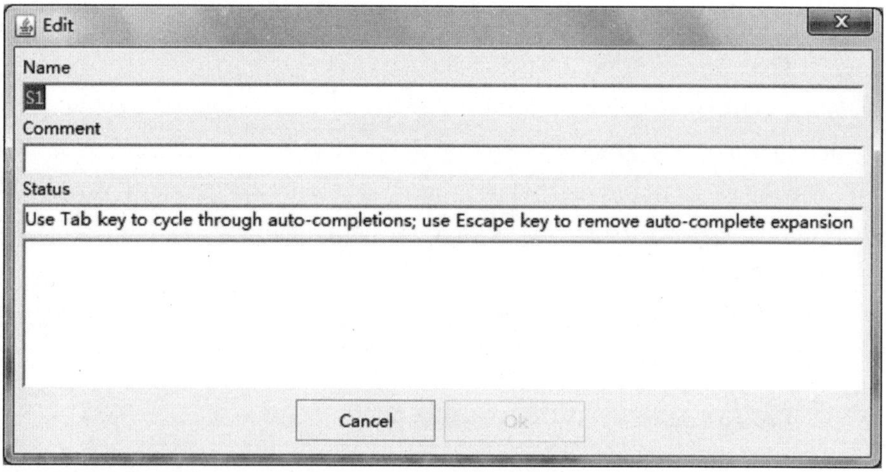

Edit
Name
S1
Comment
Status
Use Tab key to cycle through auto-completions; use Escape key to remove auto-complete expansion
Cancel
Ok

图 2-21 SWRL 规则编辑器

2.5.5.1 SWRL 规则编辑器的主要功能

在输入 SWRL 规则文本的过程当中,按下 Tab 键,编辑器将在含有已输入部分的已定义实体之间进行循环,包括内置原子库以及用户自定义实体,例如,如果已输入“swrlb:s”,按一下 Tab 键,则自动补全为“swrlb:sin”;再按一下 Tab 键,又被自动补全为“swrlb:startsWith”;等等。这样,可加快输入速度(特别是输入一些名称很长的实体时),并有助于降低记忆的强度。SWRL 规则编辑器是大小写敏感的。例如,如果已输入“swrlb:S”,再按一下 Tab 键,则不会有任何反应。

在输入 SWRL 规则文本的过程当中,编辑器将自动实时解析规则的语法,并在 Status 栏显示“SWRL 规则的语法状态”,例如,谓词是否合法,参数是否合法,预期什么输入。这个设计也比较友好。

SWRLTab 会按照 SWRL 规则名称排序,显示所创建的全部规则。因此,在工程当中,建议在 Name 栏填写“SWRL 规则的编号”,以便将相关的一组规则显示在一起。为便于自己或者他人理解,建议要重视 Comment 栏的填写。

SQWRLTab 标签页中的 SQWRL 查询编辑器与 SWRLTab 标签页中的 SWRL 规则编辑器,两者在功能和风格上是完全一致的。

2.5.5.2 注意事项

尽管标签页“SWRLTab”具有上述特色,但是目前,它在设计上也有诸多不足。

(1) 用户编写的 SWRL 规则、SQWRL 查询都将同时出现在标签页“SWRLTab”以及“SQWRLTab”当中(图 2-22)。当 SWRL 规则、SQWRL 查询数量较多时,页面显示上将是极其混乱的。

(2) 标签页“SWRLTab”以及“SQWRLTab”在显示 SWRL 规则、SQWRL 查询时,每条规则、每个查询前都有一个检查框,本意应该是允许用户选择其中的一部分规则发挥作用,或者是选择其中的一部分查询进行执行。然而,实际上,用户必须采取如图 2-22 所示的选择方式,才能达到预期目的;否则,会提示“No enabled SQWRL query selected.”

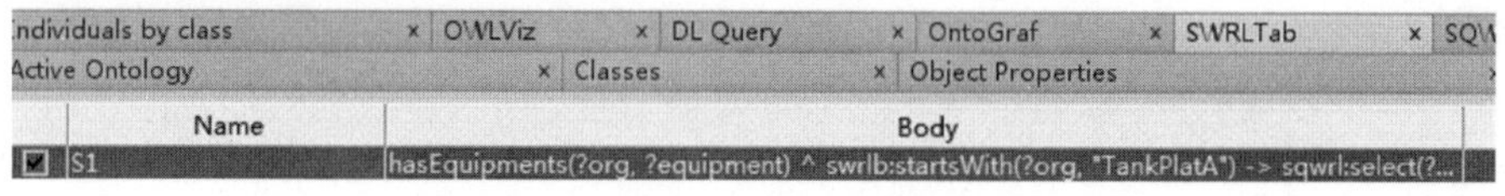

图 2-22 标签页“SWRLTab”的设计不合理

(3) 标签页“SWRLTab”的子标签页“inferred axioms”名不副实。各种公理(用户定义的、推理得出的),都混杂在一起。

(4) 标签页“SWRLTab”以及“SQWRLTab”的风格与其他窗口的风格(Look

& Feel)不太一致。

(5) SWRL 规则编辑器、SQWRL 查询编辑器不支持撤销操作。一旦输入有误,想撤销时极其麻烦。

2.5.6 Protégé 本体的查询器插件

Protégé 工作区能够为用户显示本体的部分信息,如标签页"Individuals by class(按类索引的个体)"能够交互式地显示相关 OWL 类的个体。此外,功能更为强大也更为灵活的本体查询,则要通过查询语言来完成。本体查询语言主要有 SPARQL,SQWRL,DL Query,其中,SPARQL 本是一种 RDF 数据查询语言和访问协议,用于访问分布于 WWW 上的 RDF 数据资源;SQWRL 和 DL Query 则是专门针对 OWL 本体而开发的查询语言。针对这 3 种查询语言,Protégé 分别提供了相应的查询插件。

在启动查询之前,必须确保已消除了本体的内在不一致性,成功完成推理任务。否则,将遇到如下提示(图 2-23),同时,Protégé 工作区"Search…"栏的右侧将出现故障符号 。

图 2-23 本体查询只能针对已完成推理的本体进行

2.5.6.1 DL 查询

1. 启动 DL 查询程序

如果 Protégé 工作区中没有 DL 查询标签页,勾选菜单"Window | Tabs"里的 DL Query 菜单项,可调出 DL 查询标签页。也可以勾选菜单"**Window | Views | Query views**"里的 DL Query 菜单项,将该窗口小部件(widget)附加到任意的标签页上。

2. 实例查询示例

对于如下的本体:

- 类层次结构
  - Person
    - Children
    - Young
    - MiddleAged

- Old

- 数据属性
  - hasID
  - hasGivenName
  - hasSurname
  - hasAge
  - hasEmail
  - hasCountryOfOrigin
- 实例
  - Peter(年龄:8;Email:Peter@ abc. com;CountryOfOrigin:England)
  - Peter2(年龄:21;Email:Peter2@ abc. com;CountryOfOrigin:England)
  - Martin(年龄:40;Email:Martin@ abc. com;CountryOfOrigin:England)
  - Tom(年龄:62;Email:Tom@ abc. com;CountryOfOrigin:England)
  - ……

(1) 假设该本体含有几百个实例,若要快速查找 Email 为"Peter@ abc. com"的实例,可在 DL 查询中输入如下语句,并确保勾选了"Instances"选项,则可得到如下结果(图 2-24):

```
hasEmail value "Peter@ abc. com"
```

在 DL 查询中输入如下语句,可得到相同的查询结果:

```
Person and hasEmail value "Peter@ abc. com"
```

(2)若要查询某个类的全部实例,在 DL 查询中简单地输入该类的名称即可。为避免显示过多的记录,可对查询结果进行名称过滤,例如,实例的名称中包含"Peter"(图 2-25)。

(3) 采用 Manchester 语法(参见 1.3.4.2 节)可以构建功能更为强大的 DL 查询。例如,通过"^^"和数据类型查询数据属性为常量文字的实例:

```
hasAge value "21"^^long
```

而更为一般化的查询表达式是仅使用数据类型、类:

```
hasAge some int
hasChild some Man
hasSibling only Woman
hasCountryOfOrigin value England
hasChild min 3
hasChild exactly 3
hasChild max 3
```

(4) 也可以在 DL 查询中直接输入某个类的定义进行实例查询,以对类的

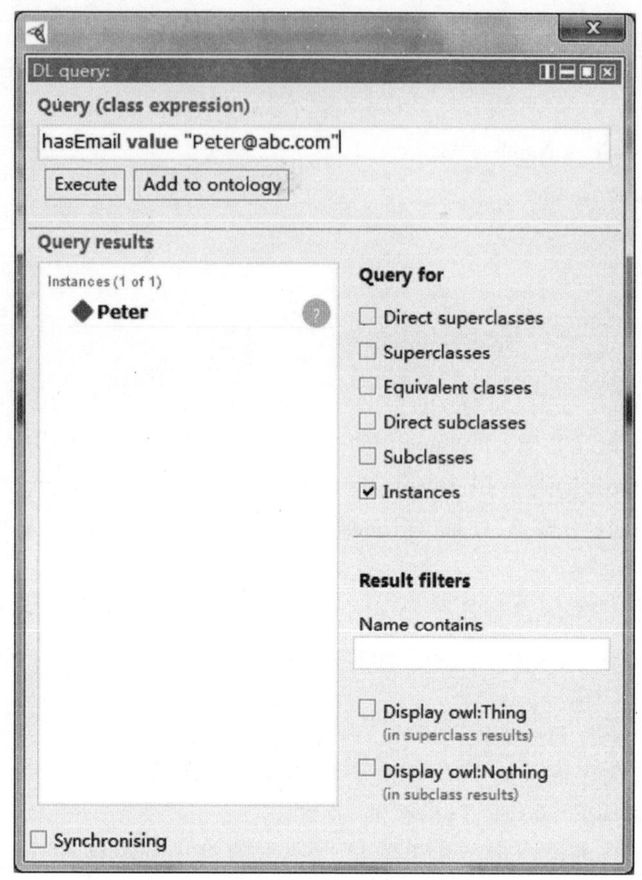

图 2-24 DL 查询特定的实例示例

定义进行测试。当前,Protégé 还不能查询任意定义的类的实例。为了检查某个实例 I 是否是某个复杂定义的类 D 的实例,通常的做法是引入一个与 D 等价的新类,然后,进行分类,判断 I 是否是 D 的实例。这时,DL 查询标签页是一个有效的工具,直接输入类 D 的定义,进行实例查询即可。

这一功能与数据库的查询分析器的功能类似。在开发数据库应用时,编写存储过程是一项重要工作。编程人员可先利用查询分析器对存储过程进行测试,以节省数据库应用程序的调试时间。

3. 类查询示例

针对照相机本体,可能需要进行如下查询。

(1) 查询具有消除模糊功能的照相机(如果本体的类层次结构有多层,要勾选“Subclasses”选项;由于是类查询,不勾选“Instances”选项),查询结果如

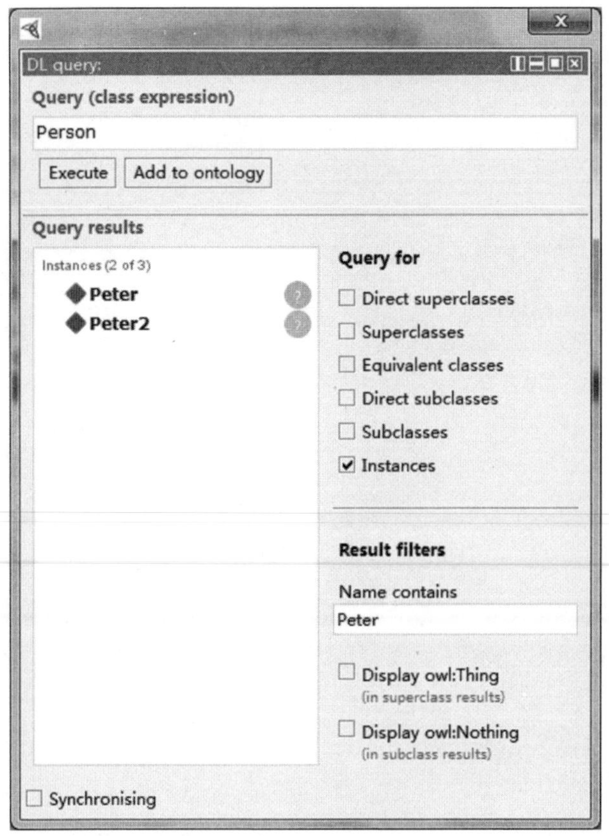

图 2－25　DL 查询某个类的全部实例示例

图 2－26所示。

（2）查询镜头焦距在 35～120mm 之间的照相机（镜头是照相机的部件，“Equipment（照相机）”类是“Lens（镜头）”类的直接父类，所以要勾选“Direct superclasses”选项），查询结果如图 2－27 所示。

（3）查询能增加曝光度（ExposureLevel）而不影响景深（DepthOfField）的操作（如果本体的类层次结构有多层，要勾选“Subclasses”选项），查询结果如图 2－28所示。

4. 将 DL 查询保存到本体当中

在创建合适的类之前，需要对类的定义进行测试。如果用户发现某个 DL 查询很有用，可将其定义为一个类，即点击 DL 查询标签页上的“Add to ontology”按钮。这时，Protégé 将显示“Create a new OWLClass”对话框，点击“OK”按钮即可在本体中创建一个使用该 DL 查询语句定义的类。

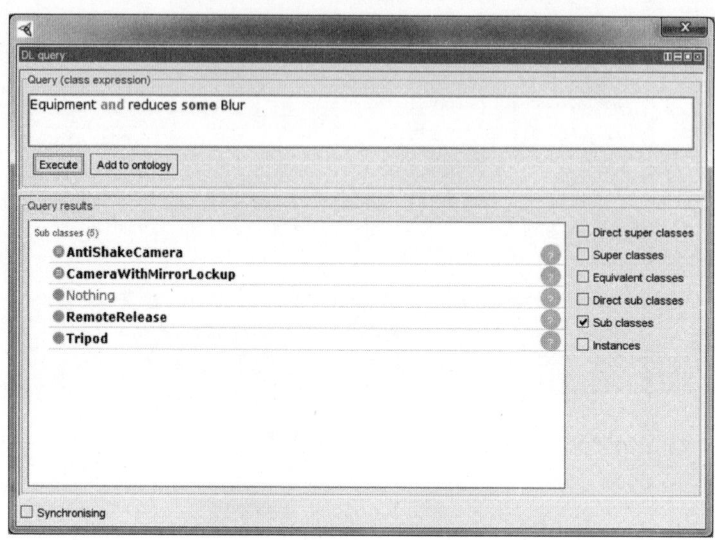

图 2-26　DL 查询某个特定的类示例

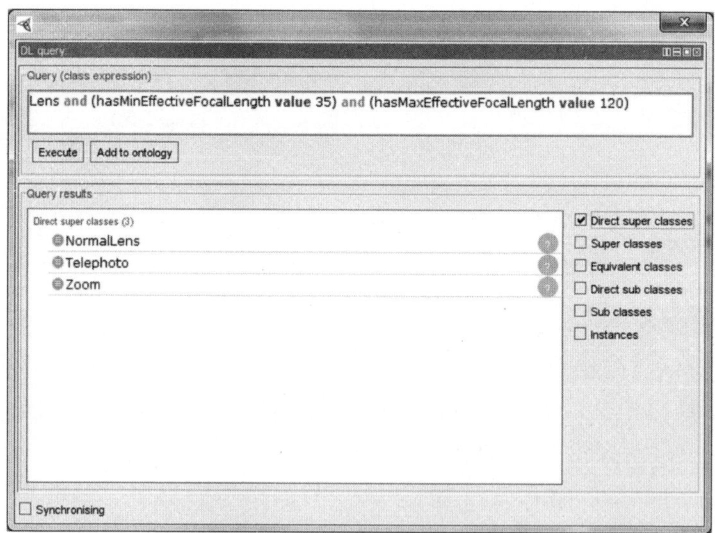

图 2-27　DL 查询某个特定的类示例

2.5.6.2　SQWRL 查询

SWRLAPI 提供了两种机制来执行 SQWRL 查询：①SQWRL Query API[①]（一

① https://github.com/protegeproject/swrlapi/wiki/SQWRLQueryAPI

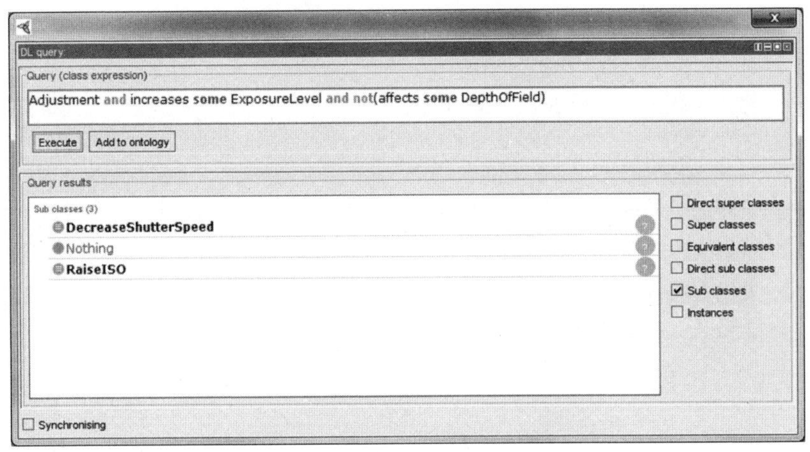

图 2－28　DL 查询某个特定的类示例

种 Java API,提供与 JDBC 类似的界面)。它能在 Java 应用中用于执行查询和检索查询结果。②SQWRL Query Tab①(一种图形用户界面,支持交互式查询和结果展示)。

如果 Protégé 工作区中没有 SQWRLTab 查询标签页,勾选菜单"Window | Tabs"里的 SQWRLTab 菜单项,可调出 SQWRLTab 查询标签页。也可以勾选菜单"**Window | Views | Query views**"里的 SQWRLTab 菜单项,将该窗口小部件(widget)附加到任意的标签页上。

实例"坦克一排"的装备编配关系,输入扩展的语义查询 Web 规则语言(SQWRL)查询:

Org(TankPlatA) ^ hasEquipments(TankPlatA, ? equip) －> sqwrl:select(TankPlatA, ? equip)^sqwrl:columnNames("Org","Equipment")

SQWRLTab 支持 Unicode,所以,如下查询语句也是合法的:

坦克排(坦克一排) ^ 编配装备(坦克一排, ? equip) －> sqwrl:select(坦克一排, ? equip) ^ sqwrl:columnNames("坦克一排", "编配装备")

在 SQWRLTab 中的查询结果如图 2－29 所示。

如果运行推理机时,推理无法正常进行,并提示"An error occurred during reasoning: A SWRL rule uses a built－in atom, but built－in atoms are not supported yet.",这往往是查询语句在语义上出现了问题,而不是内置算子不受支持。这时,可以先删除一些 SQWRL 查询,逐步排除故障。

① https://github.com/protegeproject/swrlapi/wiki/SQWRLQueryTab

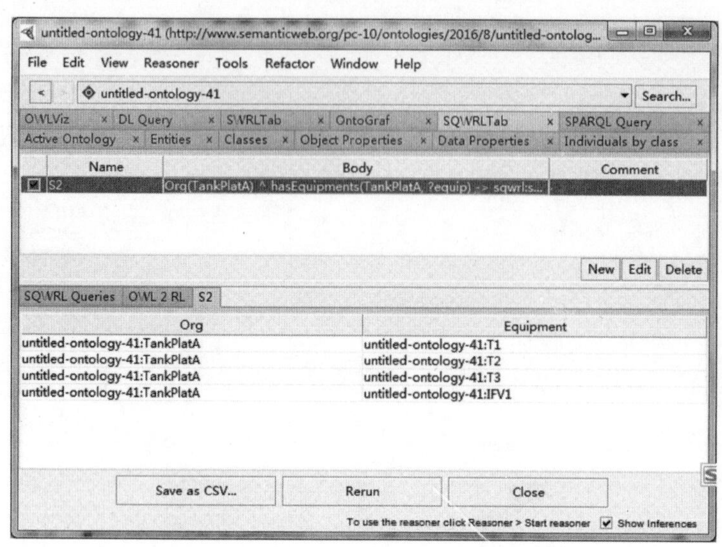

图 2-29　在 SQWRL 中查询装备编配关系

2.5.6.3　SPARQL 查询

如果 Protégé 工作区中没有 SQWRLTab 查询标签页，勾选菜单“Window | Tabs”里的 SPARQLQuery 菜单项，可调出 SQWRLTab 查询标签页。也可以勾选菜单“**Window | Views | Query views**”里的 SPARQL query 菜单项，将该窗口小部件(widget)附加到任意的标签页上。

(1) 定义对象属性“前置任务”，以描述坦克一排所担任的某个作战任务的前置任务。该对象属性具备传递关系，如图 2-30 所示。

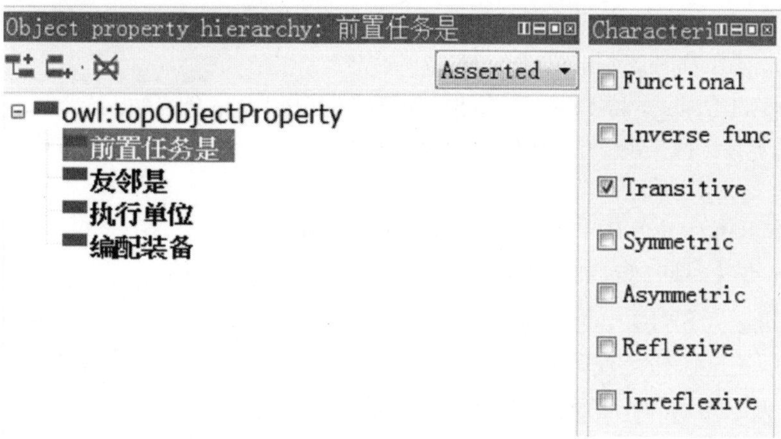

图 2-30　对象属性“前置任务”的定义

(2) 描述作战任务之间的先后次序,即先开进到 W 位置,后展开为前三角队形,而后向蓝方步兵支撑点发起突击,如图 2-31 所示。

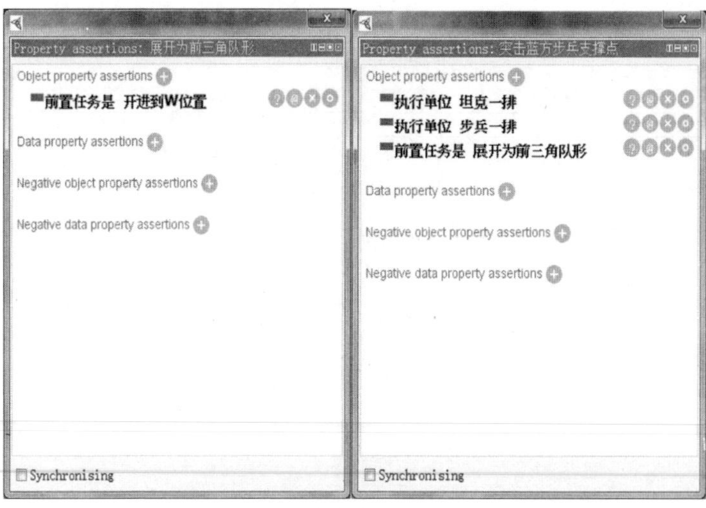

图 2-31　前置任务(陈述的事实)

在 SPARQL 中查询作战任务之间的先后次序,查询结果如图 2-32 所示。

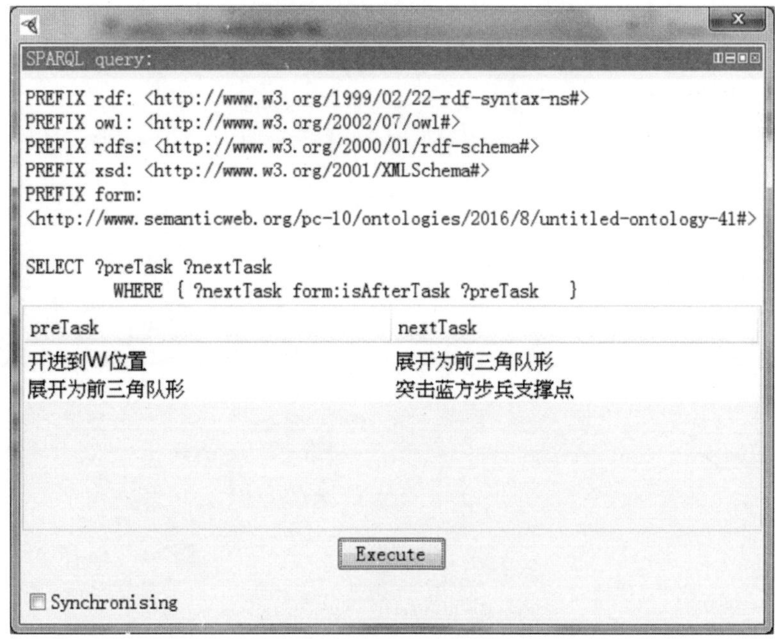

图 2-32　在 SPARQL 中查询任务先后次序

2.6 本章小结

本章首先简要阐述了本体建模的一般原则和一般过程，着重阐述了本体模型的各种直接创建方法，如七步法、SC2M 法、骨架法、企业建模法、METHONTOLOGY 法和 KACTUS 法，特别是在对已有方法进行深入对比分析的基础上，将 OWL 与 SWRL 进行有机结合，提出了改进的“七步法”来创建本体模型。另外，本章简要介绍了当前主要的本体建模工具，特别是主流的本体建模工具 protégé 5.2.0 的使用，其中包括 protégé 5.2.0 的启动配置、界面配置、本体可视化插件（OWLViz 及 OntoGraf）、SWRL 规则插件、本体查询器插件（SPARQL、SQWRL 及 DL Query）。

第3章　本体推理

随着语义 Web 的兴起，本体技术已成为计算机学科中的一个研究热点。本体语言在提供充分的表达能力的基础上，也提供了基于逻辑的语义，如 OWL DL 等价于描述逻辑 SHOIN(D)，其在保证计算完备性和可判定性的基础上提供了最强的表达能力。描述逻辑是一阶谓词逻辑的可判定子集，具备高效的推理机制，它利用简单概念和关系刻画复杂概念及关系，能提供良好的语义定义，满足本体构建、集成和进化的各阶段需要。推理是"智能"最直接的体现，因此，本体的逻辑推理机制可以有效地提高人机交互"智能"水平。例如，可以在分析本体、OWL 和 SWRL 的概念和特点的基础上，利用 MPEG－7 标准中的视觉描述符来描述图像的特征，采用本体建立图像的语义特征，将 SWRL 引入图像情感识别领域，利用 SWRL 构建推理规则。通过建立图像的本体信息和推理规则，并用规则推理出本体中隐含的信息，实现图像情感识别，使计算机具有一定的情感推理能力。

3.1　本体推理应用背景

本章考虑如下简化的教学管理场景[①]作为本体推理的应用背景(图 3－1)，并根据需要进行了相应扩展：人员分为教职员工和学员两类，其中，教职员工分为教员(Academic)和非教员(NonAcademic)两类，教授是教员的子类，学员分为本科学员(UndergraduateStudent)和研究生学员两类；假设课程分为计算机科学(CS)、数学(MT)和经济学(EC)3 个领域，由 7 名教授授课。

应用案例当中，部分课程的基本信息如表 3－1 所列。

表 3－1　部分课程的基本信息

课程模块	领域	教员	课程模块	领域	教员
CS101	Computer Science	Prof1	CS103	Computer Science	Prof3
CS102	Computer Science	Prof2	CS104	Computer Science	Prof1

① http://owl.man.ac.uk/2006/07/sssw/university.html

（续）

课程模块	领域	教员	课程模块	领域	教员
CS105	Computer Science	Prof3	MT103	Maths	Prof6
		Prof4	EC101	Economics	Prof4
MT101	Maths	Prof4	EC102	Economics	Prof7
MT102	Maths	Prof5	EC103	Economics	Prof1

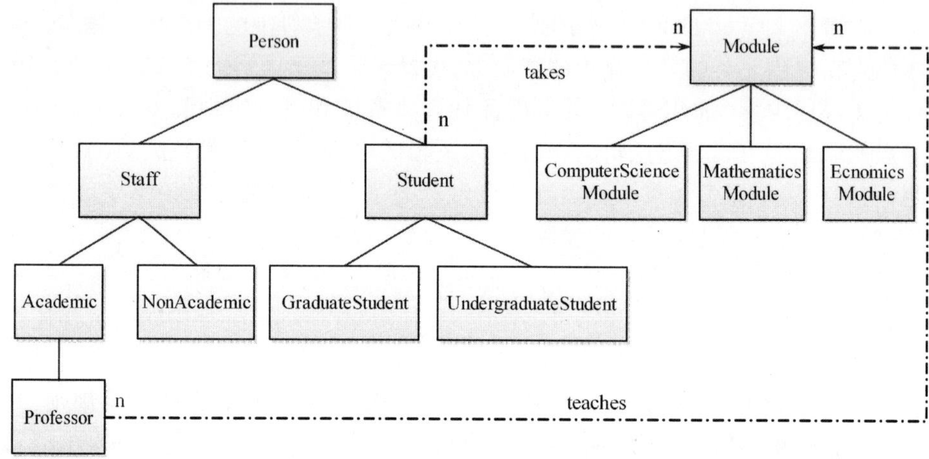

图 3-1　简化的教学管理有关实体

假设学员有 10 名，其中，本科生必须正好选修两门课。这些学员的部分选课信息如表 3-2 所列。

表 3-2　学员选课的部分基本信息

学员	类别	课程模块		学员	类别	课程模块		
Student1	本科生	CS101	CS102	Student6	本科生	MT101	?????	
Student2	本科生	CS101	MT101	Student7	学生	CS101	MT???	
Student3	本科生	MT101	EC103	Student8	学生	CS102	CS???	
Student4	本科生	CS101	MT101	Student9	学生	MT101	CS101	CS102
Student5	本科生	MT102	MT103	Student10	学生	MT101	CS101	EC101

需要注意，本体视角与数据库视角存在着重大不同（这些差异将在 3.5 节推理任务当中得到充分体现）：

（1）信息不完全。本体可以描述部分不完全信息，从而更好地满足推理任务的需求（这里用“?”表示学员类别、选课信息的不完全性）。例如，Student7、

Student8 等是否为本科生未知；Student6 选修了两门课，一门是 MT101，另一门课属于哪个领域未知，但肯定不是 MT101；Student7 也选修了两门课，一门是 CS101，另一门课程属于数学领域，但具体是哪个课程模块未知；Student8 也选修了两门课，一门是 CS102，另一门课程也属于计算机领域，具体是哪个课程模块未知，但肯定不是 CS102。

（2）开放世界假设（Open World Assumption，OWA）。例如，已知 Student5 选修了 MT102、MT103，但并不能排除 Student5 还可能选修了其他课程，除非用对象属性显式声明。

（3）唯一命名假设（Unique Name Assumption，UNA）。例如，已知 Student1 选修了 CS101、CS102，按照唯一命名假设，CS101、CS102 是不同的课程；但本体不采用唯一命名假设，即 CS101、CS102 既可能不同，也可能相同。如果推理得出 CS101 和 CS102 是同一个体，则也将推理出，Student4、Student7、Student10 也选修了 CS102。若再显式声明 CS101 和 CS102 是不同个体，推理时则识别出不一致情形。

（4）不支持非单调推理（Nonmonotonic Inference）。如果有一条规则明确：本科生必须而且只能选修两门课程，那么，已知 Student1 是本科生，且选修了 CS101、CS102，可推理得出 CS101 和 CS102 是不同个体，也将推理出，Student9 不是本科生。

3.2 描述逻辑

描述逻辑（Description Logic，DL）是本体推理的基础。描述逻辑是一种用于知识表示的形式化语言。由于适合表示关于概念和概念层次结构的知识，描述逻辑也被称做概念表示语言和术语逻辑。描述逻辑给出一种形式化的、基于逻辑的语义，其基本构件是概念、关系和个体。概念描述了一个个体集合的共同属性，并且可将概念解释为对象集的一元谓词，将关系解释为对象之间的二元关系。描述逻辑的特点在于将大量的构造符作用到简单概念上，从而可以建立更多复杂的概念。

描述逻辑以推理作为中心服务，即从知识库中显式包含的知识推导出隐含表示的知识。它注重关键推理服务的可判定性，并且提供了可靠的、完备的推理算法。其主要的推理有分类、可满足性问题、包含关系以及实例检测等。分类是对一个基于包含关系的概念层次结构的计算，即判断一个术语表中不同概念之间的包含关系。实例检测是判断一个个体是否是某个概念中的实例。

3.2.1 描述逻辑的理论发展

描述逻辑最开始只是用来表示静态知识的。为了描述在时间上的变化,或者在一定动作下的变化,以及保持其语言的相对简单性,很自然地需要通过相应的模态算子来进行扩展,以保留其命题模态状态。众所周知,即使只是对简单的模态系统的综合,也可能会导致很复杂的系统。Schild、Schmiedel 等人最初所构造的时序描述逻辑和认知逻辑就是因为表达能力要么太强而导致不可判定性(undecidable),要么就是太弱(时态算子仅仅对公式或者概念是可用的)。Baader 和 Laux 则进行了折中,将描述逻辑 ALC 与多态 K 相结合,允许将模态算子应用到公式和概念上,并证明在扩展领域模型中的结果语言的满足性问题是可判定的。Wolter 等对具有模态算子的描述逻辑进行了深入系统的调查分析,证明在恒定的领域假设下多种认知和时序描述逻辑是可判定的,并将描述逻辑和命题动态逻辑 PDL 相结合,提出了动态描述逻辑。

为了能在统一的框架下对动作和规划进行表示和推理,A. Artale 和 E. Franconi(1998)提出了一个知识表示系统,用时间约束的方法将状态、动作和规划的表示统一起来。该表示方法和描述逻辑相结合,就形成了一个很好的知识表示方法,它具有明确的语义,能进行有效的推理,并具有如下优点:①能用统一的方法表示状态、动作和规划,这一点与情景演算不同;②能进行高效的推理,该框架下的可满足性问题和包含检测问题等都是多项式时间问题;③有明确的语义;④能自动进行规划识别。

由于包含检测、一致性检测等其他许多问题都可化为可满足性问题,因此,可满足性问题是描述逻辑推理中的核心问题。为了能用计算机自动判断描述逻辑中的可满足性问题,Schmidt - Schaub 和 Smolka 首先建立了基于描述逻辑 ALC 的 Tableau 算法,该算法能在多项式时间内判断描述逻辑 ALC 概念的可满足性问题。目前,Tableau 算法已用于各种描述逻辑(如 ALCN、ALCQ)中,以及用于实例检测等问题。现在主要研究各种描述逻辑中 Tableau 算法的扩展、复杂性及优化策略等。

3.2.2 描述逻辑的基本体系

描述逻辑系统有 4 个基本的组成部分(图 3 - 2):用于概念和关系表达式中的构造算子集合;容许在 TBox 中出现的公理类型;容许在 ABox 中出现的断言类型;在 TBox 和 ABox 上进行推理的推理机制。

其中,TBox 是有关概念和关系的蕴含断言集合,描述概念和关系的一般属性;ABox 是有关个体的实例断言集合,断言一个个体是某个概念的实例,或者两

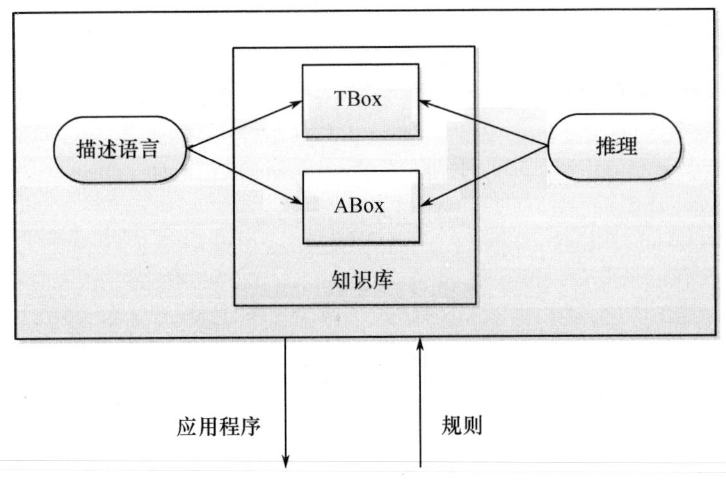

图 3－2 描述逻辑的基本体系

个个体之间存在某种关系。

前文中已多次涉及描述逻辑，如 OWL DL、DL Query。OWL 与描述逻辑的概念存在一一对应的关系：OWL 中的类（Class）、属性（Property）对应着描述逻辑中的概念（Concept）和关系（Role）；类以及类之间的层次关系即为 TBox 中的概念公理和关系公理，类的实例和关系的实例即为 ABox 中的实例（个体）断言。根据构造符的不同，描述逻辑分为多种不同功能的子语言，如 ALC、SHIF（D）、SHOIN（D），其中，C 表示本体使用了复杂概念的否定，F 表示本体使用了函数属性，I 表示本体使用了逆属性，N 表示本体使用了 OWL：Cadinality 等基数限制，（D）表示本体使用了数据类型属性、数据值以及数据类型。描述逻辑的特性度量如图 3－3 所示。OWL 2 基于描述逻辑 SHOIN（D），并且 Protégé 对其提供支持。

3.2.3 TBox

描述逻辑的 TBox（Terminological Box）是有关概念和关系的蕴含断言集合，由术语（Terminologies）构成，术语包括蕴含（或称包含）和断言（或称等价）两种形式，运算符分别为“$\subseteq$”和“$\equiv$”。

下面是由若干条断言构成的概念定义表，也是一个小型化的 TBox。

$Person \equiv Staff \cup Student$

$Staff \equiv Academic \cup NonAcademic$

$Professor \subset Academic$

Student $\equiv$ GraduateStudent $\cup$ UndergraduateStudent

Staff $\neg$ Student

Academic $\neg$ NonAcademic

GraduateStudent $\neg$ UndergraduateStudent

Module $\equiv$ ComputerScienceModule $\cup$ MathematicsModule $\cup$ EcnomicsModule

differentFrom(ComputerScienceModule, MathematicsModule, EcnomicsModule)

UndergraduateStudent $\subset$ Student $\cap$ takes2 Module

TakeMTModuleOnly $\equiv$ UndergraduateStudent $\cap$ $\forall$ takes. MathsModule

TakeCSModuleOnly $\equiv$ UndergraduateStudent $\cap$ $\forall$ takes. ComputerScienceModule

TakeECModuleOnly $\equiv$ UndergraduateStudent $\cap$ $\forall$ takes. EcnomicsModule

TakeModulesInSingleArea $\equiv$ TakeMTModuleOnly $\cup$ TakeCSModuleOnly $\cup$ TakeECModuleOnly

TakeModulesInCSandMT $\equiv$ UndergraduateStudent $\cap\exists$ takes. ComputerScienceModule $\cap\exists$ takes. MathsModule

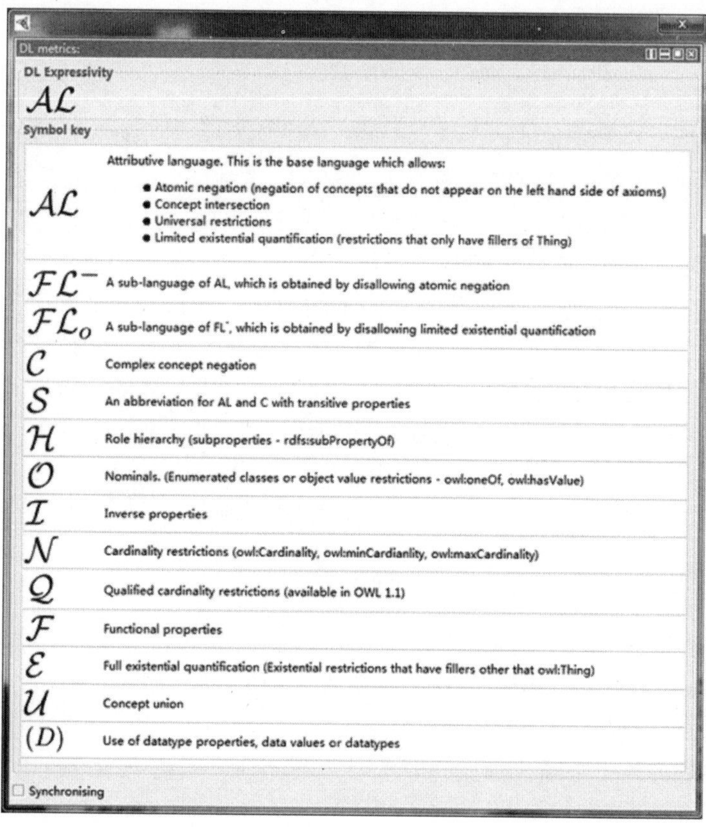

图 3-3　描述逻辑的特性度量

在这个定义表中，出现在断言符号左部的是唯一的一个词汇，就是新提出的概念；右部由若干原子概念、原子角色、其他新提出的概念以及描述语言规则运算符组成，它们有机的组合构成了对左部概念的描述。定义的集合必须是明确的，一个明确和有限的定义集合才能称为一个 TBox。

3.2.4 ABox

ABox（Assertional Box）为断言集合，它在 TBox 的概念规则和现实世界的对象中构筑了桥梁，所以也相当于是对世界的一个描述。ABox 分为角色断言和概念断言。DL 中概念被解释为对象的集合，而角色被解释为对象间的关系集合。由于断言是陈述个体的事实，因此 DL 中还包括了个体集合，并且个体相当于一阶逻辑中的常量。

设所用的学生个体集合为{Student1，Student2，…，Student10}，教授个体集合为{Prof1，Prof2，…，Prof7}，课程个体集合为{CS101，CS102，…，CS105，MT101，MT102，MT103，EC101，EC102，EC103}，下面的例子就是一个微型的 ABox 的实例。

UndergraduateStudent(Student1)
Professor(Prof1)
Student(Student10)
ComputerScienceModule(CS101)
ComputerScienceModule(CS104)
MathematicsModule(MT101)
EcnomicsModule(EC101)
EcnomicsModule(EC103)
takes(Student10, CS101)
takes(Student10, MT101)
takes(Student10, EC101)
teaches(Prof1,CS101)
teaches(Prof1,CS104)
teaches(Prof1,EC103)

显然，从简单的角度看 ABox，它只是一个拥有一元关系和二元关系的数据库实例。但是实际上，它和数据库有着本质的不同。

3.3 语义假设

对于两条信息“Martin 的国籍是美国”和“Martin 的国籍是中国”，如果已知

“Martin 的国籍是美国”是真的,在封闭的语义世界下,可以否定“Martin 的国籍是中国”;而在开放的语义世界下,只是不知道“Martin 的国籍是中国”的真假,而不能下结论。进一步,如果这两条信息都是真的,并且已知“一个人只能有一个国籍”,在开放的语义世界下,将得出结论“美国、中国是同一个国家”;如果又显式声明“美国、中国是不同的国家”(不遵守唯一命名假设),将导致知识不一致的情形。

3.3.1 开放世界假设

在经典的数据库系统中,采用的是一个“封闭的语义世界”。也就是说数据库中所有表项和条目中储存的数据都是明确可知的,要么是一个确定的数据,要么用一个 NULL 值来表示该数据无意义或不存在。这里的无意义或不存在是绝对的和确定的,确定数据库中一个位置的值无意义或不存在也相当于一种赋值行为。

而对于知识表示系统,情况是截然不同的。例如,对于病人的病历系统,如果病历中并没有包含某种过敏史,显然并不能肯定该病人一定没有患过该种过敏;而只能是不清楚这个信息,除非有其他确切的信息证实了这一点。

在 TBox 中提出 x 条一元概念、y 条二元关系和给出 z 个个体之后,显然,所有给定的概念、关系和个体之间可以建立 $x \cdot z + y \cdot z \cdot (z-1)/2$ 个配对;而在没有任何已有信息的情况下,每一个配对都存在肯定(“是”)和否定(“不是”)两种可能,是不确定的。3.2.4 节中的 14 条断言相当于确定了其中的 14 个配对是肯定的。这些已知的配对,构成了这个 ABox 当中已经具备的确定的知识。从这些已具备知识当中或许可以进行推理,得到更多的关于其他配对以及这些配对以规定运算符组成的命题式是肯定还是否定的答案,也就是获得新的知识,但总而言之,其中还有大量无法确定的部分。这样的一个环境称为“开放的语义世界”。

所有未确定的知识都可以作肯定和否定两种解释,所有已知知识只能作相应的肯定或否定其中一种解释。如果把所有解释有机地结合在一起,把对全局的一个完备的解释集称为一个模型,那么显然在一个封闭的语义世界当中,模型是唯一的,而在一个开放的语义世界当中,模型一定是多样的。在数据库当中的查询不是推理,而只是对已知模型的一个模型检测,它的数据缺失表示确定不知道或者无意义,而知识表示系统中数据的缺失代表知识缺乏和未开发。

对于工作在所有信息都完全确定的环境下的应用,用数据库管理即可,这是因为实际功能需求只是信息查询或者修改,而不是通过推理得到新的未知知识。而知识表示系统一定是应用在一个不能确定领域内所有信息的环境中,因为在这样的环境中具备推理功能的知识表示系统或者知识库才有其存在的意义。对于知识表示系统的 ABox 部分,推理是其中一项重要内容。

对 ABox 进行推理和知识扩展,可以采用两种方法:①通过现有知识进行推理;②直接把假设加入到 ABox 中,进行一致性验证。需要特别说明的是,在采用第二种方法时,如果在加入了新假设之后,经过逻辑验证,ABox 变为不一致,那么所加入的知识一定是错误的,这时可以把该假设的反面作为确定无误的知识加入到 ABox 扩展知识中;如果加入了假设之后仍然是一致的,则无法确定所加入知识是否正确,这是因为错误的知识也许和现有知识暂时还不存在矛盾。

3.3.2 封闭世界假设

Reiter 于 1978 年首次提出封闭世界假设方法。封闭世界假设可以解释为把一个信息不确定的开放性世界假设为封闭的状态,把一个知识表示系统假定为一个数据库,也就是说把一些未确定的信息都以否定的格式确定下来,加入原有理论集,充实理论集的完备性。但需要注意的是这里所说的未确定信息并不是所有的未知部分,而是满足一定限制条件的。

封闭世界假设的准确表述为:理论集 T 是完备的,当且仅当每一个基原子(或者称文字)的本身或者其否定在 T 当中。可以看出,它依托于古典完备性原则,但也强调假设数量受限制的最小化原则,即延续了以不存在的否定作为假设的思路,也提出了假设的限制条件是这个命题是个基原子或文字。

封闭世界假设应该更多地使用在正基文字表述的事实多于负基文字的理论集当中,否则会引发一系列问题,这是封闭世界假设的局限性。虽然如此,考虑到事实谓词表述的两面性,既可以说一个对象是一种事物,也可以说一个对象不是这种事物的反面事物,也就是说正基和负基是可以转化的,只不过经过了谓词的变换,于是在常规状态下大多数负基文字居多的理论集,实际上都可以用这种变换来使得正基文字居多,从而适用封闭世界假设。

3.4 本体推理的基本原理

本体推理以语义为先决条件,可以用机器代替手工自动完成如下类型的推理:

(1) 类属关系。若个体 indX 是类 clsA 的实例,类 clsA 是类 clsB 的子类,则可推出 indX 是类 clsB 的实例。

(2) 类等价。若类 clsA 与类 clsB 等价,类 clsB 与类 clsC 等价,则 clsA 与 clsC 等价。

(3）个体同一性。OWL 的开放世界语义没有采用唯一命名假设(uniquenameassumption)。也就是说,OWL 并不支持“如果两个个体的名称不同,那么,它们便自动是不同的个体”这种假设。因此,只有当本体中显式声明了 OWL 公理 owl:differentFrom,相关个体才不同。同样,除非当本体中显式声明了 OWL 公理 owl:sameAs、或者个体的同一性可以由其他公理推理得出,才能推断出两个个体是相同的。例如,个体 indX1、indX2 都是类 clsA 的实例,而类 clsA 具有唯一性基数约束,则个体 indX1、indX2 相同。再如,个体 indX1、indX2 都有主键(key)——hasEmail,且 hasEmail 具有相同的数值“x@ abc. com”,则可推理出个体 indX1、indX2 相同。

(4）相容性。假设声明个体 indX 是类 clsA 的实例,类 clsA 既是 clsB∩clsC 的子类,又是 clsD 的子类,而 clsB 与 clsD 不相交,或者 clsC 与 clsD 不相交,则产生不相容。原因是:clsA 应是空集,但又有实例 indX,这显示本体中有错误。

(5）分类。如果已声明一组特定的“属性—值”对形成类 clsA 成员的充分条件,那么,若个体 indX 满足这样的条件,则可推出 indX 是 clsA 的实例。

本体语言支持推理的重要作用包括:

(1）检查本体和信息的相容性。

(2）检查类之间的隐含关系。

(3）对实例进行自动分类。

本体的自动推理支持比手工推理能检查更多的内容,这对多人参与的大型本体设计或者不同来源本体的融合与共享,是十分有益的。

形式语义和推理支持的实现通常是把本体语言对应到已知的逻辑系统,并使用已有的自动推理机。OWL(部分地)对应于描述逻辑,利用现有的描述逻辑推理机(如 FaCT 和 RACER)进行推理。各种描述逻辑系统是谓词逻辑的一个具有高效率推理支持的子集。Tableau 算法是描述逻辑最基本的推理算法,实现该算法的推理机包括 FaCT + +、Pellet、RACER 等,推理问题主要包括:可满足性、包含关系、一致性检测、实例检测。

通过为实体增加语义信息,可以进行语义推理,从而更好地实现信息的运用。以装甲分队机动本体为例,常见的语义推理包括:分队装备的战技性能是否能够胜任所担负的作战任务,例如,最大机动速度、爬坡能力是否足够;次序关系推理,如由行动 actB 先于行动 actA,行动 actC 先于行动 actB,推理出行动 actC 先于行动 actA;友邻推理,如由分队 unitA 是分队 unitC 的左翼,分队 unitB 是分队 unitA 的左翼,推理出分队 unitB 是分队 unitC 的左翼;隶属关系推理,如由分队 unitA 是分队 unitC 的上级,分队 unitB 是分队 unitA 的上级,推理出分队 unitB 是分队 unitC 的上级。

3.5 本体推理典型任务

依据本章第一节给出的应用背景，建立相关本体，并完成若干典型的推理任务，对所建立本体模型的有效性进行验证，并进一步深入讨论本体建模的若干问题。

3.5.1 本体推理的背景

根据上述基本事实，运用 OWL 2 及 Protégé 5.2.0，建立相关本体 University.owl（图 3-4），包括类层次结构、属性、个体、公理。例如，定义对象属性 teaches 表示教授承担的授课任务，isTaughtBy 为其逆属性，表示某门课程授课任务的承担者；定义对象属性 takes 表示学员选修的某门课程；将 UndergraduateStudent（本科生）作为“takes exactly 2 Module”类的子类，以明确本科生必须正好选修两门课程。

采用 Manchester OWL 语法格式表示的 University.owl，参见“附录 3”。

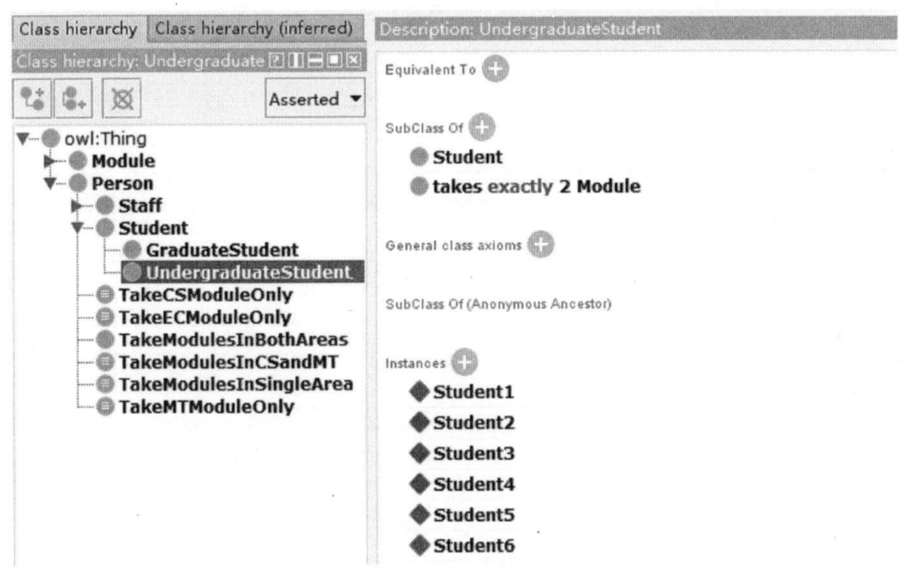

图 3-4 教学管理本体

Protégé 5.2.0 提供了较强的辅助编辑功能。例如，在 OWL 类表达式的编辑过程当中，按下“Tab”键，可辅助自动完成（图 3-5）。

编写如下 SQWRL 语句，进行查询，得到学员的如下选课信息（图 3-6）：

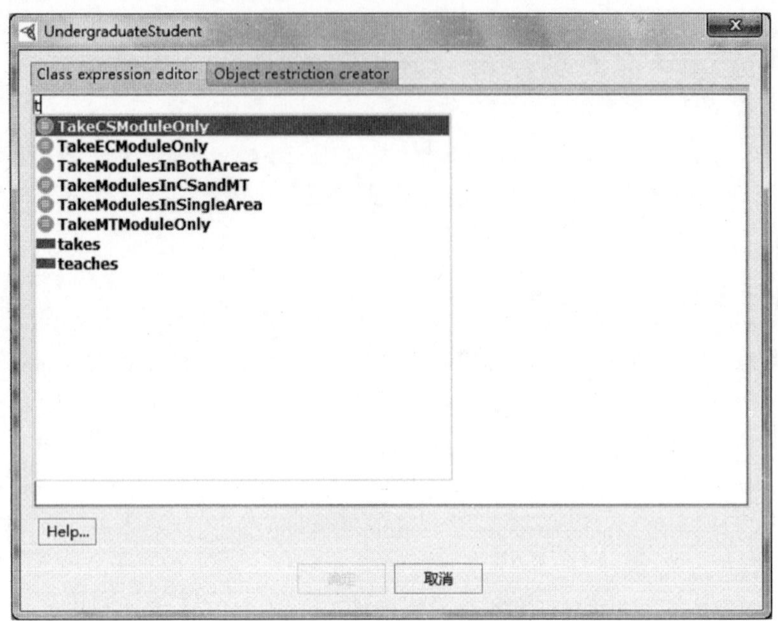

图 3－5　辅助编辑功能

	Name	Body
■	S1	Student(?student) ^ takes(?student, ?course)^sqwrl:makeSet(?set, ?course) ^ sqwrl:groupBy(?set, ?stude

SQWRL Queries | OWL 2 RL | S1

student	course
Student1	CS101
Student1	CS102
Student2	CS101
Student2	MT101
Student3	MT101
Student3	MT103
Student4	CS101
Student4	MT101
Student5	MT102
Student5	MT103
Student6	MT101
Student7	CS101
Student8	CS102
Student9	CS101
Student9	CS102
Student9	MT101
Students10	CS101
Students10	EC101
Students10	MT101

图 3－6　教学管理本体学员选课基本信息

Student(? student)^takes(? student,? course)? sqwrl:makeSet(? set,? course)^

sqwrl:groupBy(? set, ? student, ? course) －> sqwrl:select(? student, ? course)

其中,对象属性 takes 描述本科学员的选课,sqwrl:makeSet 涉及基于集合的查询(详见“附录 2 SQWRL 语法及查询示例”中“2. 基于集合或包的查询”一节)。

可见,表 3 - 2 描述的基本信息已被正确地输入到本体当中,为本体推理做好了准备。值得注意的是,SQWRL 无法查询表 3 - 2 中信息不完整的记录。例如,对于 Student6、Student7,均只能查询到一门课的信息。

3.5.2 完全信息的推理

1. 查询选修了两个领域(例如,计算机科学和数学)课程模块的本科生

创建类 TakeModulesInCSandMT,并将其定义为

takes some ComputerScienceModule and takes some MathsModule

可见,Student2、Student4、Student7、Student9、Student10 符合条件,与预期相符(图 3 - 7)。其中,Student2、Student4、Student9 符合条件是比较明显的,而 Student7 则由于包含不确定信息(只知道选修了一门数学领域的课程,但具体是哪个课程模块未知),使得推理任务不那么直接;Student10 则同时选修了 3 个领域的课程。实际上,由上节可知,SQWRL 语句无法胜任这种包含不确定信息的查询。

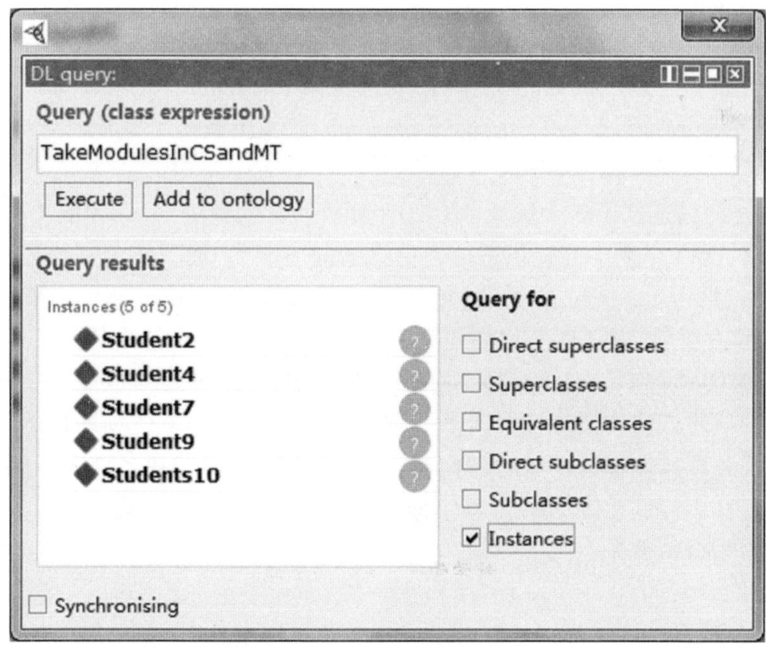

图 3 - 7 推理同时选修两个领域(计算机科学和数学)课程模块的本科生

而如果将类 TakeModulesInCSandMT 定义为

takes some (ComputerScienceModule and MathsModule)

由于不同课程领域的互斥性,ComputerScienceModule and MathsModule = ϕ,显然是无法完成预期推理目的的。

2. 查询只选修了一个领域(例如,数学)课程模块的本科生

创建类 TakeMTModuleOnly,并将其定义为

takes only MathsModule

由表 3-2 或者图 3-5 可知,Student5 好像符合条件,但推理结果却为空,与预期不符。原因就是 OWL 2 采用了"开放世界假设"、未遵从"唯一命名假设"。

(1) 未遵从"唯一命名假设"的影响。尽管已经明确:本科生必须正好选修两门课程,Student5 是本科生,且选修了 MT102 和 MT103。但是,无法推断 MT102 和 MT103 是不同的两门课,除非显式声明 differentFrom (MT102, MT103)。而加上这一显式声明之后,推理结果就符合预期了。

实际上,推理机的推理过程清晰地表明了其背后的逻辑(图 3-8):

(2) 采用"开放世界假设"的影响。要是依据显式声明"MT102 和 MT103 是不同的课程",且将施加给"本科生"的制约"必须正好选修 2 门课"(takes exactly 2 Module)修改为"可以选修一些课程"(takes some Module),对推理任务又有什么影响? Student5 将不符合条件。

原因如下:已知 Student5 是本科生,且选修了不同的课程 MT102 和 MT103。但是,由于开放世界假设,无法得知 Student5 是否还选修了其他非数学领域的课程。

3. 查询只选修了一个领域(数学、计算机科学或经济学)课程模块的本科生

目前,OWL 2 尚不能提供适应性更强的描述能力,而只能分别描述。即,仿照类 TakeMTModuleOnly 的做法,创建并定义类 TakeCSModuleOnly 和 TakeECModuleOnly;然后,定义类 TakeModulesInSingleArea,并将其定义为:

TakeMTModuleOnly or TakeCSModuleOnly or TakeECModuleOnly

这种描述方法的适应性确实不够理想。如果要达到上述预期目的,又实在不想出现各种具体学科领域的名称,则关键是要能够由模块名称查询到所属课程领域名称。可创建数据属性 hasArea,并编写数据属性表达式,然后,可编写类似如下的 SWRL 规则:

```
takes(? student,? course1)^takes(? student,? course2)
^differentFrom(? course1,? course2)^
hasArea(? course1,? area1)^hasArea(? course2,? area2)^sameAs(? area1,? area2) -
> TakeModulesInSingleArea(? student)
```

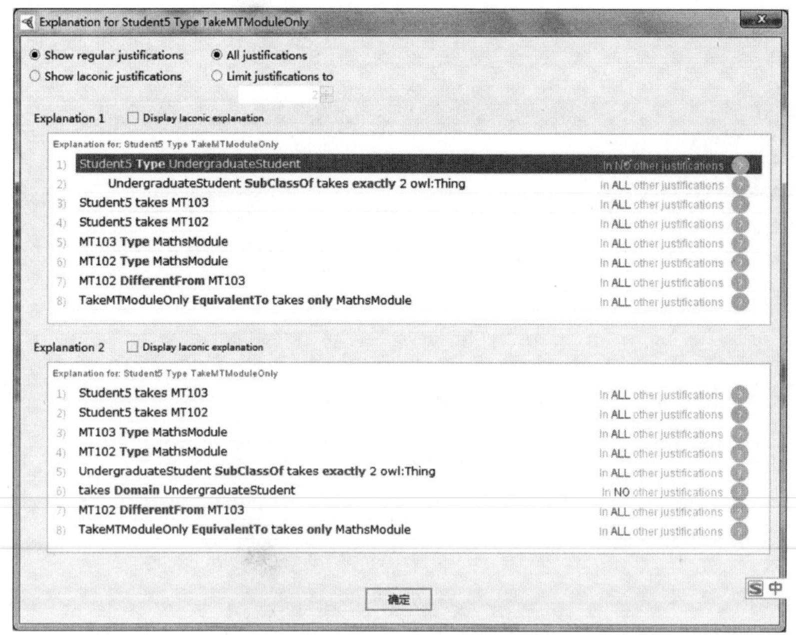

图 3-8 推理机的推理过程

同样,要查询选修了两个领域课程模块的本科生,可创建类 TakeModulesInBothAreas,并采用上述集合或的做法,或者编写类似如下的 SWRL 规则:

```
takes(? student,? course1)^takes(? student,? course2)
    ^differentFrom(? course1,? course2)^hasArea(? course1,? area1)
    ^hasArea(? course2,? area2)
    ^differentFrom(? area1,? area2)
    - > TakeModulesInBothAreas(? student)
```

实际上,通过对本体自身信息的查询,即可由模块名称查询到所属课程领域名称。因此,在 SQWRL 本体自身信息查询的支持更加完善之后,无须创建数据属性 hasArea 以及编写数据属性表达式,只需进行相应的查询即可(如,tbox:dpd)。详见“附录 2 SQWRL 语法及查询示例”中的“3. 本体自身信息的查询”。

3.5.3 不完全信息的推理

学员的选课信息包括不完全信息,其需要借助继承和对象属性两种手段来描述。回顾一下,只知道如下部分选课信息:Student6 选修了 MT101 和另一门课程,Student7 选修了 CS101 和一门 MT 课程,Student8 选修了 CS102 和另一门 CS 课程。该如何描述呢?

Student6、Student7、Student8 的选课信息如图 3－9、图 3－10 和图 3－11 所示，它们各有特点。

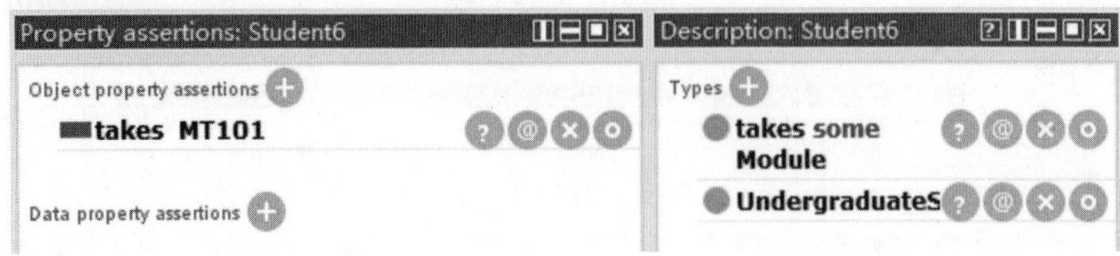

图 3－9　Student6 选课信息的描述

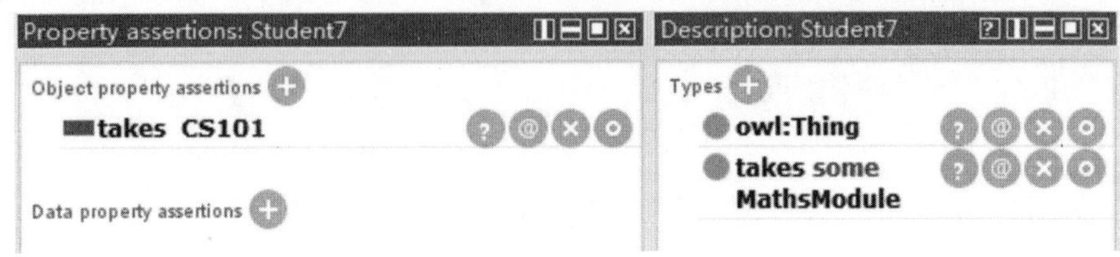

图 3－10　Student7 选课信息的描述

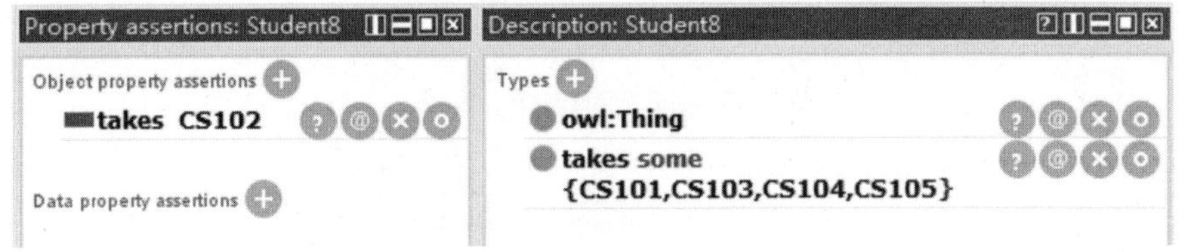

图 3－11　Student8 选课信息的描述

如果将 Student8 的选课描述中的 takes some {CS101，CS103，CS104，CS105} 替换为(takes some ComputerScienceModule) and not (takes value CS102)，能否达到预期目的呢？这里，对象属性表达式(takes value CS102)与负对象属性表达式(not takes value CS102)的同时使用，将会引发不一致。

表 3－2 中 Student9、Student10 的类别未知，均选修了 3 门课程，即 MT101、CS101、CS102 和 MT101、CS101、EC101。现在，如果将 Student9、Student10 创建为 UndergraduateStudent(本科生)的个体，是否两者都会引发不一致呢？事实上，推理结果表明，只有 Student10 会引发不一致。

这是因为：

(1) 由于 OWL 2 未采用“唯一命名假设”，所以，不能认为 CS101、CS102 一定不是同一个个体。相反，Student9 只选修了两门课，这将推理出 CS101、CS102 是相同个体的结论，即选修了 CS101 的学生(如，Student2)意味着也选修了

CS102。推理机的推理过程如图 3－12 所示。

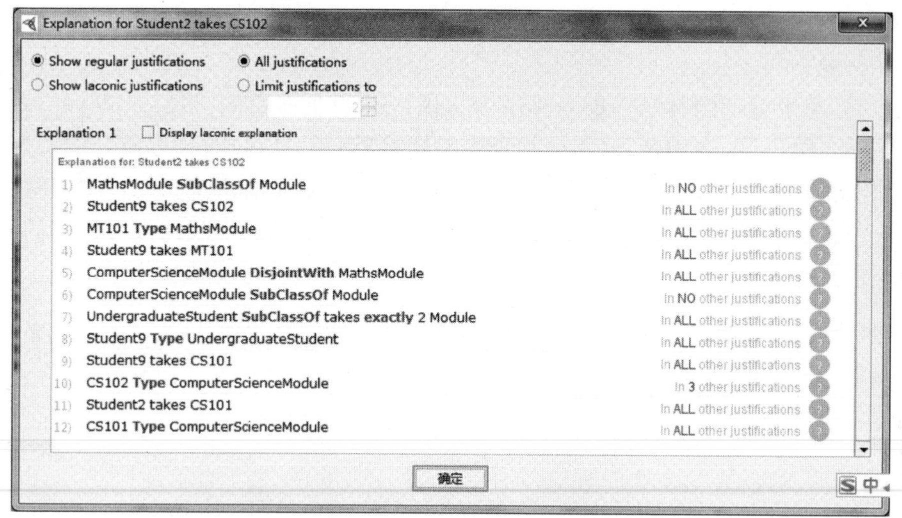

图 3－12　推理得出个体相同(未直接声明)

(2) 尽管也未直接声明 MT101、CS101、EC101 三者是互不相同的个体,但它们所属类是互斥的,因此,也推理出三者互不相同,意味着 Student10 选修了 3 门课,从而引发不一致。推理机的推理过程如图 3－13 所示。

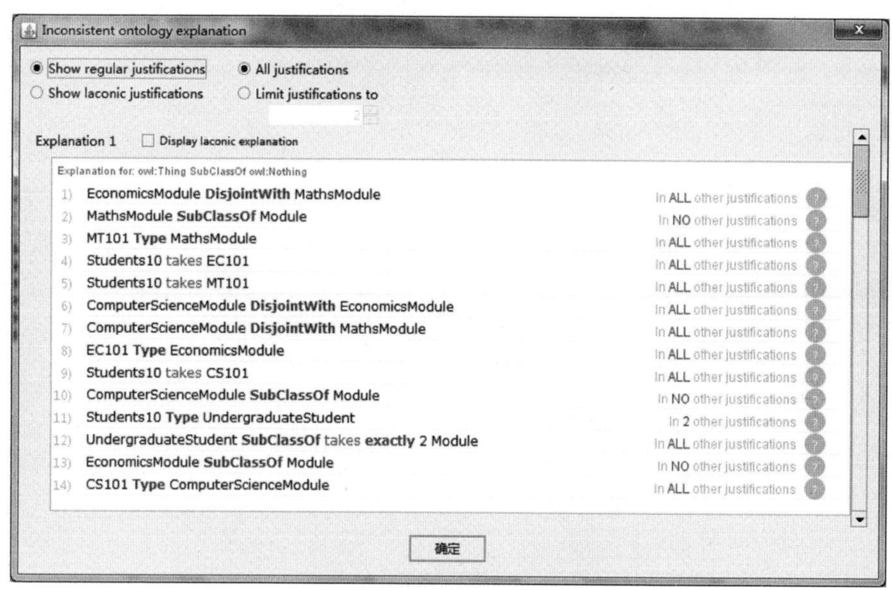

图 3－13　推理得出个体互不相同(未直接声明)

3.6 本章小结

本章以简化的教学管理本体作为本体推理的典型案例,贯穿全章。首先介绍了本体推理的应用背景、本体推理的逻辑基础——描述逻辑,以及开放世界假设等语义假设,在此基础上,介绍了本体推理的基本原理;最后,针对应用案例,建立相关本体,并完成了完全信息的推理和不完全信息的推理两大类推理任务。

第 4 章　本体工程化

将本体建模及推理方法在工程当中应用时，需要计算机辅助的软件工程(CASE)工具的支持，并解决本体工程化面临的问题。这些专门工具要着重解决 OWL 本体的完整性约束、本体重构、大规模本体导入、加速本体推理以及二次开发等关键问题，它们对于提升本体建模与推理的速度与质量具有重要影响。此外，由于主客观方面的因素，例如，实际工程当中的需求变化是不可避免的，以及对于领域知识的获取是个迭代、逐步深入的过程，因此，这些工具还应支持本体的演化。

4.1　OWL 本体中完整性约束

关系数据模型通常基于一定的数据标准来开发，一般以实体 - 关系(Entity - Relationship, ER)图表示，存在于开发文档和相关文件中。数据模型还可以利用工具(如 Sybase Power Designer)，通过逆向工程，从已有的数据库模式(Database Schema)中获取。

关系数据模型也包括实体、关系、属性等基本元素，它们可以与本体中的概念相对应，对应关系如表 4 - 1 所列。

表 4 - 1　关系数据模型基本元素与本体中概念的对应关系

关系数据模型的基本元素	本体中的概念
实体表(Entity Table)	类(Class)
关系表(Relation Table)	类关系(Class Relationship)
属性(Attribute)	属性(Attribute)
属性值(Attribute Value)	属性值(Attribute Value)
主键(Primary Key)	基数约束属性(Attribute with Cardinality Constrains)
外键(Foreign Key)	关系实例(Relational Instance)
非空约束(Not Null)	基数约束(Cardinality Constrains)
唯一性约束(Unique)	基数约束(Cardinality Constrains)

更进一步，数据库组件与 OWL 表达之间的映射关系如表 4 - 2 所列。

表 4-2　数据库组件与 OWL 表达式之间的映射关系

数据库组件	OWL 表达式
表(Table)	owl:Class
列(Column)	owl:DataProperty
行(Row)	owl:NamedIndividual
列的元数据(Column Metadata)	OWL Property 或其限制
数据类型(Data type)	AllValueFrom()限制
强制/非空(Madatory/Not Nullable)	rdf:type owl:Restriction ; owl:onProperty :takes ; owl:qualifiedCardinality "2"^^xsd: nonNegativeInteger ; owl: on- Class :Module
可为空(Nullable)	< owl: maxCardinality rdf: datatype = " http://www. w3. org/ 2001/XMLSchema #nonNegativeInteger" >1 </owl:maxCardinality >
限制(Constrains)	OWL Property 或其限制
非空(NOT NULL)	< owl: minCardinality rdf: datatype = " http://www. w3. org/ 2001/XMLSchema #nonNegativeInteger" >3 </owl:minCardinality >
唯一性(UNIQUE)	owl:InverseFunctionalProperty
检查(CHECK)	owl:hasValue
外键(FOREIGN KEY)	owl:ObjectProperty
数据类型(Data type)	XSD 数据类型
smallint, int, bigint 等	xsd:int,xsd:short,xsd:long,xsd:byte 等
unsigned	xsd:unsignedLong,xsd:unsignedInt,xsd:unsignedShort, xsd:unsignedByte
Decimal	xsd:decimal
Float	xsd:float
Double	xsd:double
Char, varchar, text 等	xsd:string
Date	xsd:date
Datetime	xsd:dateTime
timestamp, time	xsd:time
Year	xsd:gYear,xsd:gYearMonth,xsd:gMonth 等
Bool	xsd:Boolean
binary,varbinary	xsd:base64Binary
……	……

基于作战数据,利用这种对应关系进行映射转换,可以提取作战知识的许多模式本体,能够减少从头开始构建本体的工作量,并且能够与作战数据相容,有利于军事信息系统的继承与发展。但是,作战数据库中的实体表一般对应于作战知识模式本体中最下一层的类,它不能构成完整的作战知识本体的类层次结构。通常情况下,可以采用两种方法完善这一工作:①基于从作战数据中提取的本体一层一层抽象得到作战知识本体的类层次结构;②更直接地,从作战数据标准或数据库表名直接构建出作战知识本体的类层次结构,因为作战数据中的实体分类,通常在数据标准中给出,或体现在数据库表名中。另外,还有一些关系数据模型无法表达的知识,也需要人工进一步完善,例如,关系的传递性、对称性、自反性、不相交类、对象属性链。

数据库中的数据实例(即数据库表中的行),可以基于提取的模式本体,按照一定的映射规则,从数据库中提取转换为本体的个体。数据实例到本体个体的映射规则如表 4 -3 所列。基于作战数据和模式本体,利用表中的这种映射关系,就可以抽取作战知识本体的个体。

表 4 -3 数据实例到本体个体的映射规则

数据实例组成	本体个体组成
主键值或能够唯一标识该行数据的名称	本体个体的名称(其类名为表所对应的类名)
UID = pkORname	< className rdf:about pkORname/ >
各普通属性对应的属性值	本体个体的属性值
Attr = attr	< Attr rdf:datatype = "& xsd;type" > attr </Attr >
外键属性对应的外键值	由外键对应关系关联到的类实例
PK = pk	< FK objectProperty rdf:resource = "#pk instance" >

4.2 实体批量录入

主流的本体建模工具都提供了用户界面,以帮助用户直观地完成本体建模时的类层次结构维护。而在开发规模较大的本体时,必须考虑批量录入本体实体的问题。

4.2.1 本体维护方式的分析

基于用户界面的单个实体录入和基于表格的批量实体录入,这两种方式各有利弊,如表 4 -4 所列。需要说明的是,基于表格的批量实体录入依赖于有关的转换语法,而目前有关的转换语法对于实体的支持不够完全,例如,不支持对象属性、数据属性的创建,详见“4.2.5.3 小节”。

表 4 - 4 本体两种维护方式的比较

本体维护方式	优点	缺点
界面、单个维护	直观、易于操作,适合于小规模实体的维护	操作是重复进行的。维护大批量实体操作时需要大量工作量,效率不高
表格、批量维护	效率较高,适合于大规模实体的维护	不够直观,用户需要额外了解表格的含义,增加了负担。此外,相关语法对于实体的支持不够完全

Protégé 同时支持这两种方式。

4.2.2 批量创建类层次结构

切换 Protégé 工作区到 Entities(实体)或类(Classes)标签页,且将鼠标焦点停留在 owl:Thing 上时,菜单项“Tools| Create class hierarchy…”将有效。点击该菜单项,可在弹出对话框中采用如下方法批量地输入类的层次结构(图 4 - 1):每个类名称各占一行;父类名称顶格,子类名称以 Tab 键缩进。

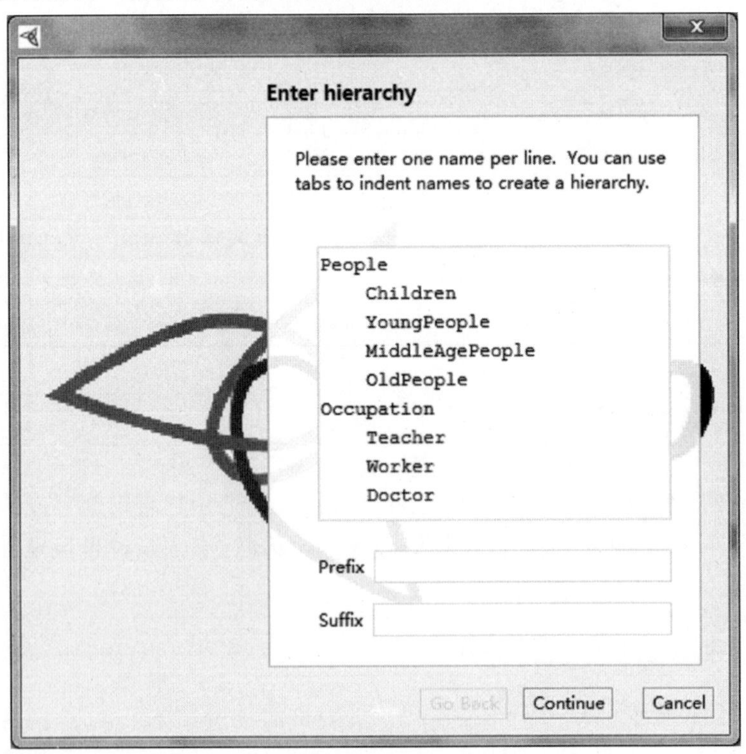

图 4 - 1 批量地输入类的层次结构

确认之后,即可创建类的如下层次结构(图4-2)。

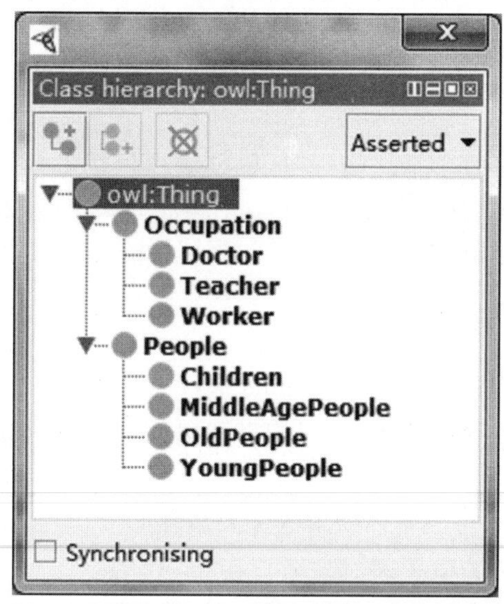

图4-2　批量创建类的层次结构

首次建立类的层次结构时,鼠标焦点自然是在类层次结构树的根节点(owl:Thing)上。若建立某个节点(如Teacher)的层次结构,须将鼠标焦点移到该节点上,所建立的结构就整体成为该节点的下级结构。

4.2.3　批量创建对象属性层次结构

切换Protégé工作区到Object Properties(对象属性)标签页且将鼠标焦点停留在owl:topObjectProperty上时,菜单项"Tools| Create object property hierarchy…"将有效。单击该菜单项,可在弹出的对话框中采用如下方法批量地输入对象属性的层次结构:每个对象属性名称各占一行;对象属性父类名称顶格,对象属性子类名称以Tab键缩进。其操作方式与批量创建类的层次结构完全一样,参看4.2.2节。

首次建立对象属性的层次结构时,鼠标焦点自然是在对象属性层次结构树的根节点(owl:topObjectProperty)上。若建立某个对象属性的层次结构,须将鼠标焦点移到该节点上,所建立的结构就整体成为该对象属性的下级结构。

4.2.4　批量创建数据属性层次结构

切换Protégé工作区到Data Properties(对象属性)标签页且将鼠标焦点停留在owl:topDataProperty上时,菜单项"Tools| Create data property hierarchy…"将有

效。单击该菜单项,可在弹出的对话框中采用如下方法批量地输入数据属性的层次结构:每个数据属性名称各占一行;数据属性父类名称顶格,数据属性子类名称以 Tab 键缩进。其操作方式与批量创建类的层次结构完全一样,参看 4.2.2 节。

首次建立数据属性的层次结构时,鼠标焦点自然是在数据属性树的根节点(owl:topDataProperty)上。若建立某个数据属性的层次结构,须将鼠标焦点移到该节点上,所建立的结构就整体成为该数据属性的下级结构。

4.2.5 电子表格到本体的映射

从 Protégé 5.0.0 开始,提供了 cellfie 插件,用于将存储于电子表格当中的实体映射到本体当中。而通过 Protégé 的自动更新(auto - update)机制,该插件的新版本将自动被更新。

Protégé 中电子表格到本体映射的主要步骤如下。

4.2.5.1 创建相应的电子表格文件

针对“2.4.4 节”中给出的示例本体,创建如图 4 - 3 所示的电子表格,并保存为 input. xlsx。

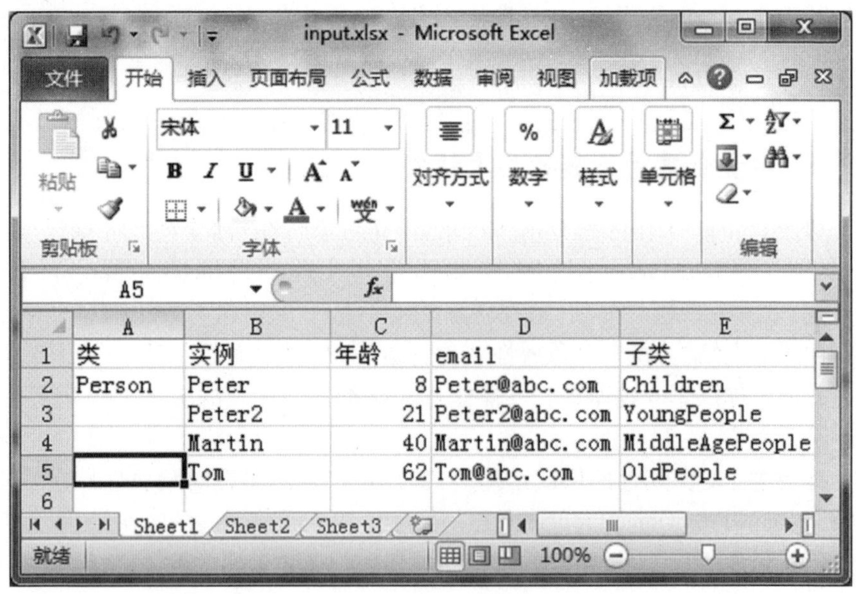

	A	B	C	D	E
1	类	实例	年龄	email	子类
2	Person	Peter	8	Peter@abc.com	Children
3		Peter2	21	Peter2@abc.com	YoungPeople
4		Martin	40	Martin@abc.com	MiddleAgePeople
5		Tom	62	Tom@abc.com	OldPeople
6					

图 4 - 3　根据本体建模需求设计电子表格文件

即电子表格 Sheet1 中 5 个单元格(E2 ~ E5)的内容为单元格 A2 中内容(即 Person)的子类,5 个单元格(B2 ~ B5)中的内容为单元格 A2 中内容的实例,这些实例的数据属性 hasAge 的值分别为单元格(C2 ~ C5)的内容,数据属性 hasE-mail 的值分别为单元格(D2 ~ D5)的内容。

4.2.5.2 选择相应的电子表格文件

单击菜单项"Tools| Create axioms from Excel workbook…",将会提示用户浏览文件夹,选择相应的电子表格(图 4-4)。

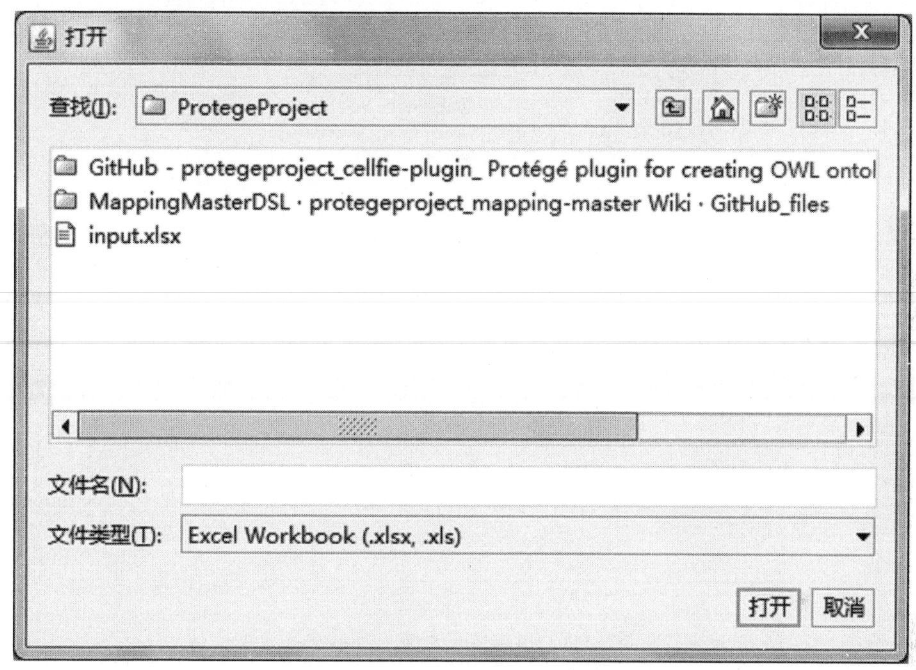

图 4-4 选择电子表格文件映射到本体当中

选择电子表格文件 input. xlsx 并正常打开之后,可切换选择所需的表单(Sheet1),并预览文件内容(图 4-5),以便根据电子表格文件的内容设计变换规则。

cellfie 插件不能打开含有水印的电子表格文件(图 4-6)。

4.2.5.3 创建变换规则

1. MappingMasterDSL 规范的局限性

变换规则遵循 MappingMasterDSL 规范[①]。该规范基于 Manchester 语法,但目前并不能对 Manchester 语法提供完全的支持。例如,目前尚不支持 Manchester 语法中的如下语句(主要是各种声明语句,但可以进行相应的赋值):

① https://github.com/protegeproject/mapping-master/wiki/MappingMasterDSL

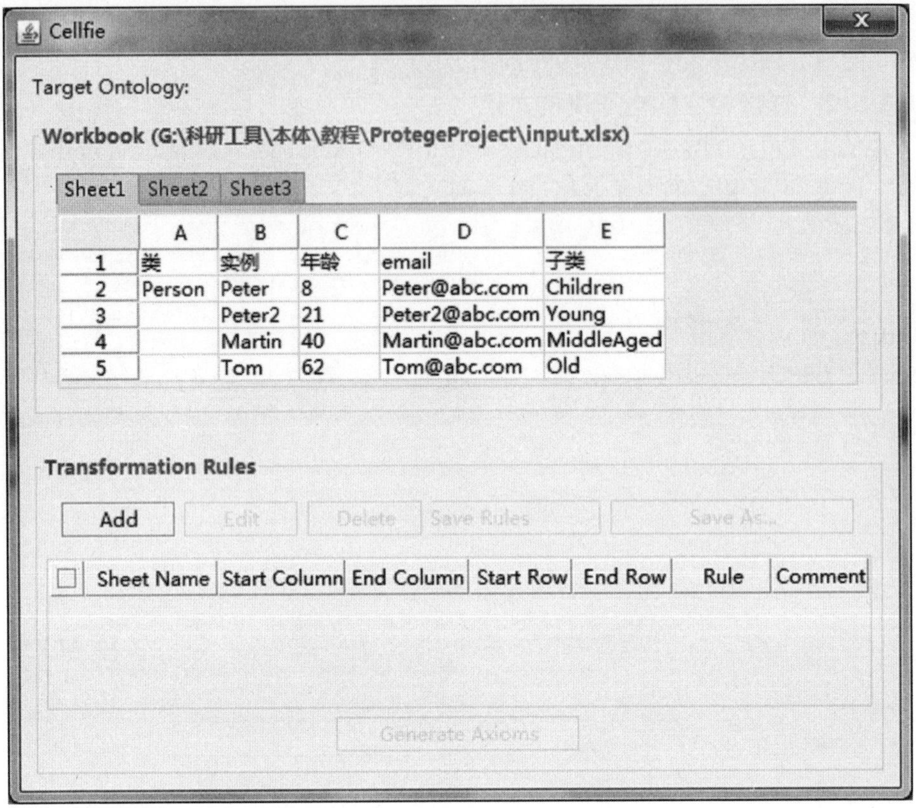

Cellfie
Target Ontology:
Workbook (G:\科研工具\本体\教程\ProtegeProject\input.xlsx)
Sheet1
Sheet2
Sheet3
A
B
C
D
E
1 类 实例 年龄 email 子类
2 Person Peter 8 Peter@abc.com Children
3 Peter2 21 Peter2@abc.com Young
4 Martin 40 Martin@abc.com MiddleAged
5 Tom 62 Tom@abc.com Old
Transformation Rules
Add
Edit
Delete
Save Rules
Save As...
Sheet Name
Start Column
End Column
Start Row
End Row
Rule
Comment
Generate Axioms

图 4-5　预览电子表格文件的内容

Error
Error opening file G:\科研工具\本体\教程\ProtegeProject\input.xlsx
确定

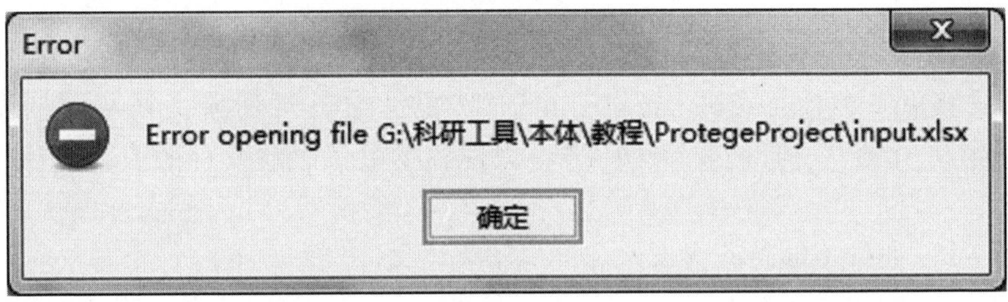

图 4-6　电子表格文件不能有水印

（1）OWL 对象属性声明；

（2）OWL 数据属性声明；

（3）OWL 注记属性声明；

（4）OWL 数据类型声明；

（5）OWL 文本类型声明；

(6) OWL 类互斥声明;

(7) OWL 等价及互斥属性声明;

(8) OWL 否定断言;

(9) OWL 主键(key)声明。

此外,尽管 MappingMasterDSL 规范目前支持类的声明(即创建)与等价定义,但对等价类定义的支持有限。

2. 变换规则的创建

(1) 将电子表格 Sheet1 中 5 个单元格(E2 ~ E5)的内容映射为单元格 A2 中内容(即 Person)的子类。

在电子表格预览界面(图 4 -3),选中 E2 ~ E5 这 5 个单元格,单击"Add",有关所选择单元格区域起止行列的信息将被自动填充,用户输入如下变换规则(图 4 -7):

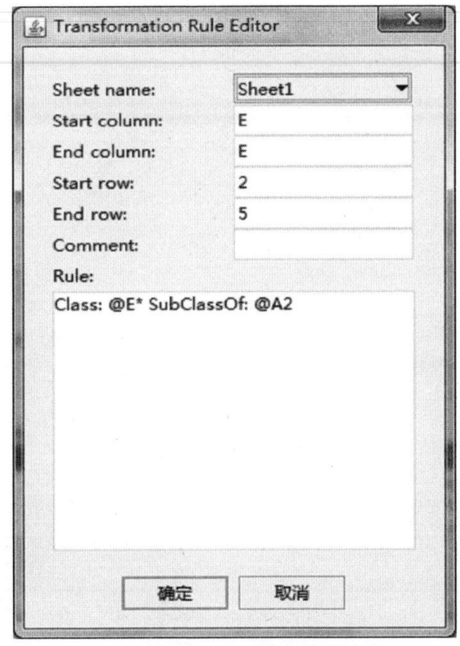

图 4 -7 有关类、子类创建的变换规则

Class: @ E * SubClassOf: @ A2

在等价类定义的支持方面,仅支持固定取值的定义,如:

Class: @ E * SubClassOf: @ A2 EquivalentTo: hasAge value 8

而不支持取值范围的定义(在 Protégé 界面中是支持的),如:

Class: @ E * SubClassOf: @ A2 EquivalentTo: hasAge some xsd:int[< =10, >5]

(2)将电子表格 Sheetl 中 5 个单元格(B2 ~ B5)的内容创建为单元格 A2 中内容的实例,其数据属性 hasAge 的值分别为单元格(C2 ~ C5)的内容,数据属性 hasEmail 的值分别为单元格(D2 ~ D5)的内容。

如前所述,由于 MappingMasterDSL 规范目前尚不支持数据属性的声明,用户可采用单个或批量的方式,事先创建 hasAge、hasEmail 等数据属性。

在电子表格预览界面(图 4 -3),选中 B2 ~ B5 这 5 个单元格,单击“Add”,有关所选择单元格区域起止行列的信息将被自动填充,用户输入如下变换规则(图 4 -8):

Individual: @ B * Types: @ A2 Facts: hasAge @ C * , hasEmail @ D *

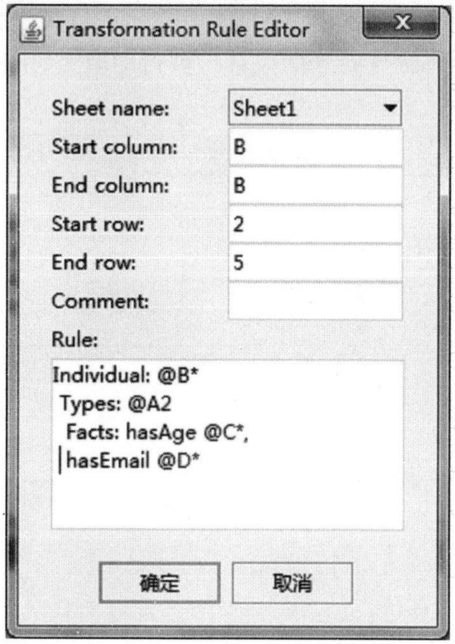

图 4 -8 有关个体创建、数据属性赋值的变换规则

在变换规则维护界面,用户可以增加、编辑、删除有关变换规则,也可以存储、加载全部变换规则。变换规则将存储于扩展名为“. json”的文件中。

4.2.5.4 创建公理

变换规则创建完毕,即可点击 cellfie 插件下方的“Generate Axioms”按钮,预览将要创建的各个公理是否符合预期,用户可以选择“取消创建”“添加到当前本体中”,还是“在新本体当中创建”(图 4 -9)。

可见,上述两条变换规则将一共创建 24 个公理。只要经过详细设计,这种方式不容易遗漏、不容易引入人为错误,有助于提高效率,并改进本体质量。

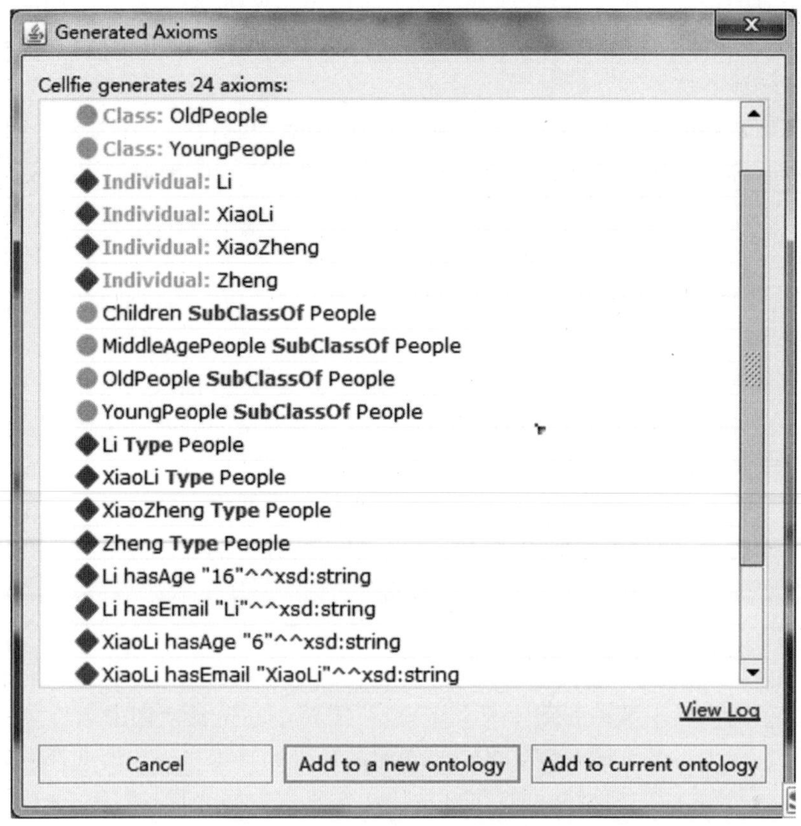

图4-9 预览将要创建的各个公理

用户可以通过勾选cellfie插件下方的各条规则，选择特定的变换规则进行变换，浏览所选择规则将生成的变换结果。也就是说，不是必须执行所有的变换规则。

成功执行完毕变换规则之后，cellfie插件将变换的结果存储到日志文件cellfie.log当中，用户可离线浏览。

4.3 本体重构

重构(Refactor)本是程序设计领域的术语。重构是一套用于标识设计流程和修改代码内部结构的技术，其目的是在不修改代码外部行为的情况下改进设计。如果一个软件难读、难修改、难测试、代码质量差、错误比较多、必须配备高级的专门维护人员，而这个软件又非常重要，那么这样的软件就需要重构。重构预期达成的目标包括改善程序的可读性、简化程序逻辑、减少程序的调试和测试时间、提高软件质量、降低维护成本、减少对个别维护人员的过分依赖、保护软件可重用的成分等。

本体重构的含义、目的、过程与软件重构类似,包括以下 3 个基本步骤:

(1) 确定本体中可能的陷阱。例如,寻找那些没有明确或明显含义的标识符。如果需要查看实体的注释才能理解该实体的含义,就意味着该实体的名称没有很好地传递它的意图,应该重新命名。如果名称不是项目的常见词汇表的一部分,不能与问题域很好地关联,同时/或者勉强适应于项目通常的背景,那么这样的单词也不是好的选择。

(2) 进行适当的重构。这一步是采用重构转换方法修改代码,主要包括:重命名、公理的拆分与合并、本体的合并。这些转换通常能够通过重构工具自动完成。Protégé 5.2.0 工作区提供了专门的"Refactor"菜单。

(3) 执行适当的单元测试。这些测试将证明本体模型的行为不会在执行重构后发生改变,即本体推理的结果没有出现异常,以帮助确认调整转换后的模型状态。

4.3.1 实体重命名

为了建立易于维护和阅读的本体模型,需要小心选择使用的名称。好的命名可能是成为一名本体开发人员需要学习的最难的技术之一。所选择的名称必须准确、一致并能向模型阅读者很好地传递信息。表面上看,这是一个相当简单的问题,但是事实证明这一过程可能真的让人望而却步,甚至对于经验丰富的本体开发人员来说也是如此。编程人员使用类、方法、属性、变量、参数、命名空间等的名称来了解某个源代码片段的意图。如果未能很好地选择这些名称,代码将不能准确地将其意图传达给编程人员。无法传递信息的代码构成了难以维护的代码的本质。

因此,本体建模人员在给类、个体、对象属性、数据属性、注释等实体选择名称时,必须始终牢记:其他人将会阅读您正在建立的本体模型。因此,名称必须易于理解、信息量丰富、简单且始终一致,而且应该遵循"最小意外"的原则。这样,其他人就可以很容易修改、理解该本体模型,并成为本体开发小组的一员。另外,除非您有无限的记忆能力,否则将会发现好的命名习惯甚至会给自己建立的本体模型带来好处。

4.3.1.1 实体重命名的指导原则

一些让实体名称变得信息丰富的指导原则包括:

(1) 使用问题域与解决方案域的词汇表作为标识符名称的来源。例如,类

clsBattleFormation（战斗队形）、类 clsEnemySituation（敌情）、属性 ptyEnemySituation（敌情）、属性 ptyTerrainStyle（地形类型）、个体 indSquad（班）、个体 indPlatoon（排）。

（2）选择一个单词代表一种含义并一致地使用。即使相同的名称可以很好地表达其他概念，也仍然应该选择另一个单词，原因在于代码中的任何多义性都将对其传递信息的能力产生不利的影响。例如，三角队形一致用"clsWedgeFormation"，而不混用"clsTriangleFormation"。

（3）选择易于发音和记忆的单词。选择易于发音的单词便于与队友们讨论模型，从而让事情变简单。匈牙利命名法使用了缩写和首字母缩写词，难以发音，因此应避免使用。另一方面，虽然现在一般不太限制实体名称的字符长度，实体过长的名称也不会对内存消耗产生显而易见的影响，但过长的名称也更加难以记忆，应尽量避免使用。

（4）一致地使用名词和动词。在自然语言中，单词都有特定的功能。例如，常常使用名词来表示人物、地点或其他事物，而使用动词表示动作或者事件。一般来说，编程语言使用方法来表示动作，使用类和属性来指明完成动作的某人或某物。而在本体建模时，一般来说，使用名词来表示类和个体的名称，使用动词来给属性命名。

（5）选择继承层次结构中的名称。例如，类 clsBattleFormation 及其子类 clsWedgeFormation（三角战斗队形）、子类 clsOneLineFormation（一字战斗队形）。

4.3.1.2 实体"重命名"重构

找到一个很好的名称并不是一件容易的事情，也许在一开始并不能找到一个最佳的解决方案。如果有了个更好的名称，那么就没有理由不进行更改。自重构工具发明以来，查找同一名称的所有引用位置并用新名称替换旧名称的繁重工作，已经简化为只需单击几下鼠标即可完成。

1. 重命名单个实体

选择需重命名的实体（包括类、个体、对象属性、数据属性），单击右键，在弹出的上下文菜单（图 4 – 10）中选择"Change IRI（Rename）…"；或者单击 Protégé 5.2.0 工作区菜单"Refactor | Rename entity…"即可（当然，最快捷的操作还是用快捷键 Ctrl – U）。

2. 批量重命名实体

单击 Protégé 5.2.0 工作区菜单"Refactor | Rename multiple entities…"，可在弹出的对话框中完成批量实体的重命名。

例如，将本体的 OWL 类的前缀由"cs"重构为"cls"，则可进行如下批量重命名（为避免误操作，必须仔细浏览将要进行的批量命名操作是否是预期的操作；

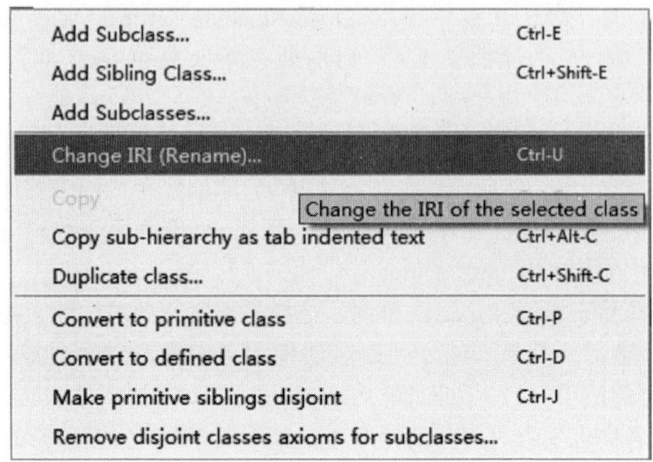

图 4－10 重命名单个实体

如果不是,可不勾选),如图 4－11 所示。

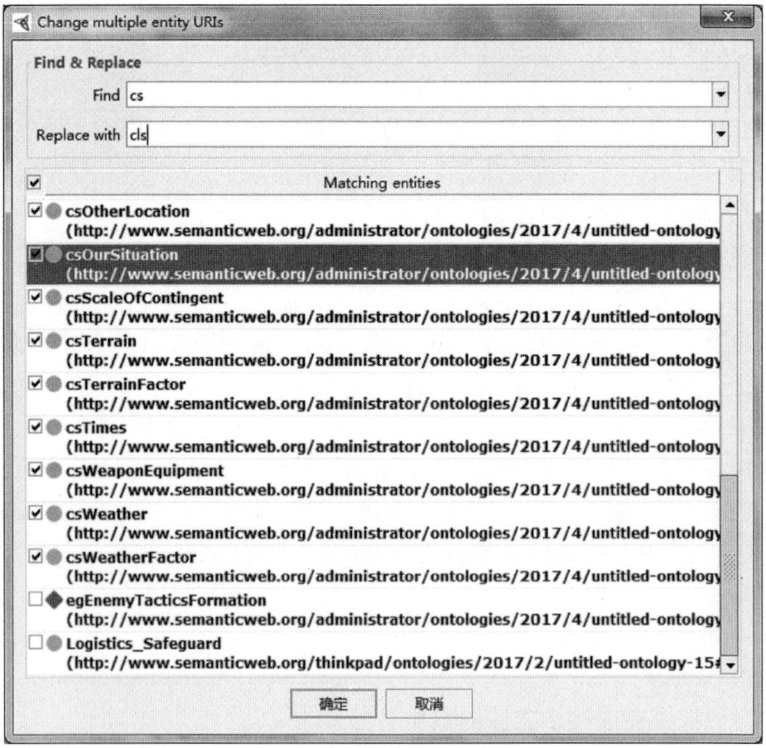

图 4－11 批量重命名实体

3. 重命名本体

单击 Protégé 5. 2. 0 工作区菜单“Refactor | Change ontology URI…”，则可以对当前活动的本体进行重命名，如图 4-12 所示。

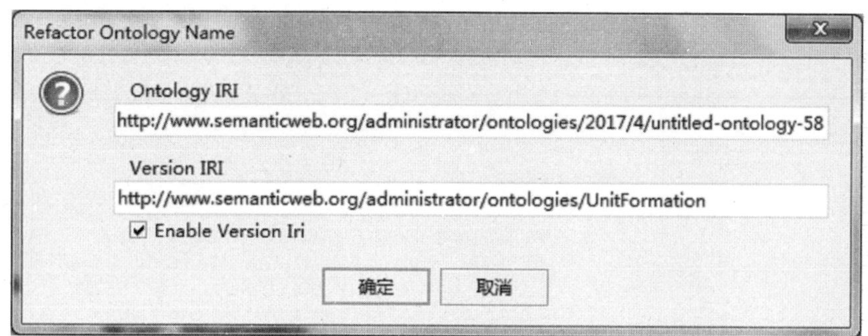

图 4-12 重命名本体

4.3.2 公理的拆分与合并

由于本体向后兼容或者表述简洁的考虑，经常需要将一些公理进行合并或者拆分。

1. subclass 公理

单击菜单“Refactor | Split subclass axioms”，则可以将公理“A SubClassOf (B and C)”拆分为更小粒度的公理：A SubClassOf B 以及 A SubClassOf C。

单击菜单“Refactor | Amalgamate subclass axioms”，则可以将公理“A SubClassOf B”以及“A SubClassOf C”合并为公理：A SubClassOf (B and C)。

2. disjoint 公理

单击菜单“Refactor | Split disjoint classes into pairwise disjoints”，则可以将公理“disjoint (A,B,C)”拆分为更小粒度的公理：A disjointWith B, A disjointWith C 以及 B disjointWith C。

单击菜单“Refactor | Amalgamate disjoint classes into larger disjoint sets”，则可以将公理“A disjointWith B”“A disjointWith C”以及“B disjointWith C”合并为公理：disjoint (A,B,C)。

4.3.3 公理的复制、移动与删除

根据需要选择公理，然后，可以删除这些公理，或者将这些公理移动/复制到一个已有的或者新建的本体当中。单击菜单“Refactor | Copy/move/delete axioms…”可完成这些操作。

选择所需公理有 4 种依据，即通过定义、分层、引用、公理的类型（图 4 - 13），其中，分层包括 OWL DL、OWL 2 和 EL + + 等 3 种，公理的类型分为类公理、对象属性公理、数据属性公理、个体公理、注释公理和其他公理等 6 种，引用是指所有引用（包括定义）了所选择实体的公理（含规则），定义仅指定义了所选择实体的公理。

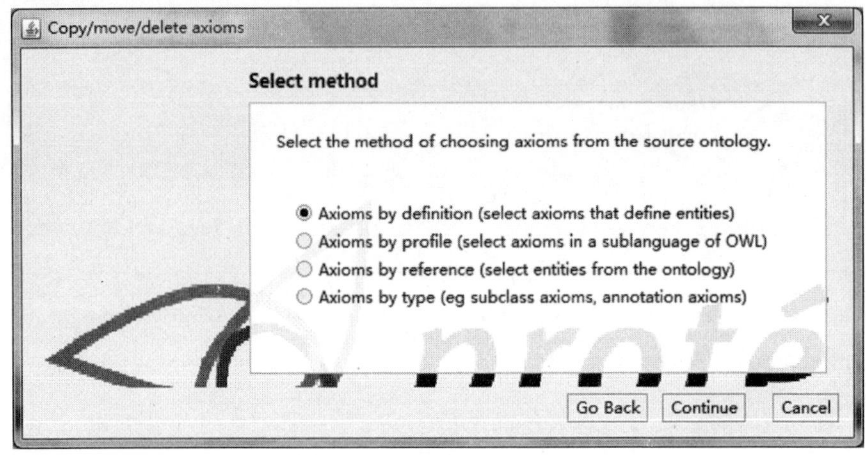

图 4 - 13　选择公理的 4 种依据

4.3.4　本体的合并

本体在完成各自开发并经过测试之后，可以进行合并，避免不必要的本体导入。单击菜单“Refactor | Merge ontologies…”，则可以将一个或者多个本体合并到一个已有的或者新建的本体当中。

4.4　本体导入

在大型本体的开发过程当中，往往借鉴了任务分解与协作开发的思想。因此，导入由其他人定义的本体在语义网应用中会非常普遍。例如，family 本体①只是定义了家庭及家庭成员的简单框架以及一些个体，具体的家庭成员类型及其推理规则完全是在 family. srwl 本体②中定义的，两者合作可以完成复杂的家庭成员关系的推理（图 4 - 14）。同时，这个例子也体现了“2.4.2 节”提出的改进的“七步法”的思想。

① http://www.semanticweb.org/ontologies/2010/0/family.owl

② http://swrl.stanford.edu/ontologies/examples/family.swrl.owl

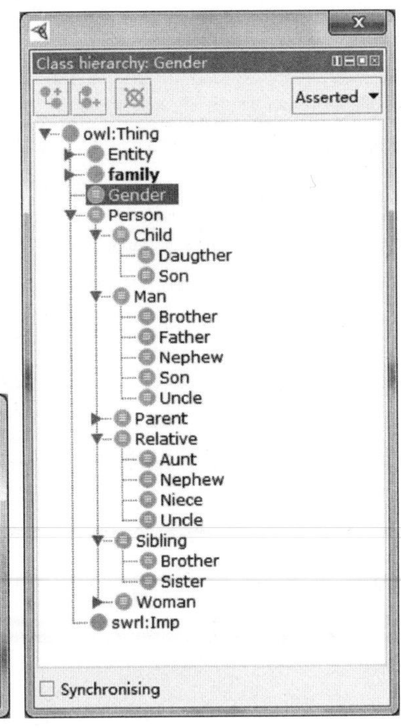

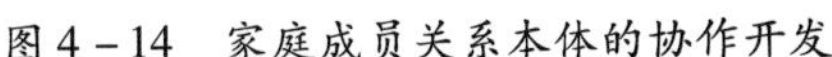

图 4－14　家庭成员关系本体的协作开发

再如，3 人本体建模小组在建立装甲分队战斗队形本体模型时，可进行这种分工：一人采用 OWL 建立装甲分队战斗队形本体的类层次结构、对象属性、数据属性，定义各种战斗队形；一人采用 SWRL 建立装甲分队战斗队形变换规则；一人采用 SWRL 描述装甲分队战斗队形变换实施过程；最后通过本体导入完成任务综合，进行本体推理。

4.4.1　任务分解与团队协作

如果大型任务的规模超出了人们可以控制和管理的范围，那么，将大型任务分解成若干个规模较小、较容易开发的模块，通过完成这些模块的开发与集成，最终实现大型任务的开发自然就成为人们解决这类问题的基本思想。大量的工程实践证明，这种模块化开发的思想的确能够有效地降低任务复杂度、保证项目质量、降低开发成本。模块化是解决一个复杂问题时自上而下把系统逐层划分成若干模块的过程，每个模块完成一个特定的子功能或者是适合分项的单一结构，而所有的模块按某种方法组装起来成为一个整体，完成整个系统所要求的功能。将复杂任务分解成若干个模块后，为了提高项目开发效率，一般采用多人协作开发的方式,即每位开发人员接受指定的模块开发任务,多人同时展开协同开发工作。

在模块化开发中,不同开发者完成各自任务时是相对独立的,即每个人都可以使用自己的方法、习惯解决独立的模块化任务。例如,程序设计语言里的模块化结构基于信息隐藏的思想:通过外部接口能够调用一个模块的某种功能,但不需要知道该功能是如何实现的。但是,不同个人所开发完成的模块最终需要连接在一起,实现大型复杂问题的解决。

对复杂任务进行模块化分解,除了能够有效控制开发进度,降低开发难度,还有助于任务的后期维护和升级。当发现系统出现了问题或系统需要升级时,只需对该问题所涉及的模块进行单独维护与升级即可,而不需要对整个系统进行维护。这种方法不仅操作快捷,而且对整个系统的干扰、影响都最小。

4.4.2 OWL 2 提供的本体导入机制

OWL 2 对本体导入的支持还很弱,其只允许导入指定位置的完整本体。即使用户只需要本体的一小部分,也必须导入整个本体。

4.4.3 采用 Protégé Desktop 导入本体

要导入本体,切换到标签页"Active Ontologies(当前活动本体)",单击底部子标签页"Ontology Imports"上方"Direct Imports"文本右边的" + "号,则弹出如图 4 - 15 所示的对话框,用户可以根据实际情况导入本体。这些情况分别是:本体位于本地的一个特定文件(可浏览本地文件夹,选择一个本体文件,例如,G:\

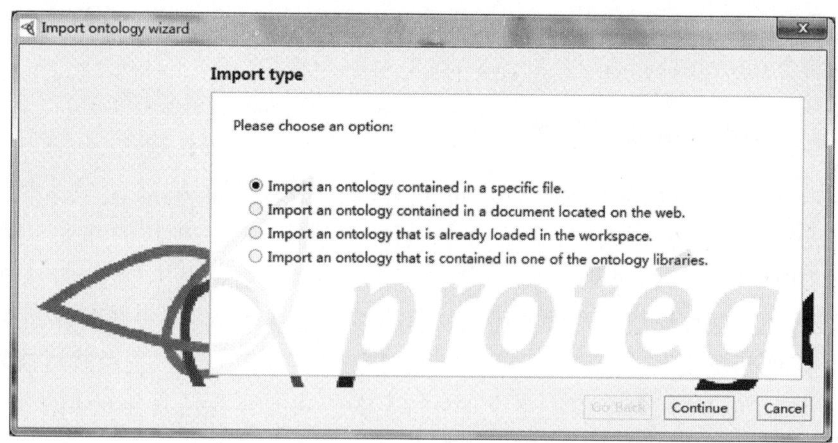

图 4 - 15 导入本体的 4 种选项

科研工具\本体\装甲分队作战规则 . owl)当中、本体位于网络上的一个特定文件(应输入该文件在网络上的物理位置,即统一资源定位符 URL,例如,http://protege. cim3. net/file/pub/ontologies/travel/travel. owl)当中、本体已经加载在当前工作区、本体位于一个本体库(本体库是用户加载过的本体的一个逻辑组合,用户可以根据需要对本体库进行相应编辑)当中。

当然,真正需要进行分布式协作构建本体时,可以尝试使用 WebProtégé。

4.5 加速本体推理

加速本体推理对于改进用户体验相当重要。因此,推理机的一项重要内容就是提高推理的效率。例如,为了提高 TBox 包含测试推理的效率,Pellet 系统采用了一些优化技术,如预处理优化、显示包含计算等。

预处理优化技术就是利用一些等价规则,将知识库中复杂的公理转化为一系列简单的公理,简化知识库的复杂程度,从而提高包含测试的效率。目前基于预处理优化的方法主要有 Lazy Unfolding、Backjumping 等技术。

显式包含计算是为了进一步减少概念包含测试,从概念的定义出发,找出那些明显的概念包含关系。显然,如果 $C \equiv X \cap \cdots$,那么 C 是 X 的子集,X 称为 C 的已知父类(told subsumer)。根据概念的定义,分析其结构,得到它的 told subsumer,要比通过概念可满足性的测试高效得多。

但是,有很多因素都会影响本体推理的速度,并没有一劳永逸的办法来解决这个问题。

4.5.1 影响本体推理速度的主要因素分析

影响本体推理速度的因素有很多,主要有:OWL 2 语言的特点、本体个体的规模、推理内容的多少、推理机使用内存的方式、Java 语言的内在机制、分配的内存大小。实际上,这些因素往往是交织在一起的。

(1) OWL 2 语言的特点。OWL 2 语言不遵从唯一命名假设(Unique Name Assumption,UNA),即两个实体的名称不同,并不意味着它们一定是不同的实体。用户只能通过 owl:AllDifferent 语句来显式声明实体之间互不相同。然而,owl:AllDifferent 语句的可伸缩性并不好,即随着所声明实体数量规模的增加,"computing instances for all classes"推理的耗时急剧上升。owl:AllDifferent 这单一的一个公理如果涉及 30000 个实例,将是难以想象的。一般情况下,如果去掉本体中的 owl:AllDifferent 语句,Jess 规则引擎的运行内存和时间开销将大幅下降。

OWL 2 语言为此提供了一个替代方案,即通过 hasKey[①] 公理(不受 OWL 支持)来显式声明实体的不同。为实例赋予唯一的名称和无意义的标识符,并通过 hasKey 公理进行关联,则该公理可确保这些实例之间是互不相同的。实际上,使用唯一的无意义的标识符是一个标准做法,其已经在 Oracle 数据库中广泛使用;并且,java. util. UUID 中提供了 Java 的实现版本。

(2) 本体个体的规模。显然,本体个体的规模对推理的速度有着直接影响。

(3) 推理内容的多少。推理内容的多少对推理的速度也有着直接影响。根据预期的推理目的,适当削减推理的内容可加快本体推理。

(4) 推理机使用内存的方式。如果推理机在运行时驻留在内存当中,如 Protégé HermiT/Jena/Pellet 等,即把推理相关的内容一次性都加载进入内存,则非常消耗内存。KAoN(Karlsruhe Ontology) 2、Jena 的某些推理机、Pellet 的 OWLGres 推理机则并非如此,因而能适应更大规模本体的推理需要。

(5) Java 语言的内在机制。推理机基于 Java 语言开发,而 Java 语言的一个显著特点是垃圾收集。如果推理机 95% 以上程序的执行时间都花费在了垃圾收集上,意味着必须为 Protégé 增加内存了(参见 2. 5. 2 节)。

4. 5. 2 Protégé 加速本体推理的若干措施

针对影响本体推理速度的各种因素,需要采取不同的应对措施。为改进用户体验,Protégé 5. 2. 0 也为用户提供了图形界面,根据具体的目的和要求,用户可对推理的内容及初始化的内容进行设置,从而加速本体推理。

1. 改变推理的内容

Protégé 5. 2. 0 的推理内容包括 4 大类,即类的推理、对象属性的推理、数据属性的推理、实例的推理,每大类又具体包括若干子类,例如,类的推理具体包括可满足性、等价类、父类、类实例以及互斥类等内容;实例的推理具体包括类型、对象属性断言、数据属性断言以及同一性等内容。推理完毕之后,推理机还会给出完成每一项推理内容各自花费的时间,从而支持用户对推理速度进行优化。

显然,用户根据预期目的,适当减少推理的内容可以加速本体推理。Protégé

---

① http://www. w3. org/TR/owl2 - direct - semantics/#Keys

5.2.0 提供了如图 4－16 所示的界面,允许用户自行对推理的内容进行取舍。

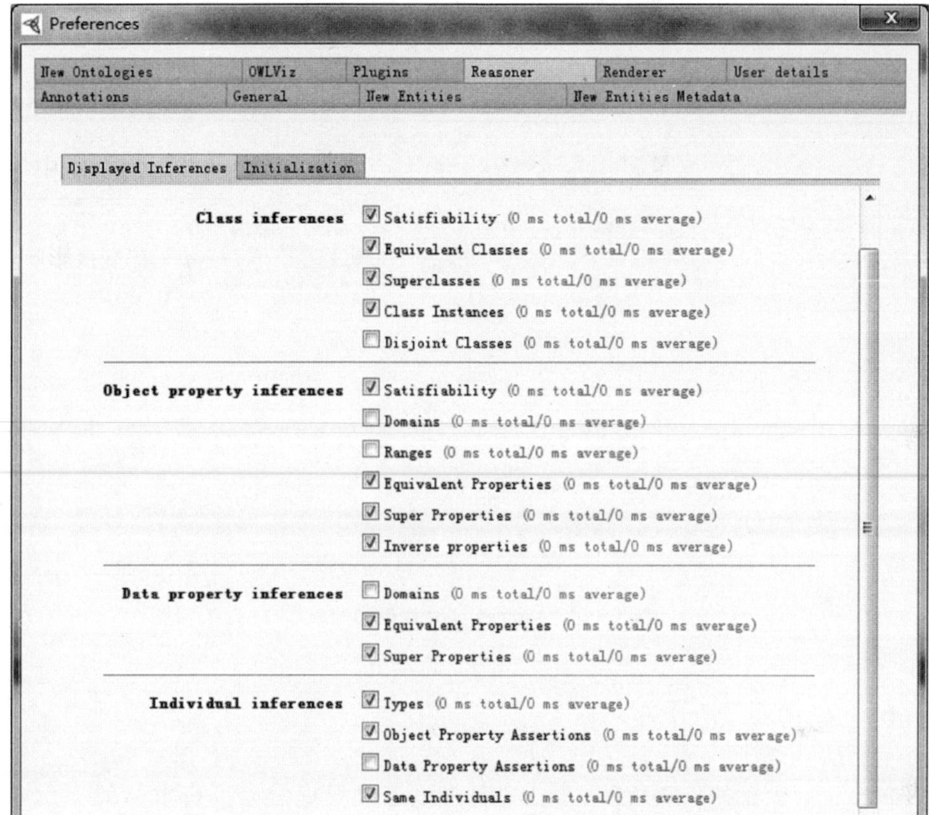

图 4－16　Protégé 改变推理的内容

2. 改变初始化设置

Protégé 平台采用初始化来完成预计算,以加速推理。通过关闭一些预计算内容可以加快初始化,但可能为推理带来不利影响。因此,并不建议用户自行改变初始化设置。

Protégé 平台“Reasoner”的“Initialization”标签页允许用户对推理机的初始化内容进行直接控制(图 4－17)。然而,关闭某个初始化内容的确可能使得后续的推理变得更慢。这时,用户可以在“Reasoner”的“Displayed Inferences”标签页查看初始化设置的改变导致了哪些推理速度的变慢。

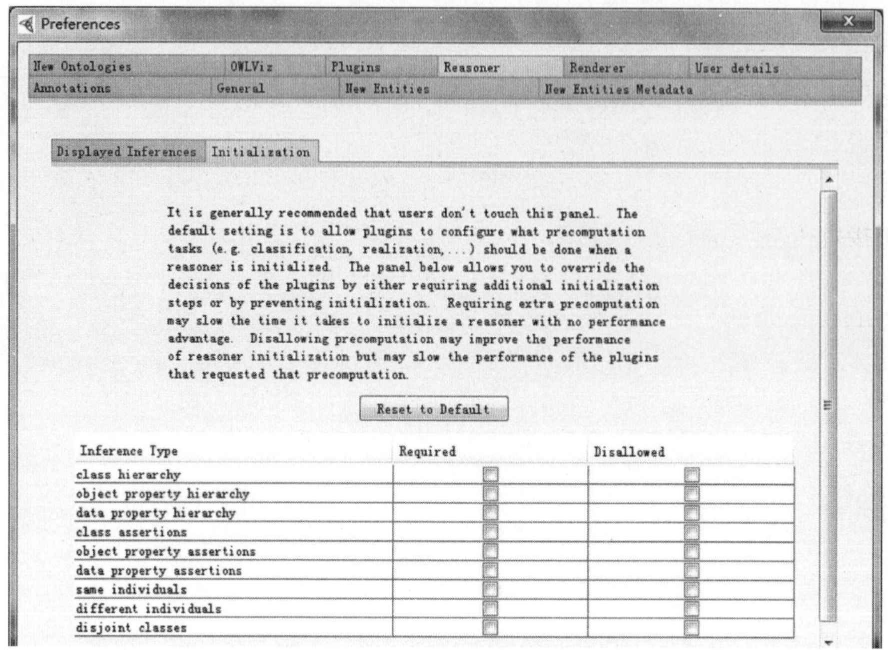

图 4-17 Protégé 改变初始化的内容

4.6 本体二次开发

Protégé 本身是开源软件。同样,用户也可以根据需要进行本体的二次开发,针对 RDF 和 OWL,有两种不同的路线。前者主要涉及 Allegro Graph、Jena 框架,后者主要涉及 OWLAPI、SWRLRuleEngineAPI 以及 SQWRLQueryAPI 等应用程序接口(API)。Allegro Graph 是一种性能很高的图形数据库,主要用来管理和存储支持 RDF 格式的基本的三元数据组,同时也支持 SPARQL 查询语言,并且其内置的推理引擎可以支持 RDFS 的推理。Allegro Grapb 这一本体管理工具提供了非常多的应用接口,这些接口均可以提供给开发人员创建和管理本体数据库。Jena 本质上是一个简单的 Java 框架,为本体的开发提供了很多工具与 Java 包。Java 框架包括 API、OWL、RDF 以及 SPARQL 等。Jena 框架是语义检索最核心的处理工具,其检索的主要步骤包括:首先,使用 Protégé 创建领域本体模型;其次,对领域本体中的文本案例进行 RDF 标注;再次,以 Jena 框架为基础,推理本体概念之间的关系等;最后,使用 SPARQL 语言对文本案例进行检索。

下面着重介绍基于 OWL 的二次开发的相关 API,包括 ProtégéOWLAPI(用于本体维护)、SWRLRuleEngineAPI(用于 SWRL 规则维护及执行)以及

SQWRLQueryAPI(用于本体查询)。

4.6.1 OWLAPI

Protégé OWLAPI 的主要内容包括:①基本模型接口(OWL Model);②OWL 实体的访问接口;③已命名的类和实体的维护接口;④数据属性、数据类型的维护接口;⑤对象属性的维护接口;⑥监听器接口;⑦持久化接口。需要注意的是,OWL 是对 RDF 的扩展,OWL API 并不局限于 OWL。实际上,调用 OWL API 的 RDFSNamedClass、RDFProperty 以及 RDFIndividual 等接口,可创建 RDF 的相关实体。有关 OWL API 调用的完整示例可参考 https://github.com/owlcs/owlapi/tree/version4/contract/src/test/java/org/semanticweb/owlapi/examples/Examples.java。

1. 基本模型接口(OWL Model)

OWL Model 是 OWL API 最为重要的模型接口。程序员可运用 OWL Model 来创建、查询和删除本体当中各种类型的实体,并可针对 OWL Model 返回的实体进行各种操作。例如,下面的程序片段创建了一个新的 OWLNamedClass 类(对应于 OWL 中的 owl:Class),并访问该类的统一资源标识符(URI):

```
    OWLModel owlModel = ProtegeOWL.createJenaOWLModel();
    OWLNamedClass worldClass = owlModel.createOWLNamedClass("World");
System.out.println("Class URI: " + worldClass.getURI());
```

程序员也可以运用 OWL Model 来加载存储于网络文件当中的本体:

```
    String uri = "http://www.co-ode.org/ontologies/pizza/2007/02/12/pizza.owl";
    OWLModel owlModel = ProtegeOWL.createJenaOWLModelFromURI(uri);


File oFile = new File("/ont/Ont1.owl");
OWLOntologyManager ontologyManager = OWLManager.createOWLOntologyManager();
OWLOntology ontology = ontologyManager.loadOntologyFromOntologyDocument(oFile);
DefaultPrefixManager prefixManager = new DefaultPrefixManager();
OWLDocumentFormat format
 = ontology.getOWLOntologyManager().getOntologyFormat(ontology);

if (format.isPrefixOWLOntologyFormat())
        prefixManager.copyPrefixesFrom(format.asPrefixOWLOntologyFormat().
                getPrefixName2PrefixMap());
```

以下代码片段说明了如何运用 OWL Model 来创建 RDF 本体:

```
JenaOWLModel owlModel = ProtegeOWL.createJenaOWLModel();
```

```
RDFSNamedClass personClass = owlModel.createRDFSNamedClass("Person");
RDFProperty ageProperty = owlModel.createRDFProperty("age");
ageProperty.setRange(owlModel.getXSDint());
ageProperty.setDomain(personClass);

RDFIndividual individual = personClass.createRDFIndividual("Holger");
individual.setPropertyValue(ageProperty, new Integer(33));

Jena.dumpRDF(owlModel.getOntModel());
```

2. OWL实体的访问接口

假设已经调用上述OWL Model的相关接口加载了“旅游”本体,并将其作为默认的命名空间,则下列程序片段可以访问包含在OWL Model本体模型中的命名类、对象属性、数据属性、统一资源标识符(URI)等实体:

```
//程序员可以通过加载URI来创建本体模型
String uri = "http://protege.cim3.net/file/pub/ontologies/travel/travel.owl";

//程序员也可以通过加载本地OWL模型文件来创建本体模型
//String uri = "file:///c:/Work/Projects/travel.owl"

JenaOWLModel owlModel = ProtegeOWL.createJenaOWLModelFromURI(uri);

OWLNamedClass destinationClass = owlModel.getOWLNamedClass("Destination");
OWLObjectProperty hasContactProperty = owlModel.getOWLObjectProperty("hasContact");
OWLDatatypeProperty hasZipCodeProperty = owlModel.getOWLDatatypeProperty("hasZipCode");
OWLIndividual sydney = owlModel.getOWLIndividual("Sydney");
```

3. 已命名的类及实体的维护接口

新建已命名的类,来构建类层次结构。

```
OWLNamedClass personClass = owlModel.createOWLNamedClass("Person");

    // Create subclass (complicated version)
    OWLNamedClass brotherClass = owlModel.createOWLNamedClass("Brother");
brotherClass.addSuperclass(personClass);
brotherClass.removeSuperclass(owlModel.getOWLThingClass());

    OWLIndividual individual = brotherClass.createOWLIndividual("Hans");
```

```
    Collection brothers = brotherClass.getInstances(false);
assert (brothers.contains(hans));
assert (brothers.size() == 1);

assert (personClass.getInstanceCount(false) == 0);
assert (personClass.getInstanceCount(true) == 0);
assert (personClass.getInstances(true).contains(hans));

assert (hans.getRDFType().equals(brotherClass));
assert (hans.hasRDFType(brotherClass));
assert ! (hans.hasRDFType(personClass, false));
assert (hans.hasRDFType(personClass, true));

hans.delete();
```

4. 数据属性及数据类型的维护接口

```
OWLDatatypeProperty property = owlModel.createOWLDatatypeProperty("name");
name.setRange(owlModel.getXSDstring());

RDFSDatatype dateType = owlModel.getRDFSDatatypeByName("xsd:date");

individual.setPropertyValue(stringProperty, "MyString");
individual.setPropertyValue(intProperty, new Integer(42));
individual.setPropertyValue(floatProperty, new Float(4.2));
individual.setPropertyValue(booleanProperty, Boolean.TRUE);
```

5. 对象属性的维护接口

```
OWLNamedClass personClass = owlModel.createOWLNamedClass("Person");
OWLObjectProperty childrenProperty = owlModel.createOWLObjectProperty("children");
childrenProperty.setRange(personClass);

RDFIndividual darwin = personClass.createRDFIndividual("Darwin");
RDFIndividual holgi = personClass.createRDFIndividual("Holger");
holgi.setPropertyValue(childrenProperty, darwin);

holgi.addPropertyValue(childrenProperty, other);
holgi.removePropertyValue(childrenProperty, other);
```

6. 监听器接口

Protégé OWLAPI 支持经典的模型—视图—控制器(MODEL - VIEW - CON-

TROLLER,MVC)架构,即 OWL 模型用于存储本体数据,模型的变化将触发事件,而外部的用户界面小组件(UI widgets)等视图可对这类事件做出反应。在技术上,OWL API 采用了典型的监听器设计模式(如 Swing 和其他 UI 库)来实现 MVC 架构。以下代码片段演示了如何通过监听器来监听某个命名类的实例的创建事件:

```
OWLNamedClass clsMath = owlModel.createOWLNamedClass("Class");
cls.addClassListener(new ClassAdapter() {
public void instanceAdded(RDFSClass cls, RDFResource instance) {
System.out.println("Instance was added to class: " + instance.getName());
    }
});

for(int i = 0; i <10; i++) {
    String newName = "Individual No." + (int)(Math.random() * 10000);
clsMath.createOWLIndividual(newName);
}
```

监听器是 OWL 模型中为某个实体而注册的专用对象,用于监听本体模型中该实体的变化。上述代码片段当中,监听器是 ClassListener 接口的一个实例,被注册到一个已命名的类(即 clsMath)。其他类型的监听器包括 PropertyListener(用于属性相关的事件)、PropertyValueListener(用于监听所有资源中属性值的任意变化)以及 ResourceListener(用于监听资源类型的变化)。此外,还有一类功能强大的监听器——ModelListener,可用于监听 OWLModel 中的各种变化(如,创建了一个新的类)。示例代码片段如下所示:

```
owlModel.addModelListener(new ModelAdapter() {
public void propertyCreated(RDFProperty property) {
System.out.println("Property created: " + property.getName());
    }
});

owlModel.createRDFProperty("RDF-Property");
owlModel.createOWLObjectProperty("Object-Property");
owlModel.createOWLDatatypeProperty("Datatype-Property");
```

上述代码将在每个对象创建之后输出一条相关的属性创建信息。需要注意的是,事件处理是可以与事件发生完全解耦的。典型的应用是在用户界面当中,当用户完成某个操作之后,程序应当做出某个响应,但程序并不可能事先知道用户何时会完成该操作。

7. 持久化接口

Protégé OWLAPI 支持两种持久化模式，即 OWL 文件模式（class JenaOWLModel）和 OWL 数据库模式（class OWLDatabaseModel）。

以下代码片段演示了如何将本体模型存储为 OWL 文件模式：

```
String fileName = "travel-saved.owl";
Collection errors = new ArrayList();
owlModel.save(new File(fileName).toURI(), FileUtils.langXMLAbbrev, errors);
System.out.println("File saved with " + errors.size() + " errors.");
```

4.6.2 SWRLRuleEngineAPI

可以运用工厂类 SWRLAPIFactory 来创建 SWRL 规则引擎的实例。为此，必须首先创建本体的一个基于 OWL API 的实例，该实例采用 OWL Ontology 接口来表示。

```
// 采用 OWL API 创建 OWL Ontology 本体的实例
OWLOntologyManager ontologyManager = OWLManager.createOWLOntologyManager();
OWLOntology ontology
 = ontologyManager.loadOntologyFromOntologyDocument(new File("/ont/Ont1.owl"));

//运用 SWRLAPI 创建的实例。在创建过程当中，如发生错误，将抛出异常//SWRLRuleEngineException
SWRLRuleEngine ruleEngine = SWRLAPIFactory.createSWRLRuleEngine(ontology);

//运行 SWRL 规则引擎
ruleEngine.infer();
```

一旦规则引擎被成功创建，该规则引擎可用来执行 SWRL 规则。SWRLRuleEngine 接口提供下列方法，对执行过程进行控制：

（1）reset()——重置规则引擎，清除该规则引擎的全部知识。

（2）importAssertedOWLAxioms()——从相关 OWL 本体中将所有的 SWRL 规则和显式声明的公理导入该规则引擎。在此之前，首先将该规则引擎进行重置，清除已有的全部规则和知识。

（3）run()——激活规则引擎。

（4）exportInferredOWLAxioms()——将 SWRL 规则引擎推理得到的所有 OWL 公理写回到相关的 OWL 本体当中。

（5）infer()——将 SWRL 规则和声明的 OWL 公理加载到规则引擎中，并将所有推理得出的结论写回到 OWL 本体当中。该方法围绕上述 4 种方法，进行了封装。

这些方法都没有返回值,在发生错误时,都将抛出异常 SWRLRuleEngineException。不管某个特定 SWRL 规则引擎的内部是如何实现的,规则引擎的公共接口都是相同的。SWRL 规则引擎的用户可能无须知道或者关心所使用的底层规则引擎。

可以运用 OWL API 在应用程序当中创建某个规则引擎使用的 SWRL 规则。SWRLAPI 也提供了对 SWRL 规则的文本表示进行解析的解析器。运用该文本解析器,可以采用如下方法创建一条 SWRL 规则(用 SWRLAPIRule 类来表示,第一个参数表示规则的名称,便于引用;第二个参数表示规则的内容):

```
SWRLAPIRule rule = ruleEngine.createSWRLRule("IsAdult-Rule",
    "Person(?p) ^ hasAge(?p, ?age) ^ swrlb:greaterThan(?age, 17) -> Adult(?p)");
```

如果规则的文本无效,将抛出异常 SWRLParseException。因此,可以通过如下方法运用 SWRL 规则引擎来创建和执行 SWRL 规则:

```
// 运用 OWLAPI 来创建 OWLOntology 本体实例
OWLOntologyManager ontologyManager = OWLManager.createOWLOntologyManager();
OWLOntology ontology
  = ontologyManager.loadOntologyFromOntologyDocument(new File("/ont/Ont1.owl"));

//运用 SWRLAPI 来创建 SWRL 规则引擎
SWRLRuleEngine ruleEngine = SWRLAPIFactory.createSWRLRuleEngine(ontology);

//创建 SWRL 规则
SWRLAPIRule rule = ruleEngine.createSWRLRule("IsAdult-Rule",
  "Person(?p) ^ hasAge(?p, ?age) ^ swrlb:greaterThan(?age, 17) -> Adult(?p)");

// 运行 SWRL 规则引擎
ruleEngine.infer();
```

4.6.3 SQWRLQueryAPI

以下给出在程序中进行 SQWRL 二次开发的完整示例,其包括以下几个主要步骤。

1. 创建 SQWRL 查询引擎

通过 SQWRLQueryEngine 接口,程序员可以针对某个本体创建 SQWRL 查询引擎以及执行 SQWRL 查询。SQWRLQueryEngine 接口可以运用 SWRLAPIFactory 类来实现。程序员首先必须运用 OWLAPI 来创建该本体的一个实例,相关方法用 OWLOntology 接口来表示。

```
//运用 OWLAPI 创建 OWLOntology 实例
OWLOntologyManager ontologyManager = OWLManager. createOWLOntologyManager( );
OWLOntology ontology
  = ontologyManager. loadOntologyFromOntologyDocument( new File( "/ont/Ont1. owl" ) );

// 运用 SWRLAPI 创建 SQWRL 查询引擎
SQWRLQueryEngine queryEngine = SWRLAPIFactory. createSQWRLQueryEngine ( ontolo-
gy);
```

2. 创建并执行 SQWRL 查询

运用查询引擎的 createSQWRLQuery 方法来生成一个已命名查询:

```
queryEngine. createSQWRLQuery( "Q1", "Person( ? p) - > sqwrl:select( ? p)" );
```

已命名查询被创建之后,即可运用查询引擎的 runSQWRLQuery 方法通过名称来引用并执行该查询;在执行查询的过程当中,如果出现错误,查询引擎将抛出 SQWRLException 异常:

```
SQWRLResult result = queryEngine. runSQWRLQuery( "Q1" );
```

运用 runSQWRLQuery 方法,也可以通过一个步骤就生成并执行一个 SQWRL 查询,而查询文本包含在该方法的第 2 个参数当中:

```
SQWRLResult result
 = queryEngine. runSQWRLQuery( "Q1", "Person( ? p) - > sqwrl:select( ? p)" );
```

注意:在执行某个查询时,本体当中的有效 SWRL 规则也将被执行,并且,这些规则所推理得到的所有结论也将被用于查询。然而,与 SWRLTab 的规则引擎不同,SQWRL 查询引擎不会对底层 OWL 本体进行任何修改。

3. 处理 SQWRL 查询结果

SQWRLResult 接口定义了处理 SQWRL 查询结果的各种方法。运用查询引擎的 getSQWRLResult 方法,可以获取某个特定查询所返回的结果。

SQWRLResult 对象包含了一行或者多行记录,这些记录包含了接口 SQWRLResultValue 所定义的对象的列表。SQWRL 查询能够返回如下几种类型的对象:

(1) OWL 文字,用 SQWRLLiteralValue 表示。

(2) OWL 实体,用 SQWRLEntityResultValue 表示。

(3) OWL 已命名个体,用 SQWRLNamedIndividualResultValue 表示。

(4) OWL 对象属性,用 SQWRLObjectPropertyResultValue 表示。

(5) OWL 数据属性,用 SQWRLDataPropertyResultValue 表示。

(6) OWL 注释属性,用 SQWRLAnnotationPropertyResultValue 表示。

(7) OWL 数据类型,用 SQWRLDatatypeResultValue 表示。

(8) OWL 类表达式,用 SQWRLClassExpressionResultValue 表示。

(9) OWL 对象属性表达式,用 SQWRLObjectPropertyExpressionResultValue 表示。

(10) OWL 数据属性表达式,用 SQWRLDataPropertyExpressionResultValue 表示。

(11) OWL 数据取值范围,用 SQWRLDataRangeResultValue 表示。

(12) OWL 匿名个体,用 SQWRLIndividualResultValue 表示。

可以采用下面这个方法对 SQWRLResult 对象的各条记录进行遍历。因此,每条记录的各列可采用相应类型的合适的访问符进行检索。这些访问符包括: getLiteral, getClassValue, getObjectPropertyValue, getDataPropertyValue 和 getAnnotationPropertyValue。它们可以为这些方法提供列的名称或者序号。SQWRLResult 接口也提供了用来确定各个元素的类型的相关方法。

例如,下列语句可以处理如下查询返回的结果:

```
Person(? p) ^ hasName(? p, ? name) ^ hasSalary(? p, ? salary) - >
sqwrl:select(? name, ? salary)


while (result. next())
{
SQWRLLiteralResultValue nameValue = result. getLiteral("name");
SQWRLLiteralResultValue salaryValue = result. getLiteral("salary");
System. out. println("Name: " + nameValue. getString());
System. out. println("Salary: " + salaryValue. getInteger());
}
```

如果在查询结果处理过程当中出现了错误,将抛出异常 SQWRLException。试图检索错误类型的对象的数值,将抛出异常 LiteralException,该异常是 SQWRLException 的子类。

类 SQWRLLiteralResultValue 定义了检索特定类型对象的数值数组的方法。例如,运用这些方法,上述查询结果处理的代码可得到缩减:

```
while (result. next())
{
System. out. println("Name: " + result. getLiteral("name"). getString());
System. out. println("Salary: " + result. getLiteral("salary"). getInteger());
}
```

4. 修饰查询结果列的名称

操作符 SQWRL:columnNames 可用来指定查询结果各列的名称。因此,可以对上述查询进行重写,以补充各个结果列的名称:

```
Person(? p) ^ hasName(? p, ? name) ^ hasSalary(? p, ? salary)
   - > sqwrl:select(? name, ? salary) ^ sqwrl:columnNames("Name", "Salary")
```

而访问这些列的代码可被重写为

```
System.out.println("Name: " + result.getLiteralValue("Name").getString());
System.out.println("Salary: " + result.getLiteralValue("Salary").getInt());
```

4.7 本章小结

本章从改进本体模型的质量和提高本体建模与推理的效率等本体工程化的两个主要方面,着重阐述了 OWL 本体的完整性约束、本体批量录入、本体重构、加速本体推理等相关工程化技术。其中,OWL 本体的完整性约束、本体重构主要与改进本体模型的质量有关,本体批量录入、加速本体推理主要与提高本体建模与推理的效率有关。此外,本章还从二次开发的角度,介绍了 OWLAPI、SWRLRuleEngineAPI、SQWRLQueryAPI 在程序开发当中的主要应用。

第 5 章　装甲分队战斗队形本体

装甲分队战斗队形及其变换是装甲分队建模与仿真的基本而又重要的内容,是装甲分队计算机生成兵力的研究重点之一。在以往的技术途径当中,装甲分队战斗队形的描述及变换规则通常采用不同的编程语言,而且需要自行实现规则的推理。本体为解决这个问题提供了新的思路。装甲分队战斗队形本体是确定性本体的一个实例,其包括装甲分队战斗队形的语义描述、战斗队形变换实施两个方面,每个方面均对所建立的本体模型进行了语义推理,从而验证了本体模型的有效性。为描述装甲分队战斗队形的语义及变换过程,需要综合运用 OWL 2 和 SWRL 两种手段。

5.1　装甲分队战斗队形概述

装甲分队是指以坦克、步兵战车、装甲输送车为基本装备,主要遂行地面突击和两栖突击任务的分队。

装甲分队队形是装甲分队在执行战斗、行军等任务时所展开的队形。装甲分队队形主要分为装甲分队战斗队形、疏开队形和行军队形。根据作战任务的需要,装甲分队要求实施队形变换,例如,从行军队形变换为疏开队形,从一种战斗队形变换为另一种战斗队形。

5.1.1　装甲分队战斗队形

正确地确定战斗队形,对于装甲分队充分发挥整体威力,顺利完成作战任务具有重大意义。确定装甲分队队形的基本要求是:便于发扬火力,便于利用地形实施机动,便于疏散和减少伤亡,便于协同与指挥。

装甲分队战斗队形主要有:前三角战斗队形、后三角战斗队形、左梯次(左梯形)战斗队形、右梯次(右梯形)战斗队形、一字战斗队形(横队)、一路战斗队形(纵队)。行军队形根据情况分为一路行进或者数路并列行进队形。

若一个坦克排编配 3 辆坦克,对应的各种常见战斗队形如图 5-1 所示(1 号车为排长车)。

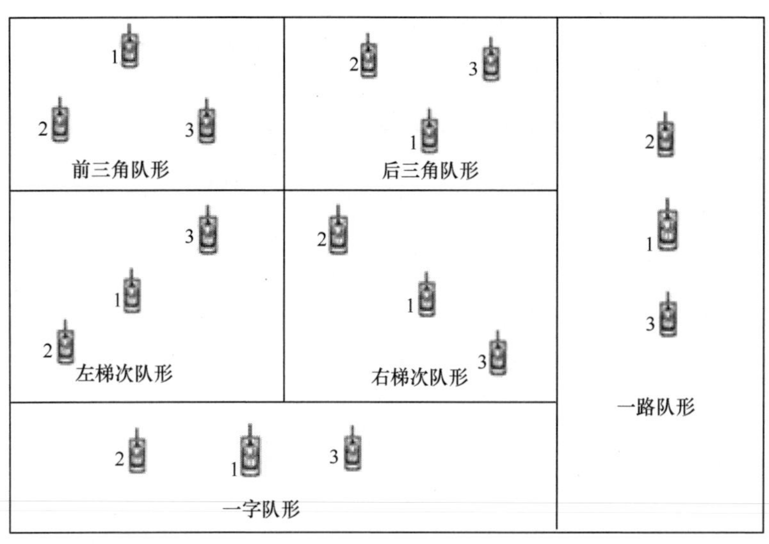

图 5－1　装甲分队常见战斗队形

5.1.2　装甲分队战斗队形变换实施

队形变换是由一种队形变换为其他队形的行动，其目的是充分发扬装甲分队火力，减少战斗损失，提高机动速度。装甲分队应根据敌情我情、战场环境、作战任务等现实条件，灵活地确定战斗队形。队形变换时应按照规定的顺序，迅速有序地进行变换。

以一字战斗队形等 6 种装甲分队战斗队形为基础，共有 $6 \times 5 = 30$ 种不同的战斗队形变换实施过程。其中，由一路战斗队形展开成一字战斗队形时，排长应发出“2 号左、3 号右、展开”的口令，同时迅速指挥本车到达预定方向和位置，其队形变换如图 5－2 所示。

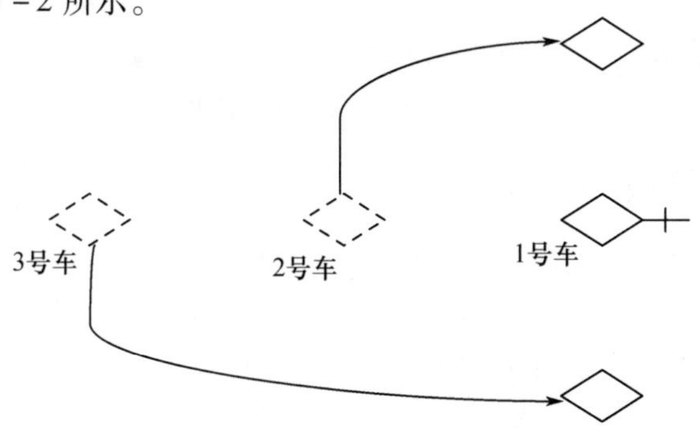

图 5－2　一路战斗队形展开成一字战斗队形

由一字战斗队形变换为三角战斗队形时，排长应发出“前(后)三角、展开”的口令。当变换为前三角战斗队形时，排长车应加速前进，其队形变换如图5－3所示。当变换为后三角战斗队形时，2、3号车应加速前进，其队形变换如图5－4所示。

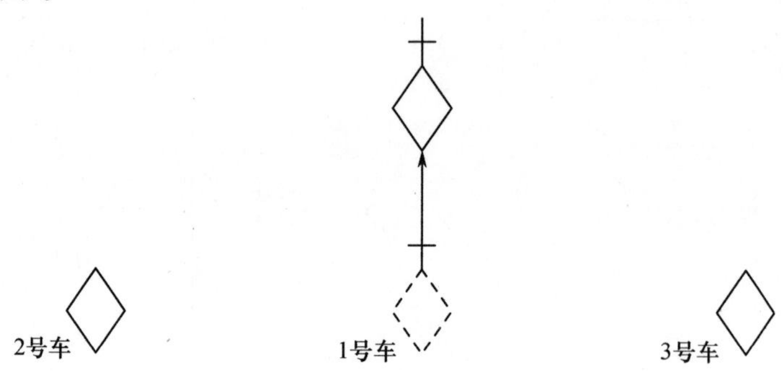

图5－3　一字战斗队形变换前三角战斗队形

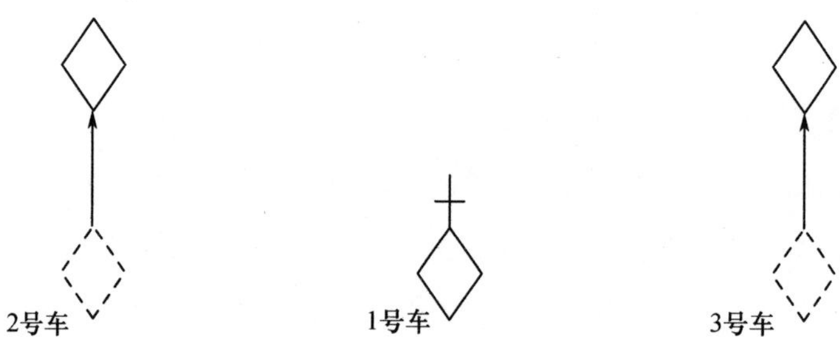

图5－4　一字战斗队形变换后三角战斗队形

5.2　基于OWL的装甲分队战斗队形本体模型

建立装甲分队战斗队形本体模型主要包括以下步骤：创建OWL类层次结构、创建属性、定义战斗队形、创建个体、描述个体的各种约束。

5.2.1　创建OWL类层次结构

在作战中根据敌情我情、战场环境、战斗任务等条件的不断变化，装甲分队需要采取不同的战斗队形和作战手段。根据建模的目的，装甲分队战斗队形的概念层次结构如图5－5所示。

其中，行军队形、疏开队形与战斗队形之间的变换，不是本书的研究内容，但可以采用本节的方法进行研究。

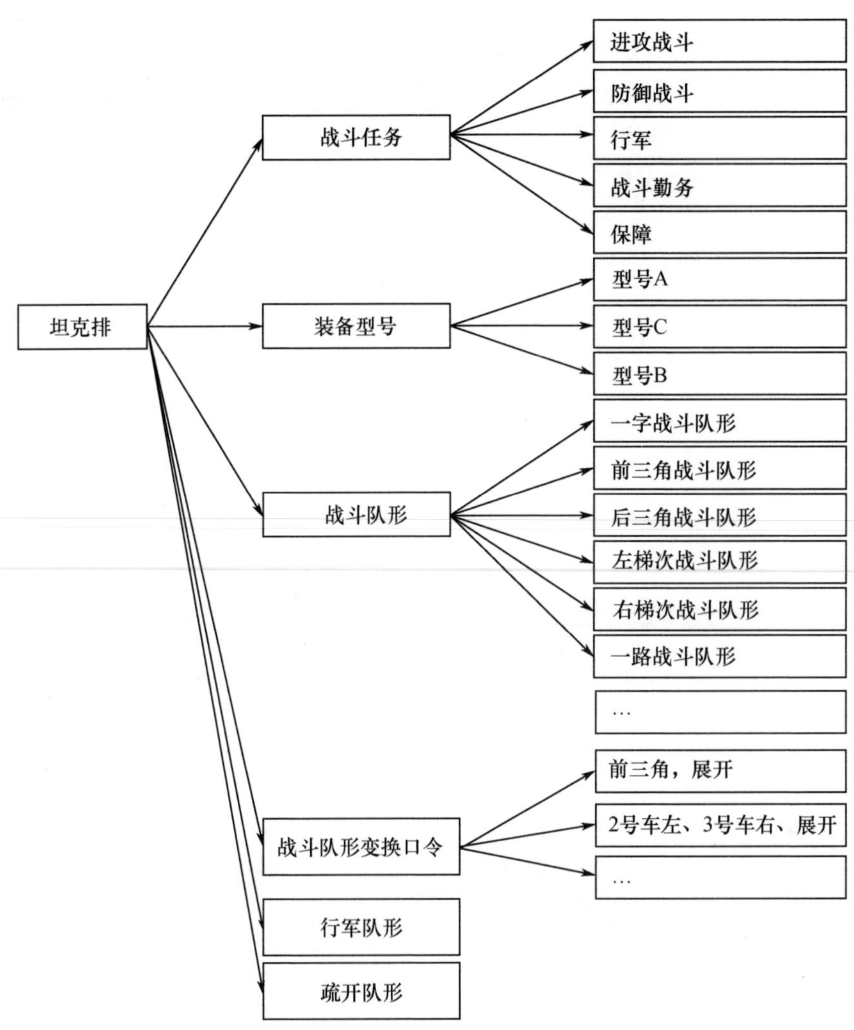

图 5－5　装甲分队战斗队形的概念层次结构

相应地，建立装甲分队战斗队形 OWL 本体的类层次结构，包括战斗任务、作战分队、装备、位置、坐标、队形、队形变换口令等，如图 5－6 所示。

5.2.2　创建属性

本节以坦克排为例，介绍装甲分队战斗队形本体属性的创建，包括创建对象属性和创建数据属性。

1. 创建对象属性

该例中共构建了 7 个对象属性，如图 5－7 所示，其中，“拥有”用于描述装

图 5-6　装甲分队战斗队形本体的类层次结构

备编配，“位于”用于描述战斗队形，“执行”用于描述下达队形变换口令，“向前行驶”“向左行驶”“向右行驶”用于描述队形变换的过程，“完成”用于描述战斗队形变换的完成。

2. 创建数据属性

该例中共创建了 8 个数据属性，如图 5-8 所示。

其中，前 4 个数据属性用于描述以排长车为坐标原点时，2 号坦克、3 号坦克各自的横坐标和纵坐标；后 4 个数据属性用于描述以排长车为坐标原点时，某种战斗队形所允许的 2 号坦克、3 号坦克与排长车的横向、纵向的最小及最大车

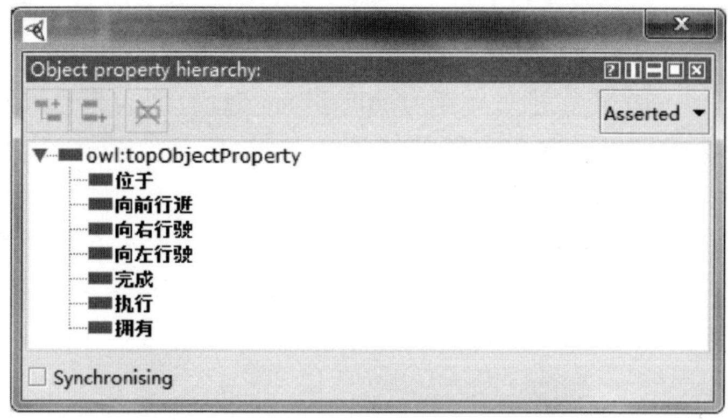

图 5-7　创建对象属性

图 5-8　创建数据属性

间距。

5.2.3　定义战斗队形

在定义装甲分队队形时，主要是通过装甲车辆之间的相对位置来确定。对于坦克排，即以排长车为坐标原点，以整体行进方向为坐标轴，通过其他坦克的坐标点来确定队形。主要依据各队形中坦克的位置关系和距离数据，来定义装甲分队队形。

具体做法可以有两种。本节采用横、纵坐标来描述，7.5.2 节则将采用距离和方位来描述。以前三角战斗队形为例,2 号车横向位置在排长车左侧 100 ~ 150m 以内,即为 2 号坦克的横坐标(米)(some xsd:float[> = -150.0f , < = -100.0f]),纵向位置在排长车后方 50 ~ 100m 以内,即为 2 号坦克的纵坐标(米)(some xsd:float[> = -100.0f , < = -50.0f])。用同样的方法,可以描述队形当中,3 号坦克相对排长车的位置。

在完成对象属性和数据属性的创建后,返回到类标签页界面,进行各种战斗队形的等价定义。例如,类“前三角战斗队形”、类“后三角战斗队形”都是“坦克排队形”的子类,它们的等价定义分别如图 5-9、图 5-10 所示。

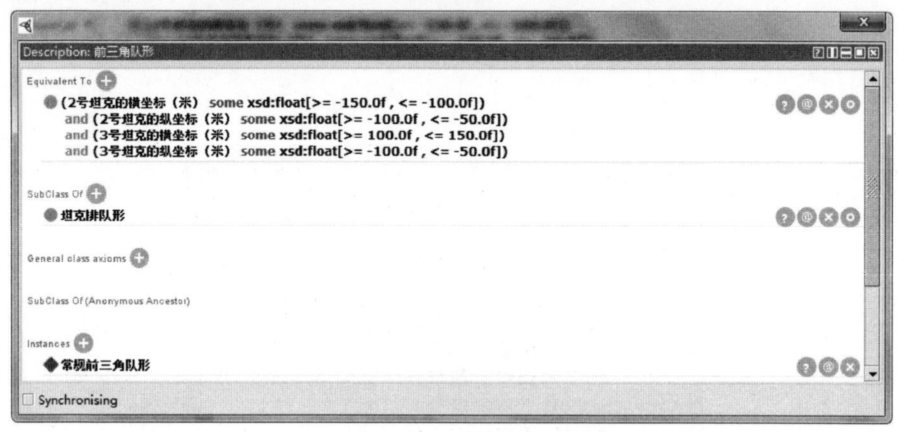

图 5-9　类“前三角战斗队形”的等价定义

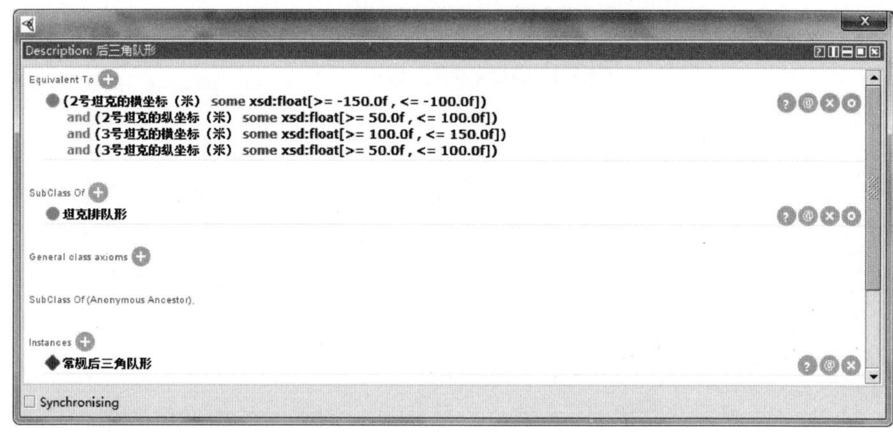

图 5-10　类“后三角战斗队形”的等价定义

5.2.4　创建个体

坦克排通常编配 3 辆坦克,3 辆坦克接到不同的命令,变换之间的相对位置,形成不同的坦克排队形。为了清晰地说明在不同的坦克排队形中各辆坦克的具体情况,需要在类中创建个体,同时对个体进行属性约束。

在 Individuals by class 界面中,创建类的个体,如图 5 - 11 所示。主要为类"坦克"以及"命令""坐标""排""位置"和"坦克排队形"的相关子类创建个体。

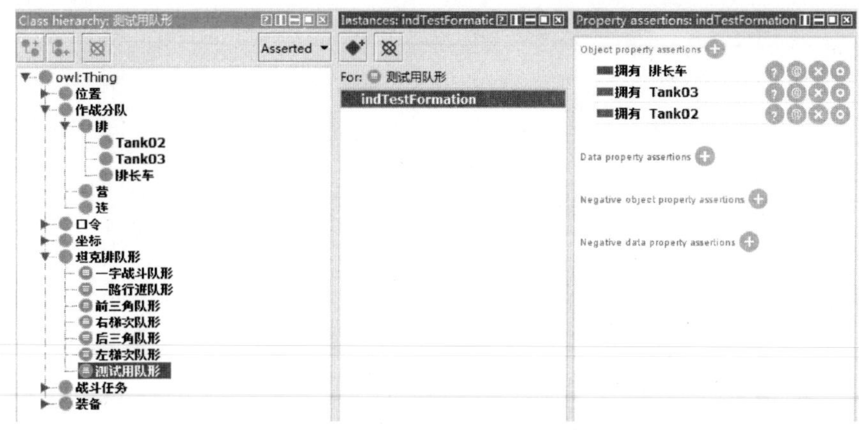

图 5 - 11　创建个体

在坦克排战斗队形本体模型中,为了推理的需要,专门建立了一个测试用队形——indTestFormation。测试用队形的属性是不固定的,根据本体推理任务的需要对其进行赋值,使其成为某个特定的队形,以进行包含性检验,并检验在下达队形变换口令后是否按要求进行队形变换。

最后,一共创建了 40 余个个体,如图 5 - 12 所示。

5.2.5　描述个体的约束

创建个体之后,需要对所创建的个体进行对象属性和数据属性约束。例如,针对"一字战斗队形",选中个体"常规一字战斗队形",在 Property assertions 项目中,声明该对象编配有个体 Tank001、Tank002 和 Tank003,如图 5 - 13 所示。

选中个体 Tank002,创建数据属性约束时,左侧选择数据属性,右侧创建具体数据值。如图 5 - 14 所示,数据属性选择 LateralMaxDistance(横向最大车间距),数据值为 150,类型选择 float,量纲为"米"。用同样的方法创建其他数据属性约束。

完成个体的属性约束后,进入 OntoGraf 界面,可直观展现各坦克排队形的组成情况,如图 5 - 15 所示,将鼠标放置在 Tank005 上,显示 Tank005 在坦克排队形中的位置范围,距离排长车的横向距离在 100 ~ 150m 之间,纵向距离在50 ~ 100m 之间。

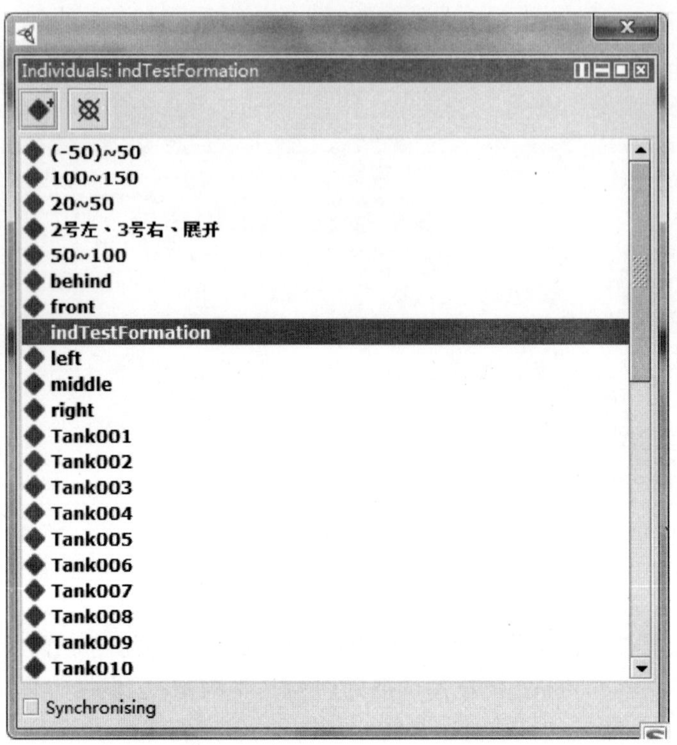

图 5-12　本体模型中创建的个体

图 5-13　创建个体的对象属性

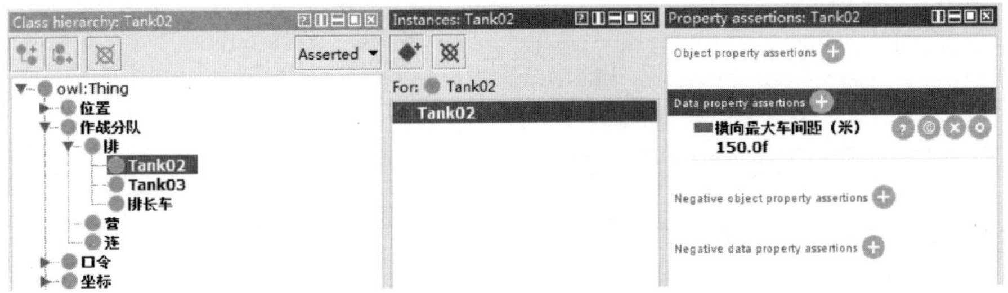

图 5－14　创建个体的数据属性

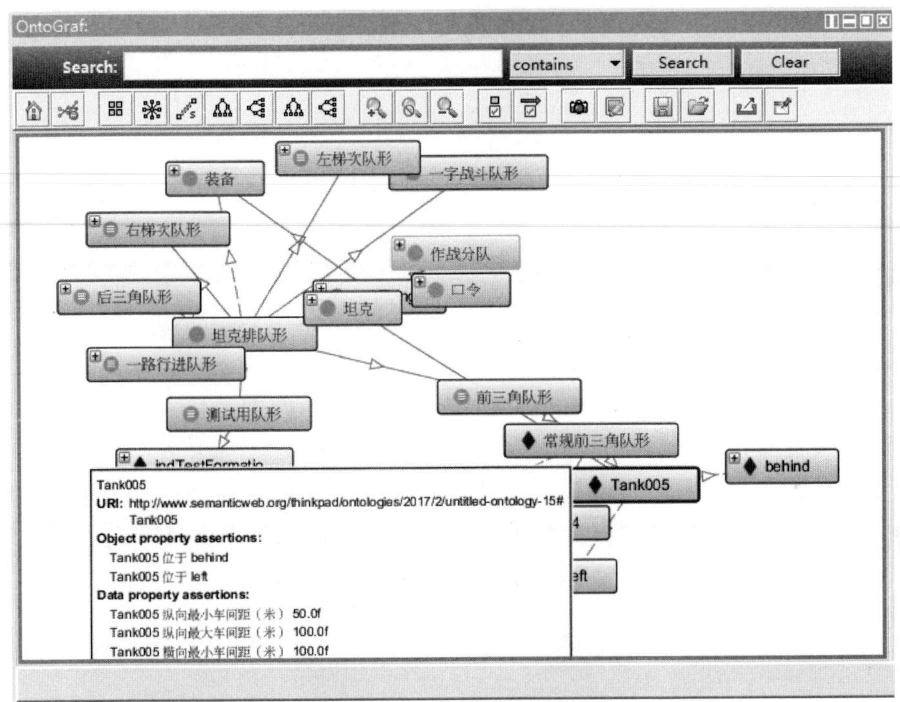

图 5－15　坦克排战斗队形组成情况

5.3　基于 SWRL 的装甲分队战斗队形变换实施

通过上述构建类、属性以及创建个体等步骤，已经基本上建立了坦克排队形本体模型。接下来，采用 SWRL，描述坦克排战斗队形之间的相互变换。

在 SWRLTab 标签页编写 SWRL 规则，共编写规则 30 条，基本上可描述坦克排战斗队形之间的所有相互变换，如图 5－16 所示。其中，Name 栏为队形变换规则名字，Body 栏为队形变换规则体，Comment 栏为注释，Status 显示规则的语法是否正确。

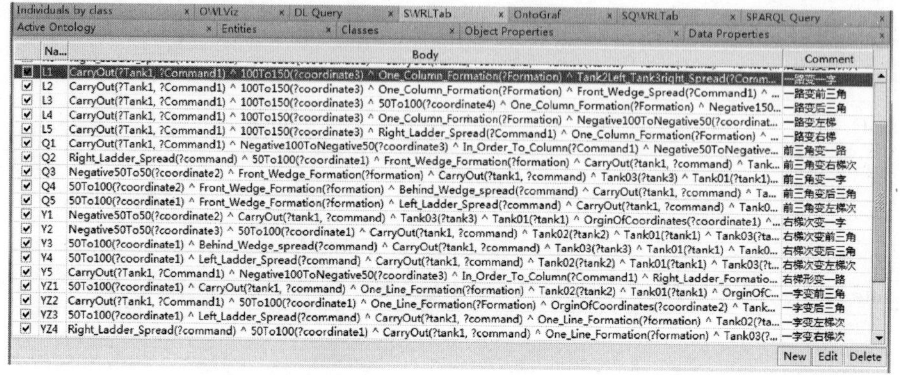

图 5-16 队形变换规则

下面举两个变换实例进行说明。

5.3.1 一路战斗队形到一字战斗队形变换规则

一路战斗队形到一字战斗队形的变换过程如图 5-2 所示，基于 SWRL 的变换规则如图 5-17 所示。TestFormation(? Formation)表示测试用队形的任意个体，OneColumnFormation (? Formation)表示一路战斗队形的任意个体。该条规则的含义就是当坦克排队形是一路战斗队形并且 1 号车(排长车)执行“2 号车左、3 号车右、展开”命令时，以 1 号车位于坐标原点，2 号车向前行进到(-50)~50、向左行驶到(-150)~(-100)的坐标位置，3 号车向前行进到(-50)~50的位置、向右行驶到 100~150 的位置。

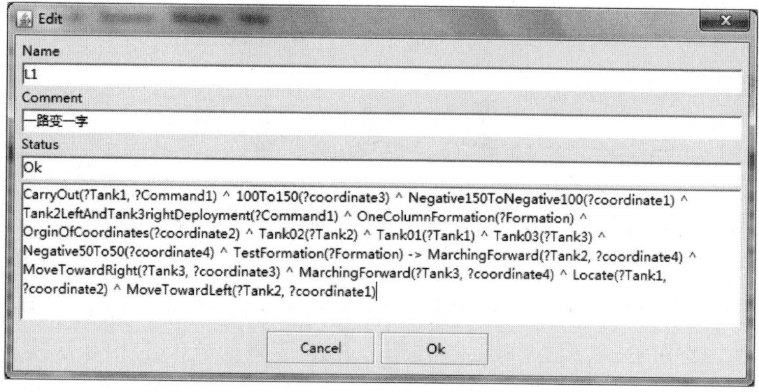

图 5-17 一路战斗队形变换为一字战斗队形规则

5.3.2 一字战斗队形到后三角队形变换规则

一字战斗队形到后三角队形的变换过程如图 5 - 4 所示，基于 SWRL 的变换规则如图 5 - 18 所示。TestFormation（? Formation）表示测试用队形的任意个体，OneLineFormation（? Formation）表示 OneLineFormation（一字战斗队形）的任意个体，两者之间以“^”进行连接。CarryOut（? Tank1，? Command1）中，CarryOut 是一个对象属性，意为“执行”，Tank1 和 Command1 均为个体。Tank01（? Tank1）^CarryOut（? Tank1，? Command1）^ BehindWedgeDeployment（? Command1）意味着类 Tank01 有任一个体执行“后三角、展开”这条命令。

战斗队形具体变换过程为：Locate（? Tank1，? coordinate2）^ MarchingForward（? Tank2，? coordinate1）^ MarchingForward（? Tank3，? coordinate1），意为：当坦克排队形是一字战斗队形并且 1 号车（排长车）执行“后三角、展开”命令时，以 1 号车位于坐标原点，2、3 号车各自向前行进到 50 ~ 100 的坐标位置。

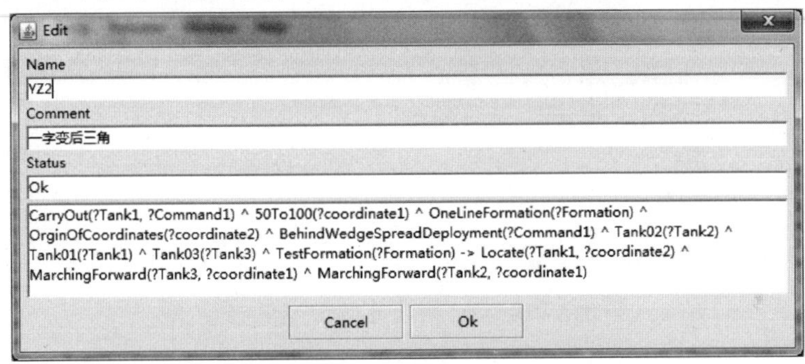

图 5 - 18 一字战斗队形变换为后三角队形的规则

5.4 装甲分队战斗队形本体的推理

在完成构建类、构建属性、创建个体和编写战斗队形变换规则后，坦克排队形本体模型基本构建完毕。本节通过推理机对所创建的模型进行推理验证，检查概念之间的包含关系，并验证逻辑一致性。

5.4.1 包含性检验

坦克排队形中的本体模型包含多种子类，经过推理机对所创建的模型进行推理验证，所创建的类均满足包含性检验。以类 TankPlatoonFormation（坦克排队形）为例，进行包含性检验。类 TankPlatoonFormation（坦克排队形）包含 7 个子类,分别为 BehindWedgeFormation(后三角队形)、FrontWedgeFormation(前三角队形)、OneLineFormation(一字战斗队形)、LeftLadderFormation(左梯次队形)、RightLadderFormation(右梯次队形)、OneColumnFormation(一路战斗队形)和TestFormation(测试用队形),其中,前6个为某种类型的坦克排队形,最后一个为测试用队形。

包含性检验共设计了3个测试案例,其中,前两个测试案例涉及已定义战斗队形,第3个测试案例涉及非定义战斗队形。

1. 测试案例——“测试用队形”为一字战斗队形

对“测试用队形”进行调整:2号坦克的横坐标(米)为-110.0f,纵坐标(米)为30.0f,3号坦克的横坐标(米)为121. 0f,纵坐标(米)为-45.0f,如图5-19所示。这时,在容许的误差范围内,“测试用队形”实际上成为了一字战斗队形,如图5-20所示。

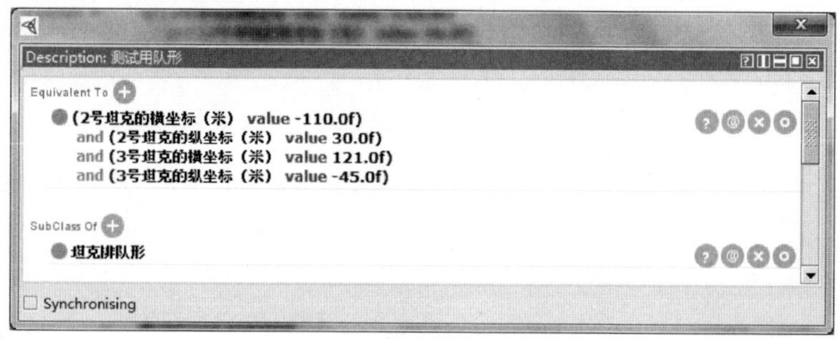

图5-19　对“测试用队形”进行调整

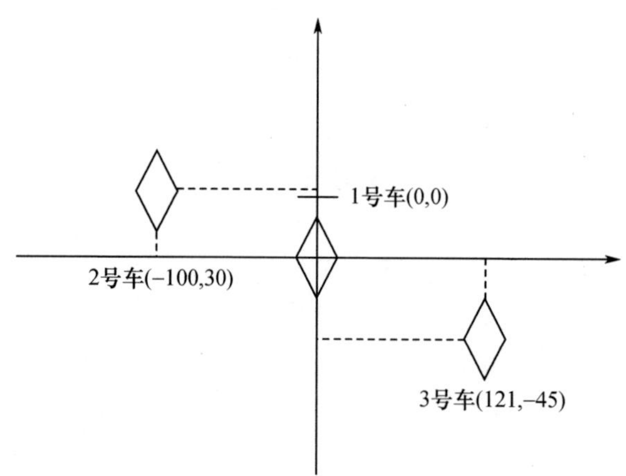

图5-20　“测试用队形”中各坦克位置坐标

推理结果表明,“测试用队形”是“一字战斗队形”的子类,符合预期,如

图 5－21所示（参考图 5－11）。

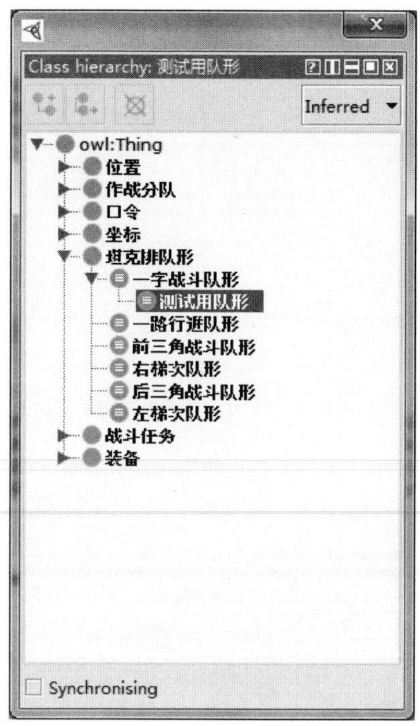

图 5－21　“测试用队形”是“一字战斗队形”的子类（推理结果）

2. 测试案例——“测试用队形”为前三角战斗队形

调整“测试用队形”的值：2 号坦克的横坐标（米）为 －110. 0f，纵坐标（米）为 －60. 0f，3 号坦克的横坐标（米）为 121. 0f，纵坐标（米）为 －55. 0f，如图 5－20所示。这时，在容许的误差范围内，“测试用队形”实际上成为了前三角战斗队形，如图 5－22 所示。

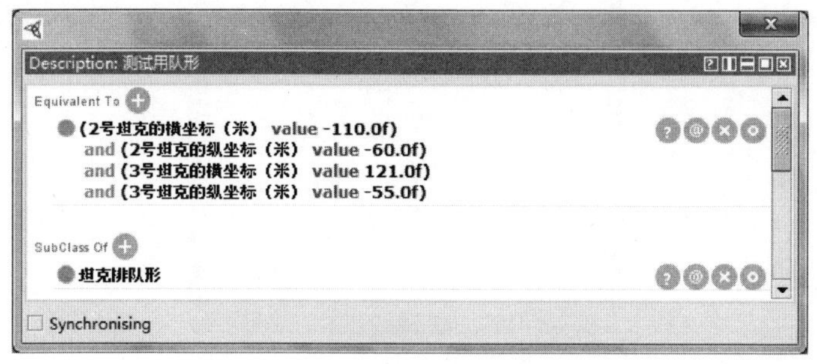

图 5－22　对”测试用队形”进行调整

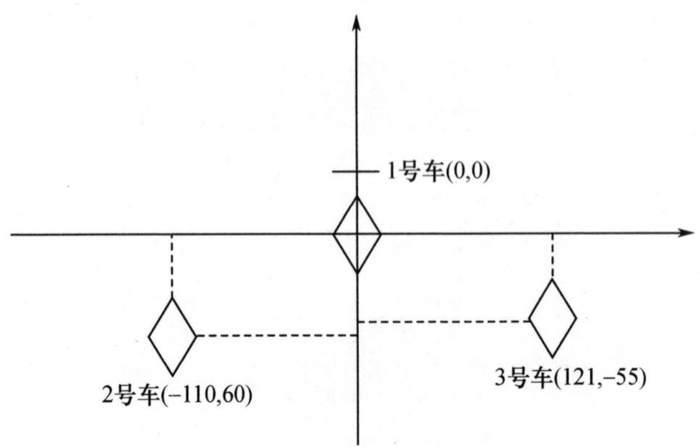

图 5-23 “测试用队形”各坦克位置坐标

推理结果表明,“测试用队形”是“前三角战斗队形”的子类,也符合预期,如图 5-24 所示(参考图 5-11)。

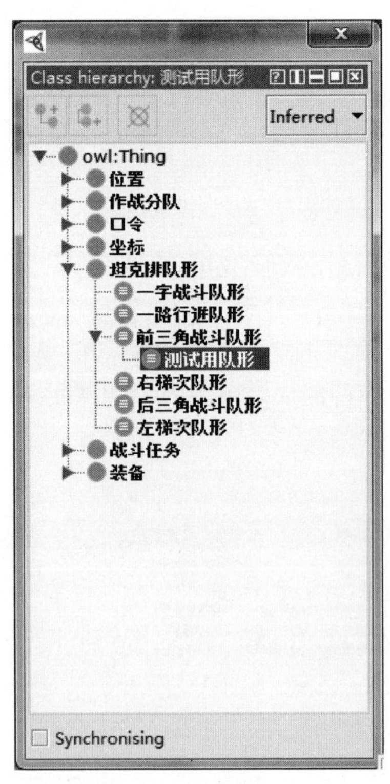

图 5-24 “测试用队形”是“前三角战斗队形”的子类(推理结果)

3. 测试案例——“测试用队形”为非定义战斗队形

调整“测试用队形”的值:2 号坦克的横坐标(米)为 -110.0f,纵坐标(米)为 30.0f,3 号坦克的横坐标(米)为 -110.0f,纵坐标(米)为 -30.0f,如图 5-25 所示。这时,“测试用队形”实际上不属于已定义战斗队形,如图 5-26 所示。

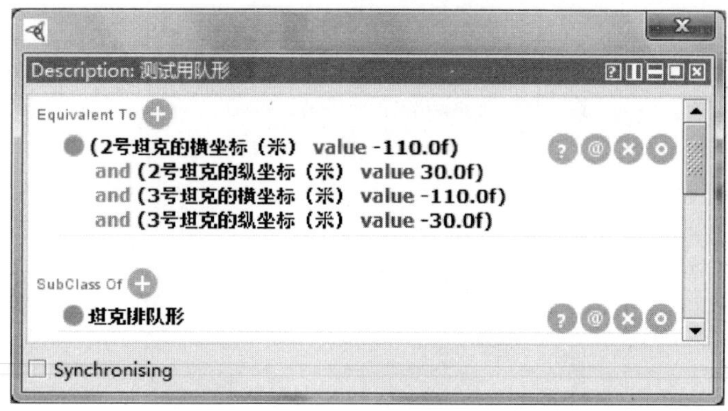

图 5-25 对“测试用队形”进行调整

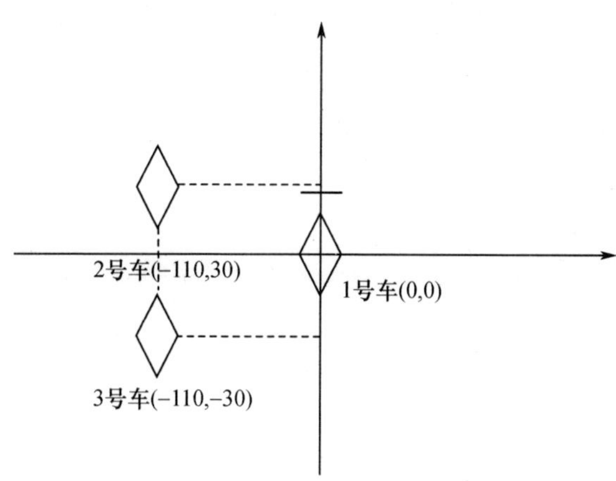

图 5-26 “测试用队形”各坦克位置坐标

推理结果表明,“测试用队形”不属于任何非定义战斗队形,也符合预期,如图 5-27 所示(参考图 5-11)。

5.4.2 一致性检验

本体模型的一致性检验主要是对逻辑一致性进行检验,经过推理机检验后,所创建的模型符合逻辑一致性检验。以坦克排队形变换为例,检验本体模型前后一致性。

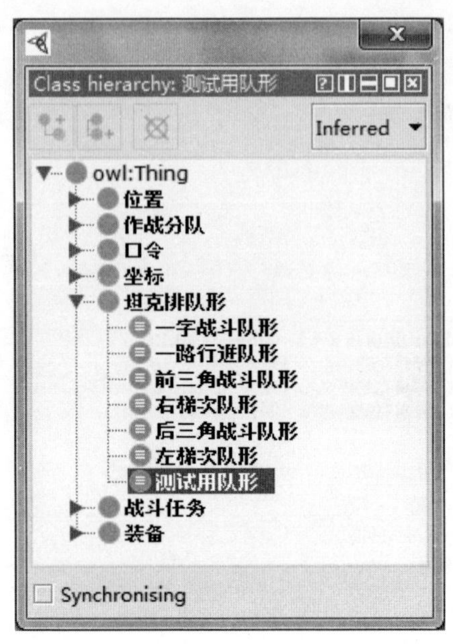

图 5-27 “测试用队形”不属于任何非定义战斗队形(推理结果)

1. 测试案例——一字战斗队形变换为后三角队形

测试用队形采用与图 5-19 中相同的数据值,为个体 Tank01(排长车)创建对象属性“CarryOut BehindWedgeDeployment(执行后三角展开)”,如图 5-28 所示,之后进行推理。

图 5-28 排长车执行命令

推理结果为:执行命令后,排长车位于坐标原点(图 5-29)、2 号坦克和 3 号坦克各自向前行驶到 50~100 坐标位置(图 5-30 和图 5-31)。在推理过程中,先是检测出测试用队形是一字战斗队形,后根据排长车执行的命令,相关个体按照相应规则进行变换,实现了由一字战斗队形变换为后三角队形,检验了本体模型的逻辑一致性。

Property assertions: 排长车

Object property assertions

执行 后三角，展开

位于 坐标原点

Data property assertions

Negative object property assertions

图 5-29 排长车执行命令后的机动

Property assertions: Tank03

Object property assertions

向前行进 50-100

Data property assertions

Negative object property assertions

Negative data property assertions

图 5-30 2 号坦克的机动

Property assertions: Tank02

Object property assertions

向前行进 50-100

Data property assertions

Negative object property assertions

Negative data property assertions

图 5-31 3 号坦克的机动

2. 测试案例——前三角战斗队形变换为后三角战斗队形

当测试用队形采用与图 5-22 中相同的数据值，为个体 Tank01（排长车）创建对象属性“CarryOut Tank2LeftAndTank3rightDeployment（执行 2 号车左、3 号车右、展开)”,如图 5 - 32 所示,之后进行推理。

图 5 - 32　排长车执行队形变换命令

推理结果为:执行命令后,排长车位于坐标原点(图 5 - 33),2 号坦克和 3 号坦克各自向前行驶到(- 50) ~ 50 坐标位置(图 5 - 34 和图 5 - 35)。

图 5 - 33　排长车执行命令后的机动

图 5 - 34　2 号坦克的机动

图 5-35　3 号坦克的机动

5.5　本章小结

本章简要介绍了装甲分队队形的概念，综合运用 OWL 2 和 SWRL，采用 2.4.2 节提出的改进的“七步法”建立了本体模型，即基于 OWL 2 建立了装甲分队战斗队形本体模型，并基于 SWRL 建立了战斗队形的变换实施过程；最后，对所建立本体模型进行了检验。

第 6 章　装甲分队作战规则本体

作战规则是部队在特定作战背景下，为保证作战任务的顺利完成而对决策或自身行为进行合理控制的军事原则。按照作战规模，作战规则分为战略级作战规则、战役级作战规则与战术级作战规则 3 个层次。装甲分队作战规则是指导装甲分队在一定的作战条件下，组织与实施相应作战行动的战术级作战规则。作战规则通常采用产生式规则来实现，应用程序需自行开发推理机并实现规则的推理。装甲分队作战规则本体是确定性本体的另一个实例，实现了本体模型中对象描述与规则推理的结合。为描述装甲分队作战规则的语义及推理过程，需要综合运用 OWL 2 和 SWRL 两种手段。

6.1　装甲分队作战规则概述

目前，我军《军语》中没有收录“作战规则”，收录了含义相近的术语有：

作战方法（Operational Method）——组织与实施作战行动的方法，包括战役法和战术。作战方法随着军事技术和武器装备的发展而发展，简称战法。

作战原则（Operational Principles）——组织和实施作战必须遵循的基本准则。正确的作战原则，是作战行动基本规律和指挥规律的反映。

交战规则（Rules of Engagement）——战争法中约束交战国或交战方之间各种交战行为的规则。包括对作战手段和作战方法的限制、人道主义保护等规则。

美国《国防部军事及相关术语词典》中收录了“程序”“战术”“技术”“交战规则”等类似术语。

程序（Procedures）——规定如何执行某项特定任务的标准的、详尽的步骤。参见“战术”“技术”。

装甲分队作战规则明确了装甲分队在作战过程中为应对一定的战场环境所需采取的战术行动及相关要求，它是装甲分队正确处置复杂战场情况的理论依据，具有逻辑推理性。装甲分队作战规则来源于装甲分队战术，在战术基础上对作战行动的指导规则进行总结。根据装甲分队战术，作战行动可分为进攻作战与防御作战两种基本类型;同时,根据不同的敌情、地形、气候等,作战行动基本类型进一步划分成不同的作战样式。不同的作战样式对应相应的作战规则。

对于进攻作战,根据敌情不同,可划分为对防御之敌的进攻作战、对驻止之敌的进攻作战和对运动之敌的进攻作战;按地形与气象条件不同,可划分为山地进攻作战、城市进攻作战、高寒高原进攻作战、荒漠进攻作战、渡江进攻作战、严寒进攻作战、夜间进攻作战等。

对于防御作战,根据作战的目的、任务和手段,可划分为阵地防御作战、运动防御作战、机动防御作战;根据作战准备情况,可划分为预有准备的防御作战和仓促的防御作战;按地形与气象条件不同,可划分为山地防御作战、城市防御作战、高寒高原防御作战、荒漠防御作战、渡江防御作战、严寒防御作战、夜间防御作战等。

6.2 装甲分队作战规则的描述

装甲分队作战规则的描述可采用产生式规则的方法,有关描述的内容包括敌情、我情、地形与气象4个方面。为了描述的需要,应根据作战规则的基本结构,将有关要素进行适当分解。

6.2.1 作战规则的基本结构

恰当的描述方法可以简化装甲分队作战规则的整理过程,并提高作战规则的可读性,便于指挥员的理解与管理。根据装甲分队作战规则的条件部分与结论部分间的因果关系,通过查阅资料和把握规则的形式特点选用产生式规则的方法来表示作战规则。

产生式规则的基本结构由前提和结论两部分构成:前提(或IF部分)描述状态,结论(或THEN部分)描述在状态存在的条件下所做的动作:

前提条件→结论动作

或

IF · · ·(状态)THEN · · ·(动作)

即后件由前件来触发。

利用产生式规则实现逻辑推理的含义为:当有事实能与规则的前提条件匹配(即规则的前提成立)时,就得到该规则后部的结论(即结论也成立)。

采用模块化的方式描述装甲分队作战规则的内容,整体知识可进行片段性表达,可以明显区分装甲分队作战规则中条件与结论各自所表达的内容,直观自然地表示装甲分队作战规则,使装甲分队作战规则的内容便于理解与完整性检查(图6-1)。

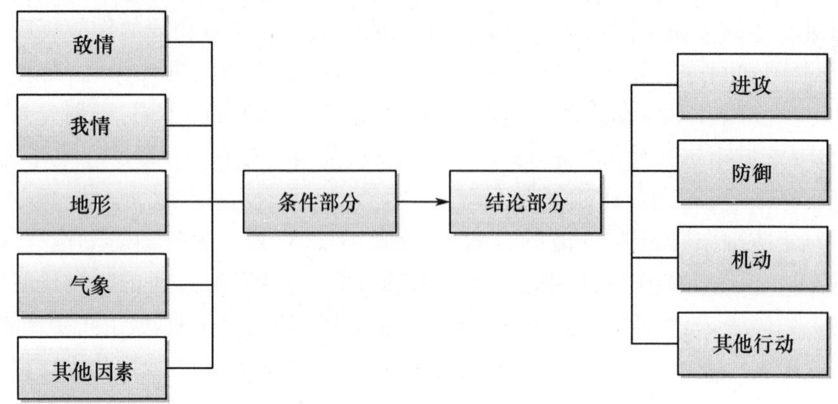

图 6-1　装甲分队作战规则总体数据结构

战场环境和敌我态势的复杂性与多变性,使作战行动的内容常常发生改变,因此需要及时地对作战规则进行调整和扩展,以满足作战行动的需求。模块化的特性可以相对独立地增加、删除和修改产生式规则,有效提高作战规则管理与推理的效率。不同作战规则的前提条件相对独立。当需要对作战规则进行修改或扩展时,首先,要梳理发生变化的作战内容,确定修改的方式及内容;然后,只需对目标规则进行相应操作,而不影响作战规则的其他内容。

6.2.2　作战规则的主要要素

装甲分队作战规则在战术基础上对作战行动的规律进行总结,并进行相应的概括、转化,其中,主要是根据作战态势来决定所采取的处置行动。而对于连级装甲分队来说,面对复杂的战场情况,没有更多的手段及时间去掌握全面的战场情况,在这种条件下,所能收集的战场信息主要包括敌情、我情、地形与气象 4 个方面。

为了分析战场情况及处置行动各部分的特点,便于本体模型的建立,根据装甲分队作战规则获取的原则及方法,结合分队战场情况各方面所包含的内容,选取战场环境的部分核心内容进行描述。

1. 敌情

敌情,是影响作战指挥活动的主要因素,是进行作战行动决策的重要依据,是情报信息的主要内容。敌情主要包括:敌人的兵力部署;装备的性能与特点;防御的样式和企图;战斗能力;可能采取的行动;火器的配置;障碍物的位置及性质;敌主阵地前沿的位置;间隙与接合部的位置;敌情强点和弱点等。在模拟的复杂战场情况里，敌情是复杂的、多变的。在收集过程中需要认真总结和探索各敌情要素之间的内在规律，对敌情进行科学合理的细化归纳。

敌情具体包括以下内容：

(1) 遭遇敌较强兵力、火力抵抗；

(2) 遭遇敌航空兵袭击；

(3) 遭遇敌化学武器袭击；

(4) 遭遇敌强攻；

(5) 敌设置障碍；

(6) 遭遇敌空降兵袭击；

(7) 遭遇敌封锁通路；

(8) 遭遇敌伏击；

(9) 遭遇敌装甲目标攻击；

(10) 敌仓促撤退；

(11) 遭遇敌反冲击；

(12) 遭遇敌火力点；

(13) 遭遇敌围攻；

(14) 敌阵地防御。

2. 我情

我情，是影响作战指挥活动的又一重要因素，也是进行作战决策的又一关键性的依据。只有及时、准确掌握敌情，又熟知己方情况，才能做到知彼知己。我情主要内容包括：上级的意图及分队的任务；分队人员、武器的数量及质量；分队所处的位置、战斗能力与状态；友邻情况等。

我情具体包括以下内容：

(1) 向敌火力点发起进攻；

(2) 向敌奇袭；

(3) 向敌强攻；

(4) 进攻敌阵地；

(5) 担任警戒任务；

(6) 乘车冲击；

(7) 下车冲击；

(8) 按命令开进；

(9) 唯一行军路线；

(10) 有备用行军路线；

(11) 具有兵力、火力优势；

(12) 仓促接敌战斗;

(13) 预有准备接敌战斗;

(14) 接到上级命令。

3. 地形

地形,是影响装甲分队作战行动的首要因素,是敌我双方陆上作战行动的基础。地形主要内容包括:分队行动地区的地形特点、地貌及地物情况;便于我疏开、展开的地区;敌阵地内地形对我可能的影响。地貌的起伏程度、地物和浅层土质主要影响装甲分队的通视性、机动性、直瞄射击、间瞄射击、隐蔽性、防护性、通过性。总体上,地形可能严重影响目视观察和信息获取;基本上有利于防护,对打击产生的不利影响要多于有利影响;对机动则根据具体情况可能产生有利和不利的双重影响。

地形影响具体包括以下内容:

(1) 便于分队机动;

(2) 不便于分队机动;

(3) 便于队形展开;

(4) 不便于队形展开;

(5) 便于隐蔽;

(6) 不便于隐蔽;

(7) 便于通行;

(8) 具有一定通行性。

4. 气象

气象,主要指季节、雨雪、云雾、雷电、风霜等状态和现象,其对步战车作战性能的影响主要体现在机动、射击、防护、观察、通信、隐蔽等方面。总体上,气象严重影响目视观察、信息获取和装备行驶,对装甲分队(地面)战斗有一定影响。该影响具体包括以下内容:

(1) 通视性良好;

(2) 影响射击;

(3) 影响分队机动;

(4) 影响分队协同。

例如:在装甲分队行军过程中,接到空袭警报或发现敌机时,连(排)长应命令各排(班)关闭除对空射击窗口外的其他门窗,防空火器射手做好对空射击准备,各车加大距离,加速前进。当敌机低空袭击时,应指挥防空火器边行进边射击,必要时,各班的轻火器也应参加对空射击。

以作战规则描述为——敌情:遇敌航空兵低空袭击;地形:公路;气象:通视

性良好;我情:防空射程之内;处置行动:加速前进、加大车距、实施防空射击。

从这个例子中可以看出战术表达的内容较为丰富,考虑的方面比较细致,能兼顾人员和武器的使用与协同,操作性比较强;而规则表达的内容则较为言简意赅,主要体现的是分队的整体处置行动,但是在条件的描述方面,规则更清晰、明确,可读性比较强。相比之下,对于作战规则的使用,要求指挥员只有对分队战术行动具有一定的了解,才能正确掌握作战规则所表达的内容;而对于战术,则要求指挥员对战场情况的判断更准确。

6.2.3 作战规则主要要素的分解

根据具体战场情况的不同,装甲分队作战规则所包含的内容存在明显差异。若采用固定的模块化描述方式,不能满足装甲分队作战规则表达的需要,且内容较为复杂。为了使本体模型具有足够的描述能力,可采用以属性为主要结构的形式来描述作战规则的各要素内容,在结构上较为侧重于谓词的表达。就是根据作战规则包含的内容将每一个要素进行模块化分解,将其转化为属性结构,以便于采用本体语言进行描述。

例如,我情包含"上级命令"这个要素,如"上级命令向敌火力点发起进攻",可对该命令的内容进行分解:命令规定的目标——敌火力点,命令规定的形式——进攻(图6-2)。这样就可以将复杂的我情描述语句转化为简洁的模块语句,从而与本体语言的描述特点相符合。

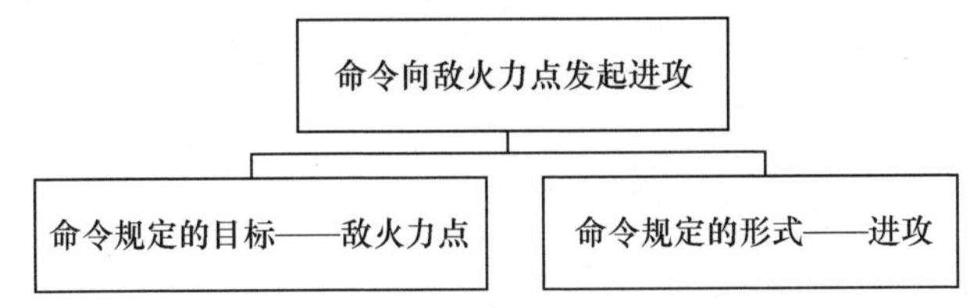

图6-2 进攻命令内容结构分解

内容分解的过程主要是依据内容中的关键词所对应的方面进行的,下面以"命令"为例进行说明。在装甲分队作战规则中,命令所涉及的方面一般为命令的对象、命令规定的时间、命令规定的形式、命令规定的目标、命令规定的起始点(图6-3)。

同时,应该注意内容中关键词的词性不同,其所涉及的方面也存在明显区别。若关键词为动作,则一般应该考虑动作的主体、动作的形式、动作的时间、动作的目标等。若关键词为事物,则一般应该考虑事物的形态、程度及影响等。下面以"进攻"(图6-4)与"地形"(图6-5)为例进行说明。在有些情况下,因语境不同,同一关键词的词性也不同。例如:"占领",在"上级命令占领进攻出发

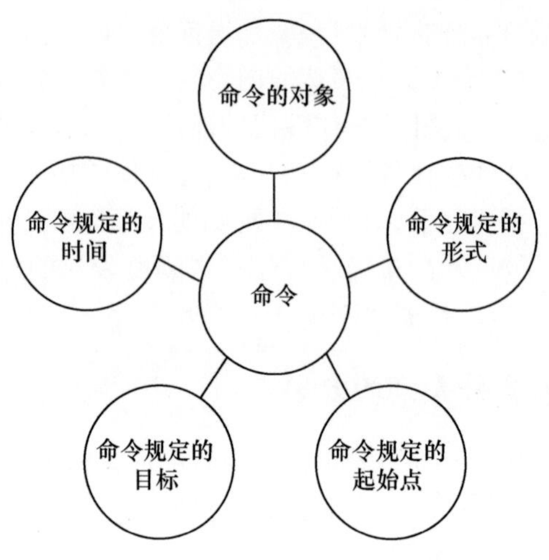

图 6-3　命令要素的结构分解

阵地”中,“占领”是命令规定的形式,即为名词,应作为“进攻”类的实例处理;在“占领进攻出发阵地”中,“占领”是分队的进攻行动,即为动作,应根据占领的目标进行结构分解。因此,根据本体模型的表达需要,理清不同语境下关键词的类型也是本体模型构建的重要环节。

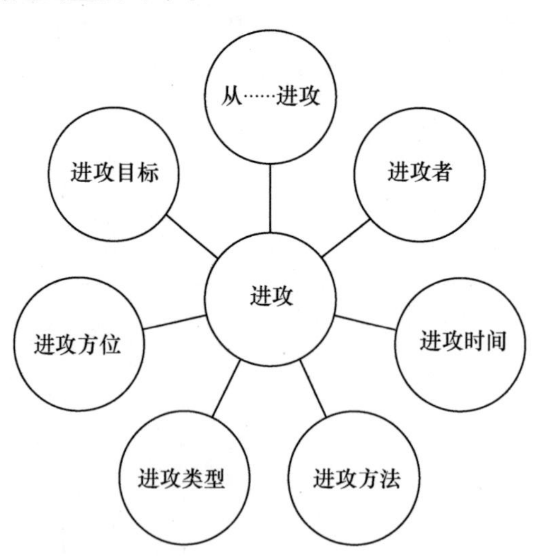

图 6-4　进攻要素的结构分解

对于某些情况的表达说明,必要时应对词性进行相应转化,将名词转化为动词,例如:敌情:“兵力火力较强”,为了便于描述敌情内容,将“兵力火力”转化为属性动词用来说明敌情,“较强”作为名词用以表示兵力火力的程度。

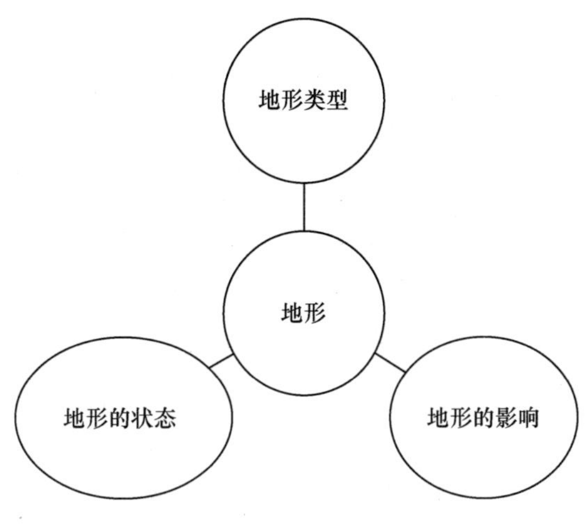

图 6-5 地形要素的结构分解

6.3 装甲分队作战规则的获取及典型实例

获取装甲分队作战规则的依据是装甲分队战术教程，要遵循一些一般原则，通过结构化、概念化等过程，将自然语言描述的战术转换成为采用 OWL、SWRL 描述的作战规则。

6.3.1 作战规则获取的一般原则

作战规则的获取是指挥员在作战行动过程中根据限定的战场条件与相应的处置行动所进行的总结性工作。在获取作战规则过程中主要遵循以下一般原则：

1. 遵循装甲分队作战规律

遵循装甲分队作战规律的原则保证了装甲分队作战规则的科学性。作战作为一种极端暴力的社会实践活动，存在着自身固有的规律。所以，不管是实际中的作战行动还是作战规则都需要遵循作战规律。作战规律寓于作战行动中，反映了作战行动所具有的客观性、必然性和稳定性，是作战行动内在的、本质的联系。遵循作战规律是装甲分队作战规则获取的前提，也是其可信度的必然要求。遵循作战规律在作战规则获取中主要体现在要依据一定的战术背景及战术要求，这对作战规则的获取具有原则性的指导意义。

2. 明确作战规则的影响因素

装甲分队作战规则是指挥员考虑战场条件对作战行动的影响之后采取的正

确作战行动的依据,指挥员必须对作战行动的影响因素有清楚的认识并能准确的判别,这是正确决策的可靠保证。在获取装甲分队作战规则过程中,需要对战场情况进行详细的了解,梳理出影响作战行动的因素,明确各因素对作战行动的影响程度并加以区分。同时,细化装甲分队作战规则的影响因素可加强作战规则描述战场条件的能力,提高作战规则的准确性与全面性。

3. 细化作战规则的条件和结论

在装甲分队作战规则获取过程中,应该尽可能根据战场条件,丰富、完备作战规则的条件和结论。条件包括我情、敌情、地形和气象 4 个条件。如果条件不能满足规则推理的需要,会导致在相同的条件下得到不同的结论或是结论不唯一。这就会使得获取的作战规则比较杂乱、累赘,无法达到逻辑推理的明确性。因此,应根据逻辑推理的特点和规则的唯一性,客观地细化战场环境中的条件因素,建立条件明确、结论确定的作战规则。

4. 规范作战规则的用语及表达形式

只有严格规范作战规则的用语及表达形式,才可以保证规则语句的可读性强、可信度高。保证规则语句的可读性,防止出现相同规则语句有多种理解方式,防止相同规则有多种表达形式的现象,可以使指挥员准确理解规则的含义与内容,并有效提高作战规则的可信度。

6.3.2 作战规则获取的主要方法

装甲分队作战规则的获取,首先,要了解分队指挥决策的相关流程,这有利于理解装甲分队作战规则的作用及构成。其次,提取每条规则所包含的要素。然后,比较规则中的不同要素,并分析它们对作战行动选择的影响程度。最后,根据分析比较,总结出不同条件下的装甲分队作战规则。

装甲分队战斗要素主要由力量、时间、战场、行动 4 个基本要素组成。其中,力量主要表现为分队的战斗力,主要包括人、武器系统和人与武器系统的结合形式,即分队的体制和编制、战斗编成等;时间主要指的是战斗的时效性、时间的精确度、时间的长短以及时机等;战场是分队战斗的场所,主要包括物质空间、天候季节、水文气象条件、社会因素等;战斗行动是战斗双方为了达到各自战斗目的所采取的对抗活动,主要包括:机动、突击、防护、保障 4 个要素。

装甲分队作战规则的获取,首先要明确影响装甲分队作战指挥的主要因素,如敌情、我情、战场环境等;同时,也要考虑其他因素,如人员战斗意志、指挥员的心理状态。本节主要研究客观因素对装甲分队作战规则的影响。

例如,装甲分队在行军过程中,接到空袭警报或发现敌机,连(排)长应令防空火器射手做好射击准备,各车加大距离,加速前进。当敌机低空袭击时,应指挥防空火器边行进边射击，必要时，轻武器也应参加对空射击。

对上述战术内容所涉及的要素进行归整，包括装甲分队、敌机、空袭警报、车辆、火器及轻武器、行进、射击、车距、射程等。从各要素的比较中可以得出，敌机是否在武器射程范围内是装甲分队行进过程中采取不同作战行动的判断依据。

对于部分条件较为精确、完整的作战规则的获取，不仅需要战术的指导，还需要对战场条件进行准确评估与推理，包括火力、敌我兵力对比、地形及气象的影响程度等，这种作战规则相对较为准确，涉及的因素比较全面，对条件的描述非常详细，针对性非常高。但是，这种作战规则的获取涉及多门学科的融合，需要较高的逻辑推理能力，获取过程较为复杂。

作战规则获取的主要流程如图 6-6 所示。

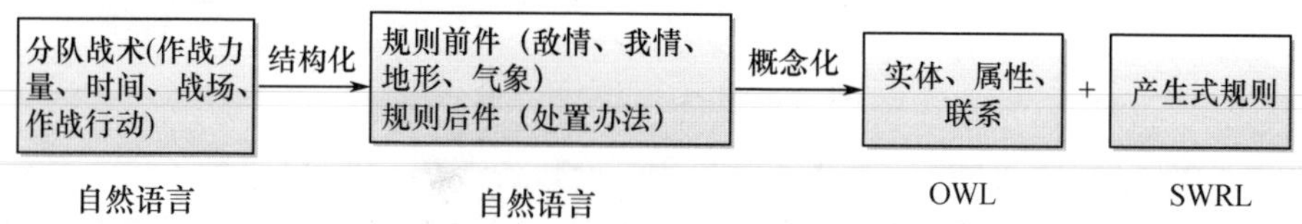

图 6-6 作战规则获取的主要流程

6.3.3 装甲分队作战规则典型实例

为了增强装甲分队作战规则典型实例的代表性，对典型实例的选取主要依据作战类型、我情、气象、敌情、地形条件中影响的程度来进行。在分析装甲分队战术的基础上，选取以下典型实例作为本体建模的基础，对教程上的自然语言描述进行结构化处理，并对相关的条件进行补充完善，为下一步综合运用 OWL、SWRL 进行作战规则描述做好准备。为清晰起见，下面将举若干典型实例。

6.3.3.1 对阵地防御之敌进攻战斗

此处举 3 个例子，说明如何将教程上用自然语言描述的战术进行结构化处理，转换成为作战规则的结构。

（1）教程上的自然语言描述：从行进间发起进攻时，装甲步兵连（排）长应根据上级的指示，适时组织所属分队，按照规定的时间、地点编队，由集结地域出发，在航空兵、炮兵火力和友邻的掩护下沿指定的路线开进。

结构化处理：

Rule1 -1（编号）：

我情：占领进攻出发阵地，气象：没有影响；行进间发起进攻；

敌情：敌排阵地防御；地形：平坦；

处置方法：请求火力掩护，沿指定路线向进攻出发阵地开进。

(2) 教程上的自然语言描述:从占领的阵地发起进攻,装甲步兵连(排)通常以换班的形式占领进攻出发阵地。

结构化处理:

Rule1 -2(编号):

我情:占领进攻出发阵地,气象:没有影响;从占领的阵地发起进攻;

敌情:敌排阵地防御;地形:平坦;

处置方法:以换班形式占领进攻出发阵地。

(3) 教程上的自然语言描述:在换班过程中,如遭敌人袭击,连(排)长应主动听从并协助原防御分队指挥员指挥。

结构化处理:

Rule1 -3(编号):

我情:以换班形式占领进攻出发阵地;气象:没有影响;

敌情:敌排阵地防御,地形:平坦;敌班分队袭击;

处置方法:听从阵地防御分队指挥。

6.3.3.2 山地进攻战斗

此处举 2 个例子,说明如何将教程上用自然语言描述的战术进行结构化处理,转换成为作战规则的结构。

(1) 教程上的自然语言描述:夺取制高点时的行动中,当山脊(背)较宽,便于步兵战车(装甲输送车)行动时,装甲步兵连(排)应沿山脊(背)乘车向制高点冲击。

结构化处理:

Rule2 -1:

我情:上级命令向敌火力点发起进攻;气象:没有影响;

敌情:敌排在制高点部署火力点;地形:山地高差大,山脊(背)可由步战车、步兵通行;

处置方法:从山脊(背)向制高点进攻。

(2) 教程上的自然语言描述:夺取制高点时的行动中,只有在没有山脊(背)可利用时,方可沿谷地、浅水河床、道路实施进攻。

结构化处理:

Rule2 -2:

我情:上级命令向敌火力点发起进攻;气象:没有影响;

敌情:敌排在制高点部署火力点;地形:山地高差大,山脊(背)不可通行;

处置方法:沿谷地、浅水河床、道路向制高点进攻。

6.4 装甲分队作战规则本体模型的建立

装甲分队作战规则本体模型的建立是一个建立本体模型以描述作战要素并明确其相互逻辑关系的过程(图6-7),其主要包括创建装甲分队作战规则的类及属性、明确装甲分队作战规则中类及属性的关系、创建个体以及编写SWRL规则等步骤。这个过程中,主要体现的主题是对装甲分队作战规则的理解方向及程度,是对装甲分队作战规则概念的本体转化。

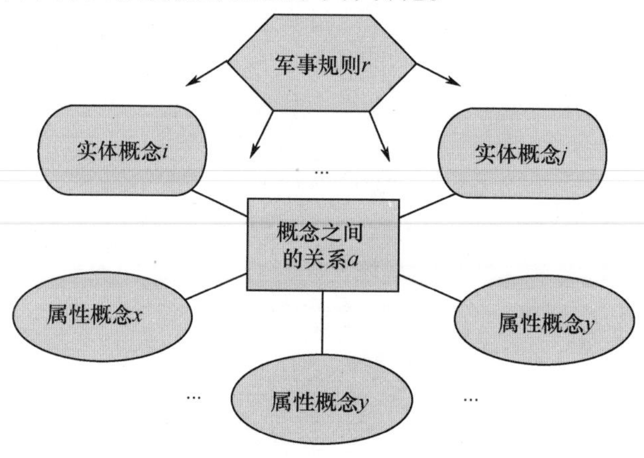

图6-7 装甲分队作战规则的概念

为了规范装甲分队作战规则本体模型的表达,需要制定类、属性及个体的命名规定。例如,可以规定如下内容:

类的命名,采用英文单词拼写,每个单词首字母大写,并以class的简写"cls"开头,例如:敌情——clsEnemySituation。

属性的命名,采用英文单词拼写,每个单词首字母大写,并以property的简写"pty"开头,例如:命令规定的目标——ptyCommandGoal。

个体的命名,采用英文单词拼写,每个单词首字母大写,并以individual的简写"ind"开头,例如:火力掩护——indFireCover。

6.4.1 创建OWL类层次结构

创建OWL类是建立本体模型的基础。首先,要对装甲分队作战规则中涉及的战场要素进行梳理,再明确各要素之间的逻辑关系。这两项环节可有助于建立装甲分队作战规则本体模型的基本框架,也便于创建本体模型中的类及属性。

依据装甲分队作战规则的影响方面，创建敌情（clsEnemySituation）、我情（clsOurSituation）、地形（clsTerrain）、气象（clsWeather）等4个类。同时，为了便于本体模型的建立，建立战场要素（clsFactor）用以涵盖装甲分队作战规则中涉及的各要素，并根据各要素特点进行分类并建立相应的子类，这些子类主要包括clsAction（行动）、clsArms（兵种）、clsBattleFormation（战斗队形）、clsCommandTask（命令及任务）、clsCooperation（协同）、clsEnvironmentOfBattlefield（战场环境）、clsExtent（程度）、clsFortifications（防御工事）、clsFriendTroops（友邻）、clsLocation（方位）、clsScaleOfContingent（分队规模）、clsTimes（时间）、clsWeaponEquipment（武器）。同时，为了便于装甲分队作战规则的表达运用，应建立clsCombatSituation（战场情况）类（图6－8）。

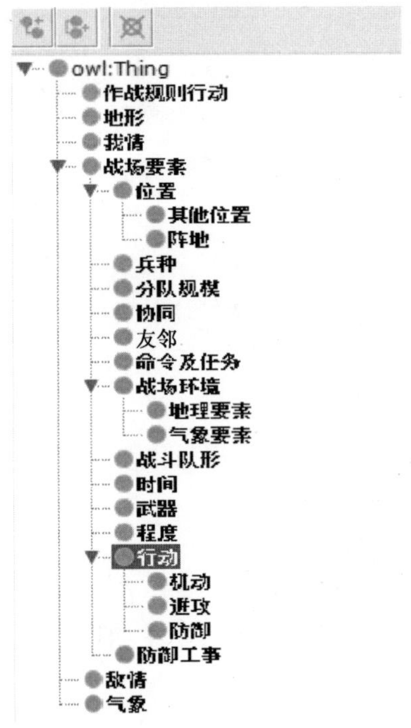

图6－8　装甲分队作战规则本体模型的类层次结构

6.4.2　创建属性

在创建OWL类的基础上，根据装甲分队作战规则描述的需要和本体语言的特点，创建相应的属性。装甲分队作战规则本体模型的表达是以对象属性为中心，通过对象属性来对规则中涉及的各方面进行描述。因此，每个战场要素都应该配备相应的对象属性，以便尽可能描述清楚各要素的状态（表6－1）。

表 6-1　装甲分队作战规则本体模型的对象属性

作战要素	属性	作战要素	属性
作战情况	ptyEnemySituation(敌情)	开进	ptyDriveGoal(开进目标)
	ptyOurSituation(我情)		ptyDriveWays(开进方式)
	ptyCombatTerrain(地形情况)		ptyDriveFollow(开进途径)
	ptyCombatWeather(气象情况)	任务	ptyTaskGoal(任务的目标)
命令	ptyCommandGoal(命令规定的目标)		ptyTaskStart(任务的起始点)
	ptyCommandStart(命令规定的起始点)		ptyTaskTime(任务的时间)
	ptyCommandTime(命令规定的时间)		ptyTaskWays(任务的执行方法)
	ptyCommandWays(命令规定的方法)	支援	ptySupportGoal(支援对象)
听从	ptyObeyGoal(听从的对象)		ptySupportWays(支援的方式)
	ptyObeySide(听从的内容)	突入	ptyEnterGoal(突入的目标)
占领	ptyOccupyGoal(占领的目标)		ptyEnterWays(突入的方式)
	ptyOccupyWays(占领的方式)	接近	ptyApproachGoal(接近的目标)
通过	ptyPassLocate(通过的位置)		ptyApproachWays(接近的方式)
	ptyPassWays(通过的方式)	兵力火力	ptyAntiTankFire(反坦克火力情况)
不便于	ptyUnfavourGoal(不便于……(对象))		ptyArmFireForce(兵力火力情况)
	ptyUnfavourAction(不便于……(行动))	间隙	ptyGapLocate(间隙方位)
便于	ptyFavourGoal(便于……(对象))		ptyGapSite(间隙地点)
	ptyFavourAction(便于……(行动))	辅助进攻	ptySecondaryDirectionAttackWays(辅助进攻方向进攻方式)
主要进攻	ptyMainDirectionAttackWays(主要进攻方向进攻方式)		ptySecondaryDirectionOfAttackFrom(辅助进攻路线)
	ptyMainDirectionOfAttackFrom(主要进攻路线)		ptySecondaryDirectionOfAttackGoal(辅助进攻目标)
	ptyMainDirectionOfAttackGoal(主要进攻目标)	部署	ptyDeployContent(部署内容)
地形	ptyTerrainStyle(地形类型)		ptyDeployLocate(部署位置)
	ptyTerrainState(地形状况)	进攻	ptyAttackStyle(进攻类型)
其他	ptyWeatherStyle(气象类型)		ptyAttackor(进攻单位)
	ptyPlay(发扬)		ptyAttackWays(进攻的方式)
	ptyFriendGet(友邻部队受到)		ptyAttackFrom(从……进攻)
	ptySuppress(压制)		ptyAttackGoal(进攻目标)
	ptyStateIs(当前状态)		ptyAttackLocate(进攻方位)
	ptyRequest(请求)		ptyAttackTime(进攻时间)
	ptyScale(分队规模)	其他	ptyDefendWays(防御方式)
	ptySplit(割裂)		ptyLaunchingAttackWay(发起进攻方式)
	ptyDistance(距离)		

同时，为了避免本体模型中存在不必要的包含关系，即约束条件多的实例包含于约束条件少的实例这种现象，创建数据属性 limit_num_is，对实例的属性约束数量进行明确。例如，敌情 001 中存在约束条件 A_1、A_2，敌情 002 中存在约束条件 A_1、A_2、A_3，则在逻辑关系上，敌情 002 属于敌情 001 的范围内，而这种包含关系是不允许的，可能造成装甲分队作战规则逻辑推理的错误。因此，创建数据属性描述 limit_num_is 后，敌情 001 中存在约束条件 A_1、A_2 与 limit_num_is 2，敌情 002 中存在约束条件 A_1、A_2、A_3 与 limit_num_is 3，两种敌情就避免了不必要的包含关系。

6.4.3 创建个体

根据装甲分队作战规则典型实例包含的内容，在提取战场要素的基础上，创建各要素相应的 OWL 个体（表 6-2）。

表 6-2 装甲分队作战规则本体模型的个体

OWL 类	OWL 个体
进攻	indStormingAssault（冲击）、indSeizure（夺取）、indAttack（进攻）、indFireCover（火力掩护）、indFireNeutralization（火力压制）、indLiftOfArtillery（炮火延伸）、indFiring（射击）、indInburst（突入）、indRaid（袭击）、indCommand（指挥）、indBlocking（阻击）
防御	indConcealment（隐蔽）indPositionalDefend（阵地防御）
地形要素	indRoad（道路）、indOpenTerrain（开阔地）、indUndulationTerrain（起伏地）、indMountainLand（山地）、indDorsalRidgeMountain（山脊（背））、indShallowRiverBed（浅水河床）、indValleyBottom（河谷）
友邻	indPositionalDefensiveElement（阵地防御分队）、indFriendAction（友邻行动）
协同	indTankLed（坦克引导）
机动	indMount（乘车）、indDismount（下车）、indManeuver（机动）、indPass（通过）、indAdvance（开进）、indOccupation（占领）、indDevelopmentInDepth（纵深发展）
兵种与分队	indTankElement（坦克分队）、indArmoredInfantry（装甲步兵）
进攻发起方式	indLaunchAttackFromAttackDeparturePositon（从进攻出发阵地发起进攻）、indLaunchAttackFromMarchFormation（从行进间发起进攻）
武器装备	indAntitankFirePower（反坦克火力）、indFirePower（火力）、indInfantryCombatVehicle（步兵战车）
战斗队形	indEnemyTacticsFormation（敌战术队形）、indShiftForm（换班形式）、indDispersedFormation（疏开队形）、indSmallGroupMulti-channel（小群多路）、indThreeSidesSurround（三面包围）、indFormerWedgeFormation（前三角队形）、indLadderFormation（梯次队形）
天气要素	indSunshine（晴天）、indRain（雨天）

（续）

OWL 类	OWL 个体
其他位置	indRoute（通路）、indAssignedRoute（指定路线）、indFlank（翼侧）、indPre-determinedDismountedLocation（指定下车位置）、indBackOfFlank（侧后）、indAssaultTarget（冲击目标）、indCommandingPoint（制高点）、indMachineGunFiringPoint（机枪火力点）、indFiringPoint（火力点）、indAerialTarget（空中目标）
分队规模	indSquad（班）、indPlatoon（排）
程度	indClose（近）、indFar（远）、indStrong（强）、indWeak（弱）、indFlat（平坦）、indAltitudeDifferenceBig（高差大）
任务及命令	indPredeterminedTime（预定时间）、indPredeterminedSignal（预定信号）
阵地	indAttackDeparturePosition（进攻出发阵地）、indCombatPosition（战斗阵地）、indOccupationPosition（占领阵地）、indPosition（阵地）、indDeepCombatPosition（纵深战斗阵地）

6.4.4 明确个体与属性的关系

明确装甲分队作战规则中个体与属性的关系是通过属性表达个体之间关系的过程。在创建各要素的 OWL 个体之后，根据装甲分队作战规则典型实例各规则中各方面描述的内容，利用属性进行本体描述。例如：我情为下车冲击，任务为突入敌方阵地（图 6-9）。

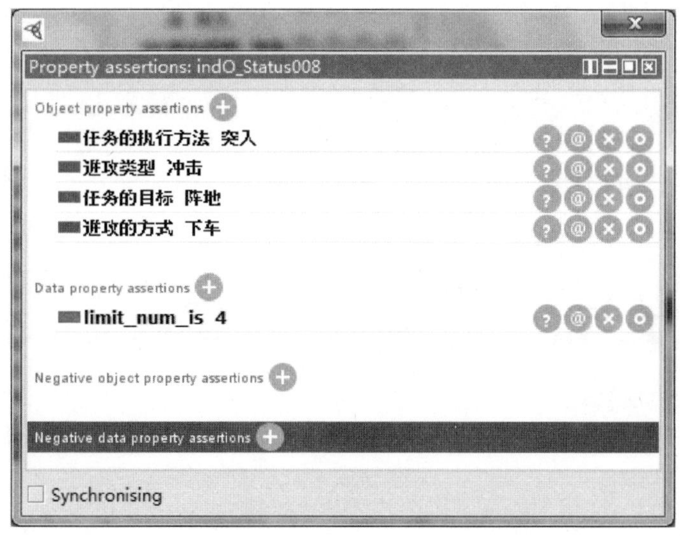

图 6-9　我情 indO_Status008 结构

然后，根据典型实例各规则中我情、敌情、地形、气象的不同进行内容匹配，完成战场情况的完整描述（图 6-10）。

图 6-10 战场情况 indC_Situation008 各要素内容

6.4.5 基于 SWRL 的装甲分队作战规则

为了实现装甲分队作战规则条件部分与结论部分的匹配,根据装甲分队作战规则典型实例内容,编写基于 SWRL 的装甲分队作战规则(图 6-11)。图中所示的内容为某条装甲分队作战规则,其条件部分为:敌情为 indE_Status001(敌排阵地防御),我情为 indO_Status001(上级命令行进间发起进攻、占领进攻出发阵地),地形为 indTerrain001(平坦道路),气象为 indWeather001(晴天);结论部分为:分队应请求火力压制,沿指定路线向敌方进攻出发阵地前进。

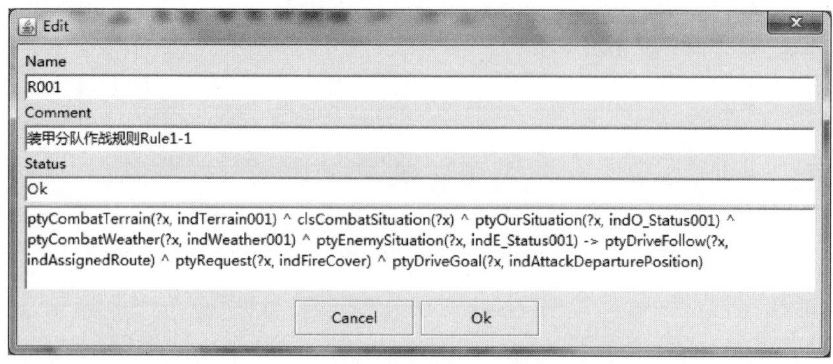

图 6-11 装甲分队作战规则 SWRL 推理规则

同时,为了实现装甲分队作战规则的复用,利用 SWRL 中的相同个体原子"sameAs",编写各要素对比推理规则对每条规则条件部分中的敌情、我情、地形、气象分别进行相似性比较(图 6-12)。该图所示的内容为对两个敌情中各要素进行比较,若每个要素相同则这两个敌情相同。具体内容为两个独立的敌情"? enemy1"与"? enemy2",若其各自包含的分队规模、防御方式均相等时,则敌情"? enemy1"与"? enemy2"相同。

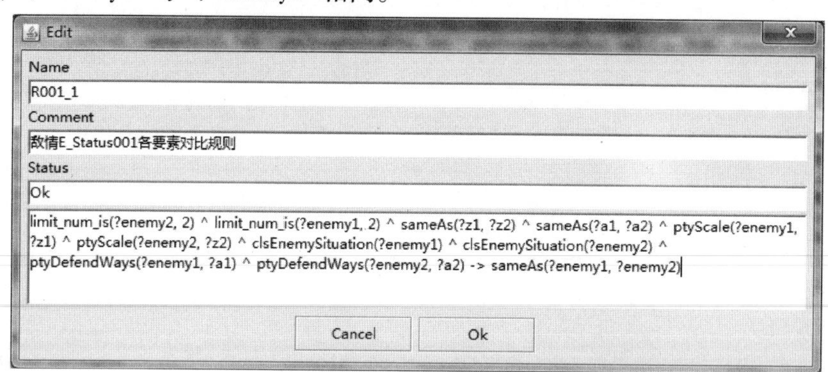

图 6-12　装甲分队作战规则各要素对比规则

根据梳理的装甲分队作战规则典型实例,共编写基于 SWRL 的装甲分队作战规则 50 条,其中包含各要素对比推理规则 29 条。为了便于理解基于 SWRL 的装甲分队作战规则的功能及特点,以下对具有代表性的作战规则进行举例说明。

例如,装甲分队作战规则 R016 如图 6-13 所示。

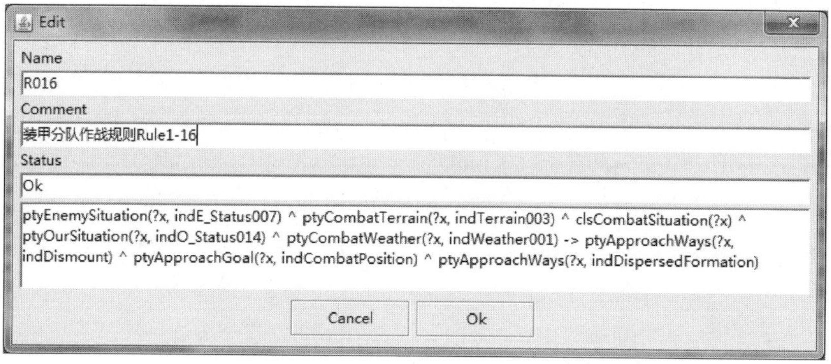

Edit
Name
R016
Comment
装甲分队作战规则Rule1-16
Status
Ok
ptyEnemySituation(?x, indE_Status007) ^ ptyCombatTerrain(?x, indTerrain003) ^ clsCombatSituation(?x) ^ ptyOurSituation(?x, indO_Status014) ^ ptyCombatWeather(?x, indWeather001) -> ptyApproachWays(?x, indDismount) ^ ptyApproachGoal(?x, indCombatPosition) ^ ptyApproachWays(?x, indDispersedFormation)
Cancel
Ok

图 6-13　装甲分队作战规则 SWRL 推理规则

根据本体模型的内容可得如表 6-3 所列的装甲分队作战规则 R016 各要素内容。

表 6-3　装甲分队作战规则 R016 各要素内容

要素	实例	内容
我情	indO_Status014	任务的执行方法为 indAttack(进攻) 任务的目标为 indDeepCombatPosition(纵深战斗阵地)
敌情	indE_Status007	距离为 indClose(近) 防御方式为 indPositionalDefend(阵地防御) 分队规模为 indPlatoon(排)
地形	indTerrain003	地形类型为 indRoughRoad(起伏地) 不便于的对象为 indMount(乘车)
天气	indWeather001	晴天

则可将该作战规则理解为:

面对阵地防御的敌排兵力且我分队任务为攻打敌纵深战斗阵地,当距离敌人较近,地形为起伏地,不便于乘车进攻时,分队应执行的行动为以疏开队形下车接近敌人。

由以上规则的内容可知,对于各作战规则中我情、敌情、地形、气象的内容,均是采用相应的序号进行规定。因此,在规则的调用时,必须清楚了解各序号对应的详细情况。这样就不便于非军事技术人员对装甲分队作战规则的使用。为了解决这个问题,本书采用了各要素对比规则。同样以装甲分队作战规则 R016 为例来解释各要素对比规则的意义。

在此以逆向思维来解释,有利于对各要素对比规则的作用过程进行清晰地分析。在装甲分队作战规则本体模型的基础上,从逆向思维角度考虑,首先从调用结果出发明确调用的目的规则为 R016。然后设置模拟战场情况 indC_Situation0X 并对其中的我情、敌情、地形、气象的内容进行完善,战场情况分别为我情 indO_Status01X、敌情 indE_Status00X、地形 indTerrain00X、气象 indWeather00X。同时,根据调用的结果可知,indC_Situation0X 若要调用规则 R016,则当且仅当战场情况 indC_Situation0X 中的 indO_Status01X、indE_Status00X、indTerrain00X 分别为"sameAS"装甲分队作战规则 R016 中的 indO_Status014、indE_Status007、indTerrain003 时才能实现。其中,由于在 R016 中,气象因素对作战行动的决策没有影响,根据 SWRL 的包含关系,战场情况 indC_Situation0X 中的 indWeather00X 不影响推理的准确性,故不对 indWeather00X 进行要素对比。

因此,在对 indO_Status01X、indE_Status00X、indTerrain00X 进行内容完善时,应分别与 indO_Status014、indE_Status007、indTerrain003 的内容相同。气象 indWeather00X 的内容设置为晴天,即气象类型为 indSunshine(晴天)。然而,计算机仍不能分别对 indC_Situation0X 与 R016 的我情、敌情、地形的相同性给出

结论。

为了使计算机能够识别出战场情况 indC_Situation0X 与装甲分队作战规则 R016 的我情、敌情、地形内容的相同,根据 R016 的我情、敌情、地形,分别编写对应的各要素对比规则。

对于我情 indO_Status014,编写的各要素对比规则如下:

我情(? our1) ^ 我情(? our2) ^ 任务的执行方法(? our1, ? way1) ^ 任务的执行方法(? our2, ? way2) ^ sameAs(? way1, ? way2) ^ 任务的目标(? our1, ? target1) ^ 任务的目标(? our2,? target2) ^ sameAs(? target1, ? target2) ^ limit_num_is(? our1, 2) ^ limit_num_is(? our2, 2)

-> sameAs(? our1, ? our2)。

对于敌情 indE_Status007,编写的各要素对比规则如下:

敌情(? enemy1) ^ 敌情(? enemy2) ^ 分队规模(? enemy1, ? scale1) ^ 分队规模(? enemy2, ? scale2) ^ sameAs(? scale1, ? scale2) ^ 防御方式(? enemy1, ? way1) ^ 防御方式(? enemy2, ? way2) ^ sameAs(? way1, ? way2) ^ 距离(? enemy1, ? distance1) ^ 距离(? enemy2, ? distance2) ^ sameAs(? distance1, ? distance2) ^ limit_num_is(? enemy1, 3) ^ limit_num_is(? enemy2, 3)

-> sameAs(? enemy1, ? enemy2)。

对于地形 indTerrain003,编写的各要素对比规则如下:

地形(? terrain1) ^ 地形(? terrain2) ^ 不便于……(对象)(? terrain1, ? object1)^ 不便于……(对象)(? terrain2, ? object2) ^ sameAs(? object1, ? object2) ^ 地形类型(? terrain1, ? style1) ^ 地形类型(? terrain2, ? style2) ^ sameAs(? style1, ? tyle2) ^ limit_num_is(? terrain1, 2) ^ limit_num_is(? terrain2, 2)

-> sameAs(? terrain1, ? terrain2)。

通过这些各要素对比规则,计算机可分别对 indC_Situation0X 与 R016 的我情、敌情、地形进行对比,从而推理出两者内容的相同性。

在实际应用中,作战指挥员应根据实际战场情况,在本体模型中建立战场情况 indC_Situation0X,并完成对我情、敌情、地形、气象的判断与描述。之后,运行 Protégé 5.2.0 建模软件的推理功能进行推理,对 indC_Situation0X 的各要素进行识别,并与各装甲分队作战规则进行逐个对比,发现 indC_Situation0X 与 R016 的条件部分相同,则使 R016 的结论部分与 indC_Situation0X 的条件部分相匹配,实现装甲分队作战规则 R016 的调用。从推理结果可以发现,虽然战场情况 indC_Situation0X 中存在气象 indWeather00X,但是对不影响作战规则推理的准确性,满足规则 R016 的内容要求。同样,以此类比可分析其他装甲分队作战规则的调用过程。

6.5 装甲分队作战规则本体的推理

依托建模软件自检和人为检查两种检验方法,利用 Protégé 5.2.0 建模软件的推理功能,对装甲分队作战规则本体模型进行逻辑关系的一致性检验。共对装甲分队 50 条作战规则进行检验,推理结果表明了逻辑关系的准确性。下面举例介绍检验的过程及结果。

在建模软件的自检过程中,主要检验的内容是装甲分队作战规则本体模型中类及实例关系的一致性,例如:在类 clsDefend(防御)中存在实例 indConcealment(隐蔽),且类 clsDefend 与类 clsAttack(进攻)是相互对立的,即类 clsDefend 与类 clsAttack 互斥"disjoint with",故若 indConcealment(隐蔽)也属于类 clsAttack,则建模软件将显示"Help for inconsistent ontologies",表示本体中存在不一致现象,应借助软件的"Explain"功能及时发现问题并进行纠正。

在对装甲分队作战规则本体模型进行内容检验的过程中,主要通过人为对推理结果与装甲分队作战规则的结论部分进行对比来验证内容匹配的正确性(图 6-14)。

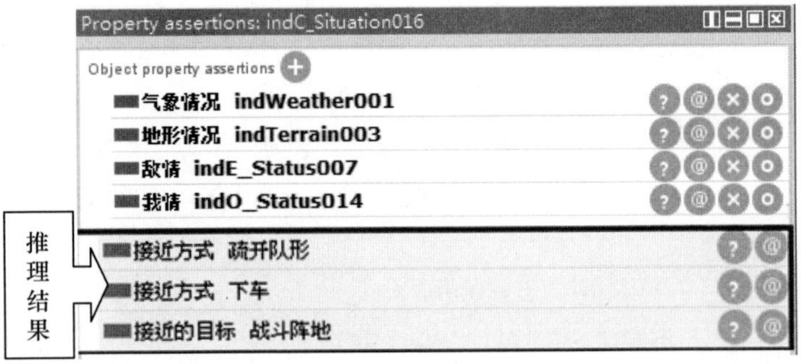

图 6-14 战场情况 indC_Situation016 推理结果

图 6-14 方框中的内容是依据 SWRL 推理规则得出的结果,规则各要素所表示的内容为:我情为 indO_Status014(分队任务为攻打敌纵深战斗阵地)、敌情为 indE_Status007(敌排阵地防御且敌人距离较近)、地形情况为 indTerrain003(地形情况为起伏地且不便于乘车进攻)、气象情况为 indWeather001(气象类型为晴天)。

由 6.3.3 节中装甲分队作战规则典型实例 Rule1-016 可知,对于图 6-12 中所对应的条件内容,分队应采取的处置方法为以疏开队形下车接近敌人,与

图 6-13中的推理结果内容相同,则说明在装甲分队作战规则本体模型中,对于战场情况 indC_Situation016 逻辑关系的匹配是正确的,也证明了装甲分队作战规则 R016 内容的正确性。

为了提高装甲分队作战规则本体模型的可信度,下面进一步选取战场情况 indC_Situation012 进行推理分析(图 6-15)。

图 6-15 战场情况 indC_Situation012 推理结果

图 6-15 中所表示的内容为:我情为 indO_Status011、敌情为 indE_Status001、地形情况为 indTerrain001、气象情况为 indWeather001。

根据本体模型的内容可知战场情况 indC_Situation012 各要素内容(表 6-4)。

表 6-4 战场情况 indC_Situation012 各要素内容

要素	内容
indO_Status011	突入目标为 indPosition(阵地) 任务的目标为 indDevelopmentInDepth(纵深发展)
indE_Status001	防御方式为 indPositionalDefend(阵地防御) 分队规模为 indPlatoon(排)
indWeather001	气象类型为 indSunshine(晴天)
indTerrain001	地形类型为 indOpenTerrain(开阔地)

由 6.3.3 节中装甲分队作战规则典型实例 Rule1-016 可知,对于战场情况 indC_Situation012 所描述的内容,分队应采取的处置方法是以小群多路战术手段,向纵深攻击,割裂敌战斗队形。从图 6-14 中的推理结果可以看出,由装甲分队作战规则本体模型推理得到的内容与装甲分队作战规则的内容相同:

进攻目标为 indDepth(纵深);进攻的方式为 indSmallGroupMulti-channel(小群多路);割裂 indEnemyTacticsFormation(敌战术队形)。

因此,在装甲分队作战规则本体模型中,对于战场情况 indC_Situation012 相对应的装甲分队作战规则的本体构建符合设计要求。

然而,在检验过程中,也发现本体模型的推理结果与装甲分队作战规则内容存在不一致的现象,可能前件部分内容出现相同或是结论部分内容出现错误等原因导致,应及时找出问题并根据实际内容进行纠正,以确保装甲分队作战规则本体模型的准确性。

6.6 本章小结

本章首先简要介绍装甲分队作战规则的基本概念与分类、装甲分队作战规则的描述方法与主要内容、装甲分队作战规则的获取原则与方法;其次,从对战斗阵地防御之敌进攻战斗与山地进攻战斗两个方面,举例说明了装甲分队作战规则的获取;然后,采用 2.4.2 节提出的改进的“七步法”建立本体模型,即基于 OWL 2 建立了装甲分队作战规则本体模型,并基于 SWRL 建立了装甲分队作战规则;最后,对装甲分队作战规则本体模型进行了推理验证。

第7章　信息系统语义互操作本体

互操作是信息系统的固有属性。随着信息系统复杂性程度和地理分布性的增加,互操作问题变得日益突出,在作战仿真系统和指挥控制系统领域都是如此。当前,为满足信息化作战的要求,装备论证、实战化军事训练和作战试验都对指挥控制系统与作战仿真系统的语义互操作提出了迫切要求。然而,指挥控制系统与作战仿真系统是典型的异构信息系统,两者的语义互操作是当今世界仿真技术发展的前沿基础问题。本体理论与技术为解决这一难题提供了新的思路。

7.1　互操作的涵义

不同领域对于互操作的理解不尽相同。对于信息系统领域,互操作具有不同的层次。在某种意义上,作战仿真系统互操作、指挥控制系统互操作、指挥控制系统与作战仿真系统互操作都是信息系统互操作的特例。

7.1.1　基本涵义

互操作最初是为支持信息技术或系统工程领域的信息交换而定义的,后来出现的更为宽泛的定义还考虑了影响系统之间交互性能的社会、政治和组织等因素。军事信息系统的互操作性有多种不同的定义,不同时期、不同层面上的互操作有不同的内涵。下面分别讨论几种有代表性的互操作性定义。

定义7.1:互操作性指一个系统和另一个系统互连所需的能力。该定义只考虑了互操作性的连通性和兼容性,仍停留在设备的层面上。硬件的兼容性不能保证互操作性,例如,两个人使用相同的通信设备在同一个频率上进行通信,如果一个人只会说英语,一个人只会说中文,他们显然无法实现互操作,除非都能发送和接收双方可以使用和理解的信息。

定义7.2:互操作性是一个系统从另外一个系统接收和处理相互感兴趣的情报信息的能力。该定义强调硬件和软件的标准化,而忽略了信息内容和作战需求的影响。

定义 7.3:互操作性是系统、单元或人员为(或从)其他系统、单元或人员提供(或接收)服务,并利用该服务的交换提高协同操作的效率。该定义更准确地反映了互操作的本质,内涵更丰富。

定义 7.4:从技术和作战两个方面,互操作性分为作战互操作性和技术互操作性。作战互操作性的定义与定义 7.3 基本相同。技术互操作性是指信息系统为节点提供动态信息交互、数据交换的能力,从而为作战任务的计划、协同、综合和实施服务。该定义对军事信息系统而言,定位更准确,内容更适当,层次更清晰。

与后来总结出的多层次信息系统异构问题研究有所不同,早期的数据库系统互操作的研究因为多局限于关系数据库领域,探讨的是数据库内外部视图和概念视图的异构问题,因而大多都可归属为语义异构问题,主要是数据异构,而不涉及广泛的信息异构和系统异构问题。例如 Kent 指出,通用的概念在不同的领域中用不同的方法处理时也会出现理解上的误差,要消除这些误差,除了信息本身所包含的值数据,还需要关于领域的额外信息,而且如果将那些类型处理、过程处理的操作看作领域的一部分,数据模式间的误差就可以归结为领域之间的误差。信息在这种异构的领域之间进行的协作就是"语义互操作(Semantic Interoperability)"的主要形式。Kent 在文章中提出将互操作问题"分解成一系列的映射问题和集成问题"来实现互操作,也是我们提出解决基于语义的互操作的主要方法。

7.1.2 信息系统互操作的层次模型

互操作性非常复杂,需要针对不同的层面单独进行描述并加以系统解决。为科学理解互操作性的本质属性,总体把握互操作性的内在要求,可参考信息系统互操作等级(Levels of Information Systems Interoperability, LISI)、概念互操作等级模型(Levels of Conceptual Interoperability Model, LCIM)等互操作性层次模型。

1. 信息系统互操作等级模型

LISI 模型提供了通用的方法来度量和表示系统互操作,它适用于信息系统的整个生命周期,为系统向更高级别互操作等级迁移提供了技术指导。LISI 将互操作划分为 5 个等级(表 7-1)。

LISI 把影响信息系统互操作性的许多因素分成 4 种关键属性,这些关键属性组成的互操作域包含了互操作性需要考虑的所有方面,即过程(P)、应用(A)、基础架构(I)和数据(D),简称 PAID 属性。它们定义了不同级别信息交换的特性,其中,过程侧重于影响系统互联的各种指导形式,包括准则、任务、体系及标准等;应用考虑系统的功能因素,这些功能主要表现在系统软件体系结构上，从单个处理程序到集成应用套件；基础架构定义使系统交互成为可能的部件范围，包括硬件、通信、系统服务及安全等；数据支持各级互操作性的数据交换格式和标准，包括整个范围的风格和格式，从简单文本到企业数据模型等。

表 7－1 LISI 互操作等级

互操作分级	级别名称
0 级	人工环境的隔离级互操作
1 级	点到点环境的连接级互操作
2 级	分布式环境的功能级互操作
3 级	互操作环境的领域级互操作
4 级	全球环境的基于企业的互操作

若不把互操作性当作是系统间的简单互联，则考虑所有 PAID 属性是非常关键的。通过研究 PAID 属性，标识出特定的互操作性的缺点或弱点，可以使评估信息系统体系简单化和定量化。LISI 参考模型各个级别的 PAID 属性如表 7－2所列。

表 7－2 LISI 参考模型各个级别的 PAID 属性

属性 等级	P	A	I	D
0	系统建有局部的过程管理和访问控制。用户为与其他系统共享信息必须直接访问系统	在独立系统中功能独立。结果数据很重要，但不具备连贯操作该数据的能力	大部分信息交换通过物理方式存取。在最极端情况下，隔离的系统能通过普通物理媒体，如磁盘或磁带交换数据	专用数据模型
1	除了简单存取控制，基本上仍与局部策略相关	系统间相互独立，但使用共同的驱动程序及界面	支持简单对等联系，以允许与建立的局部过程相一致的局部数据传输	局部数据模型，但特定于个别程序，如简单报表
2	局限于单个程序级别。共用操作环境（COE）详细说明了多个程序应支持的功能和服务	能交换结构化数据，办公自动化程序是一个例子	局域网及交互的系统。这些局域网可使用支持广域网的协议（如 TCP/IP）	高级数据结构，但主要仍支持单个应用程序

（续）

等级＼属性	P	A	I	D
3	局限于单一操作或功能域(如情报、指挥与控制)的交互，其中域可跨多个地理区间	较单个程序更高级，支持基本工作组合作功能，如文档中跟踪修改、工作流程管理等	网络为全球范围。交互发生于全球信息空间的一部分，而不是全部	定义数据模型，并被程序理解，但只代表一个特定域
4	企业级联合过程	集成于普通分布式信息空间。多用户能存取整个企业范围内数据的相同实例	支持多维拓扑的全球网络。这些网络可有不同的基于安全和存取控制的区域，但它们都被适当集成以满足用户需要	企业数据模型，对跨企业数据有相同的理解，支持企业应用集成(EAI)

2. 概念互操作等级模型

Tolk 和 Muguira 提出的概念互操作等级模型，将互操作层次分为 7 个等级，它们分别是无互操作、技术互操作、语法互操作、语义互操作、语用互操作、动态互操作及概念互操作(图 7－1)。图中体现了高层次互操作是以低层次互操作的实现为基础的，还展示了可集成性、互操作性和可组装性的范围。

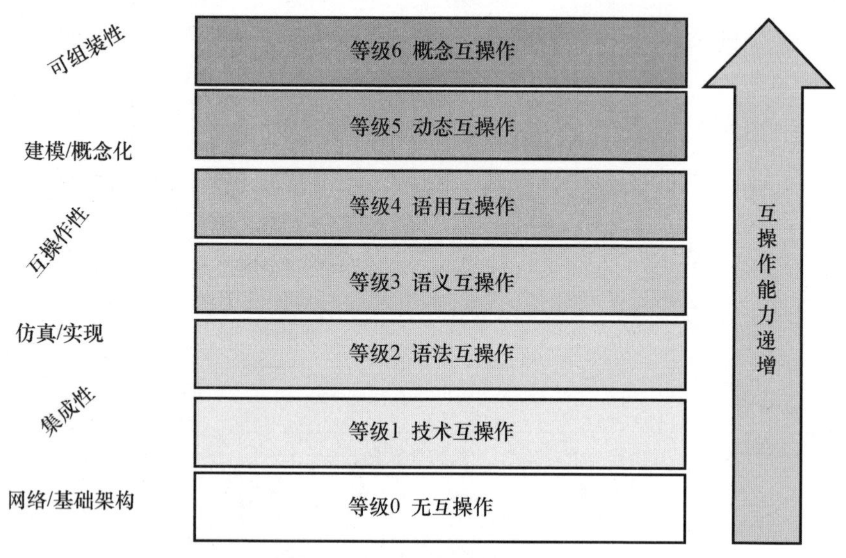

图 7－1 概念互操作等级模型

在指挥控制系统与作战仿真系统互操作的背景下,各层级可以定义如下:

(1) 无互操作:如果两个系统是独立的,并且不连接到网络和其他基础设施,它们显然不能交换任何信息。

(2) 技术互操作:处理基础设施和网络的挑战,促使系统交换信息载体。这是可集成域。技术互操作性允许在系统之间交换公共的信号。该层支持可集成性。

(3) 语法互操作:处理对协议内的信息进行解释和构造以形成符号的挑战。语法互操作使得可在系统间交换的公共符号成为可能。语法互操作性关注数据结构及其定义规则,需要公共的数据格式,如 XML(可扩展标记语言)、PDU(协议数据单元)。

(4) 语义互操作:通过引入通用术语为信息交换提供一个“共识”。在这个层级,采用公共术语,识别出可组装成对象、消息和其他更高层的结构的信息片段,来描述这些结构。语义互操作使得可被用于标记语法结构的公共术语成为可能。语义互操作性关注互操作各方对于术语的“共识”,需要公共信息交换模型,如本体、模型抽象描述。

(5) 语用互操作:识别出数据被用以信息交换的组织模式,特别是将被调用的过程及方法的输入和输出。正是在这种背景下,数据被作为可用信息进行交换。这些信息通常被称为业务对象。语用互操作使得带标记的结构间的公共联系成为可能,并将它们与消息、功能、方法等的输入和输出参数关联。语用互操作性关注方法和过程,要求互操作各方知道数据的使用或应用的上下文。

(6) 动态互操作:识别出各种系统的状态,包括适用于敏捷和自适应系统的可能性。与不同系统交换相同的业务对象可以触发非常不同的状态变化。在不同时期将相同的信息发送到相同的系统也可能会引发不同的响应。动态互操作性使得通用的功能和模式的模型成为可能。例如,如果同一指令被发送给 3 个处于不同状态的陆军分队(行军、防御、集结),即使就特征属性而言,它们具有相同的类型(各自的状态除外),它们的反应也很可能不同。如果两个系统是动态可互操作的,这些知识就可以考虑在内。

(7) 概念互操作:还需要涉及一些假设、约束和简化。概念互操作需要大量的背景知识来建立一个关于要解决问题的共同视图。例如,如果一辆坦克支持计算敌方火力损伤的损耗模型,还支持基于信号类型和当前背景信息计算传感器是否探测到坦克的探测模型,概念层要确保两类模型之间的相关性,即使它们并没有被显式建模:如果坦克具备更优质的装甲,这将对上述两个模型产生影响。如果损伤模型使用杀伤概率、检测模型使用检测概率,并不意味着在实现中杀伤概率和探测概率都会受到该类型装甲的影响。这就是需要在某个地方提供的概念性知识。

LCIM 各层级应具备的能力及常用的工程方法如表 7－3 所列。

表 7－3 LCIM 各层级应具备的能力及常用的工程方法

等级	应具备的能力	常用的工程方法
等级 6（概念层）	对系统的概念模型有同一的理解（包括信息、进程、状态和行为）	DoDAF；Military Mission to Means Framework；PIM of MDA；SysML
等级 5（动态层）	能够产生并消费数据含义和上下文的定义	服务本体；UML artifacts；DEVS；complete UML；BOM
等级 4（语用层）	共享术语含义并能够预知上下文	本体；UML artifacts；DEVS；OWL；MDA
等级 3（语义层）	所有系统就符合语法层要求的术语集达成一致	公共参考模型（Common Reference Model），如 C2IEDM 和 CADM；字典；词汇表；协议数据单元（PDU）；RPR FOM
等级 2（语法层）	技术层解决方案能够完全支持的交互协议	XML；HLA OMT；接口描述语言（Interface Description Language）；CORBA；SOAP
等级 1（技术层）	具备与相应的系统间产生和消费数据的能力	网络连接标准，如 HTTP、TCP/IP、UDP/IP
等级 0（无互操作）	无	无

7.1.3 仿真系统互操作

仿真系统互操作，是指分布式仿真系统中的不同成员协作完成对某个想定或虚拟世界进行仿真的能力。这种协作通常基于仿真数据或服务（如 DIS、ALSP、HLA）的动态交换。

自 20 世纪 90 年代仿真技术获得飞速发展以来，仿真互操作性就一直是仿真领域的技术挑战之一。它具有语法互操作性、语义互操作性、语用互操作性等多个层次。语法互操作性关注数据结构及其定义规则，需要公共的数据格式，如 XML（可扩展标记语言）、PDU（协议数据单元）。语义互操作性关注互操作各方对于术语的“共识”，需要公共信息交换模型，如本体、模型抽象描述。语用互操作性关注方法和过程，要求互操作各方知道数据的使用或应用的上下文。

典型的仿真系统互操作模型有 HLA 互操作性分层模型。HLA 应用系统有不同的实现方式和不同的系统结构，其数据交互机制也是不同的。为此，RTI 互操作性研究组织对不同情况下的 HLA 应用系统进行了研究和总结，将 HLA 互操作性划分为 4 层（图 7－2）。

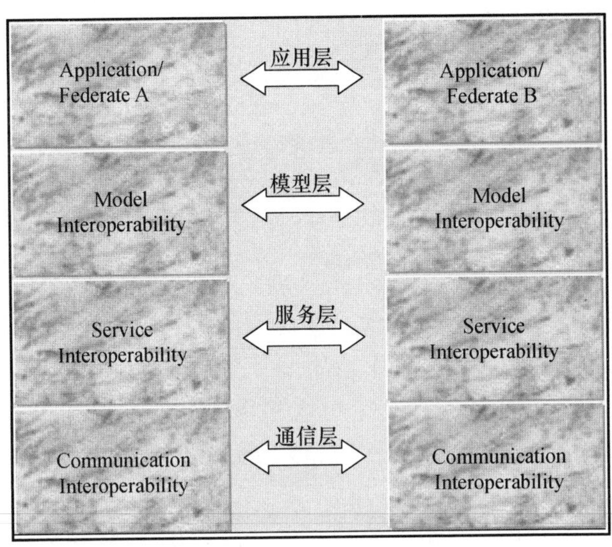

图 7-2 HLA 互操作性分层模型

处于最上层的是应用层的互操作。应用层互操作是一个联邦成员内部或者不同的联邦成员所管理的实体之间具有实际的、确定的功能交互。类似的,代表不同实体的、相互交互的对象,可能存在于一个联邦成员内部,也可能分属于不同的联邦成员。

处于第二层的是模型层互操作。模型层互操作是指两个联邦成员之间具有明确的关于所仿真的实体状态信息和行为的数据交互的能力。当前在 HLA 中实现模型层的互操作的方法是使用 FOM 定义联邦执行中的各个联邦成员之间的交互数据,为每一个实体定义一种与之相匹配的对象类。

处于第三层的是服务层互操作。服务层互操作发生在 HLA 应用系统中使用了多个 RTI 的情况。在 HLA 标准规范中定义了 6 类管理、100 多项服务功能,当两个不同的 RTI 协同工作时,RTI 之间需要为每一种服务功能都建立通讯路径,以便将一个 RTI 中的服务映射为另一个 RTI 中的服务。

处于最底层的是通讯层互操作。通讯层互操作是指同一个 RTI 的不同组件之间,或者不同 RTI 的组件之间,具有明确的数据通信能力,为服务层的交互提供支持。在理想情况下,RTI 可以集成和利用其他 RTI 的组件。

7.1.4 指挥控制系统互操作

指挥信息系统,是指在军队指挥系统中,以计算机网络为基础,为保障指挥人员实施指挥活动而构建的军事信息系统,其在概念上与美军的指挥与控制

（C2）、通信、情报监视侦察（ISR）系统类似。实兵操作指挥控制系统回避了指挥控制行为建模的难题，通常可信性较高，但在规模上受限，属于实况（真实）仿真的范畴。指挥控制系统是指挥信息系统的核心，也是本章的关注重点。美军对指挥控制系统的描述是：指挥控制系统是根据分配的任务和指挥员的计划，指挥控制所属部队行动所必需的机构、设备、程序和人员。

美国空军的战区作战管理核心系统采用 COE 版本 3.3，海军全球指挥控制系统采用版本 3.1，这两个系统仍不能互通。尤其当互通涉及盟军和多国联军时，问题更为复杂，伊拉克战争中美英军队频频发生“误伤”与通信系统不能兼容是有一定关系的。美军在战场上使用的各种系统在软件上的不统一，也是造成互操作性困难的重要原因。例如，伊拉克战争中第 18 空降军、第 5 军以及第 3 军使用了不同版本的陆军作战指挥系统软件，共享信息的能力受到限制。

7.1.5 指挥控制系统与作战仿真系统的互操作

作战仿真，是指在时域运行计算机作战仿真模型以展现作战过程的活动。这个定义是狭义的，不包括真实（Live）仿真，只包括计算机生成兵力（CGF）或半自动兵力（SAF），其分别属于构造（Constructive）仿真或虚拟（Virtual）仿真的范畴。本章采用作战仿真的这个狭义的定义。作战仿真可达到较大规模，并能提供指挥控制系统目前不具备的许多功能，如作战过程的预测、方案评估、蓝军仿真等，不足之处是较难保证可信性。

指挥控制系统与作战仿真系统的互操作性是指两者能够进行双向通信，正确接收、解析、理解来自发送方的信息，并按照发送方所期望的方式做出反应。“仿真系统与 C4I 的互操作性（SIMCI）”“仿真服务与指挥控制环境的集成”、LVC（Live - Virtual - Constructive）仿真（指同时包括真实仿真、虚拟仿真、构造仿真的仿真）等具有类似的含义。

按照不同的发展阶段，指挥控制系统与仿真系统互操作的方法大体上可以概括为人工转换、专用接口、标准接口、中间件、LVC 架构以及互操作原理验证。

1. 人工转换

目前，指挥控制操作过程大都采用非标准的、有歧义的书面语言和口语化的指挥控制命令，术语和定义缺乏精确性。“自由格式文本”（Free Text）指挥信息适合于有经验的指挥员，而不是指挥控制系统或作战仿真系统处理。在这种架构下，作战仿真系统虽然为指挥控制业务训练提供了支撑环境，但由于指挥控制系统与作战仿真系统的互操作性较差，降低了训练的真实性，影响了训练成效。

因此，在指挥控制业务训练过程中，由人工转换席位负责将军事人员的指挥控制命令翻译成作战仿真系统的输入，并将作战仿真系统的输出转换为军事人员能懂的作战结果。这些“转换人员”数量较大，导致培训及演练所需的人力较多，准备时间也较长。显然，这种方法并不理想，美军已不再采用。然而，由于起步较晚，目前我军各作战实验室仍普遍需要设置人工转换席位。

2. 专用接口

早在 20 世纪 80 年代，美国就采用标准信息格式，在国家战术能力开发计划（TENCAP）的支持下，将战术仿真系统（TACSIM）连接至自动化国防信息网络（AUTODIN）系统，进行有关 C4ISR 系统与作战仿真系统互操作性实验。在后续研究中，为各种 C4ISR 系统与仿真系统提供专用互操作接口，例如：战术仿真系统（TACSIM）与“勇士（Warrior）”“全源分析系统（ASAS）”“改进型战术用户终端（ETUT）”“改进型处理与分发系统（EPDS）”等实装情报系统之间；集团军仿真系统（CBS）与“高级野炮战术数据系统（AFATDS）”“‘不死鸟’空空导弹机动控制系统（MCS/P）”等指挥控制系统之间（图 7－3）；空军仿真系统（AWSIM）与战区应急自动化规划系统（CTAPS）之间；美国空军的国家空中与太空战模型（NASM）与战区应急自动化规划系统（CTAPS）、联合可展开情报保障系统（JDISS）、特种作战力量规划与演练系统（SOFPARS）以及战术数据信息链（TADIL）之间的互操作。

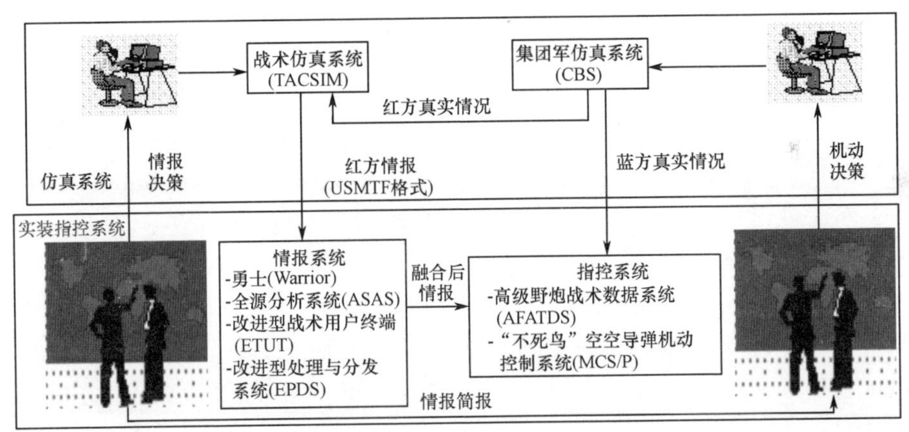

图 7－3　TACSIM 与 ASAS 的互操作

3. 标准接口

20 世纪 90 年代，美国陆军试图为 C4ISR 系统环境研发一种标准接口，并开发了指挥控制/仿真系统接口语言（CCSIL）的工具，其克服了专用接口效率较低且不易扩展的缺陷。2000 年 5 月，美国陆军部正式授权产品开发小组（SIMCI OIPT）为陆军建模与仿真执行委员会提供改善陆军仿真领域与 C4ISR 领域互操作性的研究策略和建议。美国海军的作战力量战术训练系统（BFTT）采用联合军队指挥与信息系统(JMCIS)作为报文标准,实现与指挥控制网络的互操作。美国陆军则采用模块化可配置 C4I 接口(MRCI)实现指挥控制系统与仿真系统的互操作(图 7-4)。

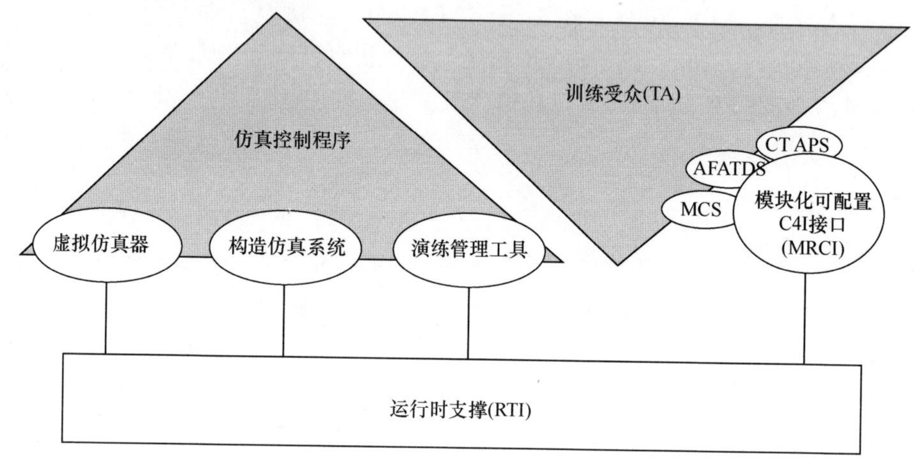

图 7-4　采用 MRCI 实现指挥控制系统与仿真系统的互操作

4. 中间件

基于专用或标准接口的集成,将系统按照另一系统的规范重新设计,即改造作战仿真系统以适应指挥控制系统,或改造指挥控制系统以适应作战仿真系统。它虽然耗费较大,却是最直接的方法,且可以取得最好的执行效率;其不足之处是信息不全、接口改造困难。

基于中间件的互操作方法是指采用中间件软件(如美军研制的 Sim-C4I 网关)作为桥梁,将指挥控制系统和作战仿真系统互连(图 7-5)。指挥控制系统通过自身的通信通道,以战术消息格式与中间件进行通信,而作战仿真系统通过仿真网络将仿真数据与中间件进行通信;数据经过中间件的转换后,流向对方系统。

5. LVC 架构

LVC 是指真实仿真、虚拟仿真和构造仿真相结合的仿真。在 2006 年仿真互操作性工作组秋季年会上,霍普金斯大学认为需要从架构的功能和对象模型两方面来解决 LVC 仿真问题,他们分析了统一的体系结构的功能需求,并提出了对体系结构进行统一的方法。

2007 年,美国联合部队司令部提出要重新分析 LVC 架构接口实现中间件的

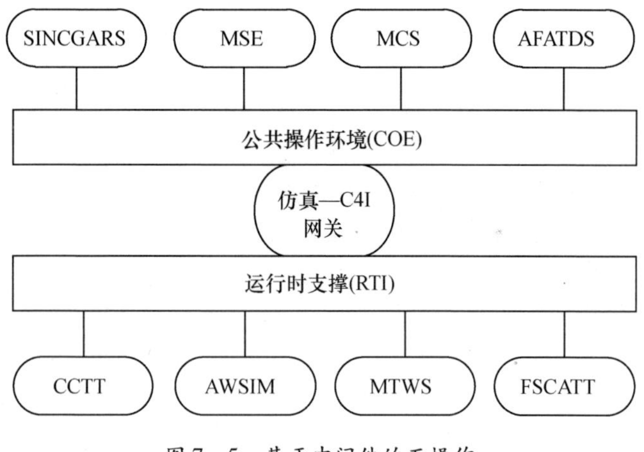

图 7-5　基于中间件的互操作

功能需求，并给出 LVC 通用架构研究路线图。目前，该路线图的最终报告已被提交给高级建模与仿真指导委员会。

6. 仿真互操作的原理验证

为将原来的试验、实验、验证、战术演习等单项任务合并在一个环境中进行，美军提出了试验与训练使能架构（TENA），并在该架构下实施了联合作战任务环境试验能力（JMETC）、InterTEC 等项目。JMETC 的目标是提供 LVC 架构的试验能力，与国际联合训练能力（JNTC）集成方案一起，共同促进试验、训练、验证的协作。InterTEC 由美国国防部开发网络中心和 C4ISR 互操作测试能力局投资，目的是开发一个健壮的、集成的、可扩展的互操作性验证测试环境，支持在实兵和虚拟环境里对 C4ISR 系统进行数据采集、分析、互操作的验证测试。

为更好地发挥作战仿真技术的效益，需要将指挥控制系统与作战仿真系统之间的互操作由语法层互操作提升为语义层互操作。

7.2　指挥控制系统与作战仿真系统的异构性

互操作问题的根源是异构性，包含三大公认的基本要素：一是信息/服务的交互（包括物理互联和互通）；二是按照共同的语义标准对信息或服务进行操作（核心是语法与语义）；三是协作完成特定的任务或功能。

异构性（Heterogeneity），是指对象之间在形式、结构和内容上的差异性。指挥控制系统与作战仿真系统通常具有不同的研制背景及使命任务，其技术发展途径也不尽相同，在术语体系、架构、信息交互模型、通信协议以及数据库等方面都存在较大的异构性。

7.2.1 术语体系

术语的不一致在各领域都普遍存在。以指挥控制领域为例，不同应用也可能大量存在同物不同名、同名不同物等现象。例如，美国陆军作战指挥系统（Army Battle Command System，ABCS）由系列各自独立设计和开发的战术信息系统经事后集成得到，带来的一个结果就是，往往采用不同的术语来表示同一个概念。例如，"Unit""Organization""Org"被用于表示第3步兵营此类军事机构。再如，气象上所用的风向是风的来向，如风自南向北吹，称为南风。地面风向用16个或8个方位表示。炮兵用的风向，用6000密位或360°表示。地炮以北为零，用顺时针旋转的方位角表示。高炮以南为零，用逆时针旋转的方位角表示。而空军在航行计算中使用航行风，风向用的是风的去向。为此，各领域都需要规范术语的使用。

指挥控制系统采用的术语体系是军语。"军语"一词是军事术语的简称，是规范化的军事用语；而军事用语是广义的军语，军事术语是狭义的军语。军语对于军事理论研究、军事力量（包括指挥控制系统）建设和军事斗争实践都有着重要的意义。典型实例如美军2017年3月最新修订的《Joint Publication 1-02：Department of Defense Dictionary of Military and Associated Terms》（《美军联合出版物1-02：国防部军事及相关术语词典》）、我军2011年修订的《中国人民解放军军语》（以下简称《军语》）。

作战仿真系统采用的术语体系是军用仿真术语，如美国国防部1998年1月颁发的《DoD 5000.59m DoD Modeling and Simulation（M&S）Glossory》（《国防部建模与仿真术语》）、中华人民共和国国家军用标准GJB 6935—2009《军用仿真术语》。

这两个术语体系中的部分术语之间存在较大的歧义，一个典型例子是对于"部署"的理解。我军新版《军语》对于"部署"的定义如下：

"【部署】deployment①指挥员对部队的任务区分、兵力编组和配置作出的安排。如作战部署、行军部署、宿营部署等。②指挥员对部队进行任务区分、兵力编组和配置等的活动。如部署行军、部署作战等。"

而在仿真技术人员看来，"部署"指"设定作战单元的位置"。我国国家军用标准《军用仿真术语》没有收录"部署"，而是将其包含在"想定"当中：

"2.1.104 想定 scenario

根据仿真目的、基于相应领域知识（如军事概念模型），对拟仿真系统运行过程的具体设定。作战仿真想定通常包括时间、地点、兵力规模、部署、任务、战场环境及对抗过程中重要事件的时间序列等要素，分为运行想定与背景想定。"

由此可见,《军语》中“部署”包含的含义大于国家军用标准中“部署”的含义,而国家军用标准中的“部署”与《军语》中“配置”的含义比较接近:

“【配置】disposition①作战时根据任务、敌情和地形,将兵力兵器布置在适当位置的活动。②将兵力兵器布置在适当位置后形成的状态。”

又如,指挥控制与仿真初始化系统(Army C4I and Simulation Initialization System,ACSIS)、指挥与控制信息交换数据模型(C2IEDM)对于供应物资类型的定义并不一致,但二者存在映射关系,如表7-4所列。

表7-4 作战仿真系统与指挥控制系统对于供应物资类型的映射

系统	ACSIS	C2IEDM
条目	MAT_ITEM_SUP_CLASS. LABEL	MAT_TYPE. SUP_CLASS_CODE
编码	1	CLS1
	00, 6, 7, 8, 9, 10	CLS2
	3	CLS 3
	3	CLS3A
	4	CLS4
	5	CLS5

再如,“摧毁”到底如何判断,“穿插”过程中是否允许交战,“大口径火炮”是什么标准,80mm迫击炮是否属于轻武器,人们对这些基本概念的理解往往不同。因此,联合作战参与各方具备对作战行动的一致、无二异性理解应得到更大重视。

7.2.2 系统架构

指挥控制系统的典型架构,以公共操作环境(COE)为架构,由底向上,主要包括数据库、内核层、接口服务层、通用支持程序层、任务应用程序层等(图7-6)。

作战仿真系统的架构,主要包括仿真引擎和模型模块、运行控制模块、仿真后数据处理分析、仿真数据库、运行支撑框架RTI、可视化模块等主要模块。作战仿真系统的架构经历了如下主要发展历程(图7-7)。

为了实现指挥控制系统与仿真系统两者最佳的互操作,指挥控制领域和仿真领域的发展过程中,自身的框架趋于统一,两者互操作发展的趋势也将是采取一个共同的操作框架(图7-8)。这一框架可能是XMSF,也可能是基于全球信息网格的全球信息企业网络服务(Global information Enterprise network Service, GES),或是它们之间结合发展的产物。另一方面,对基础对象模型(BOM)的研究也在实际应用方面有所进展,也为这个框架的建立奠定了基础。

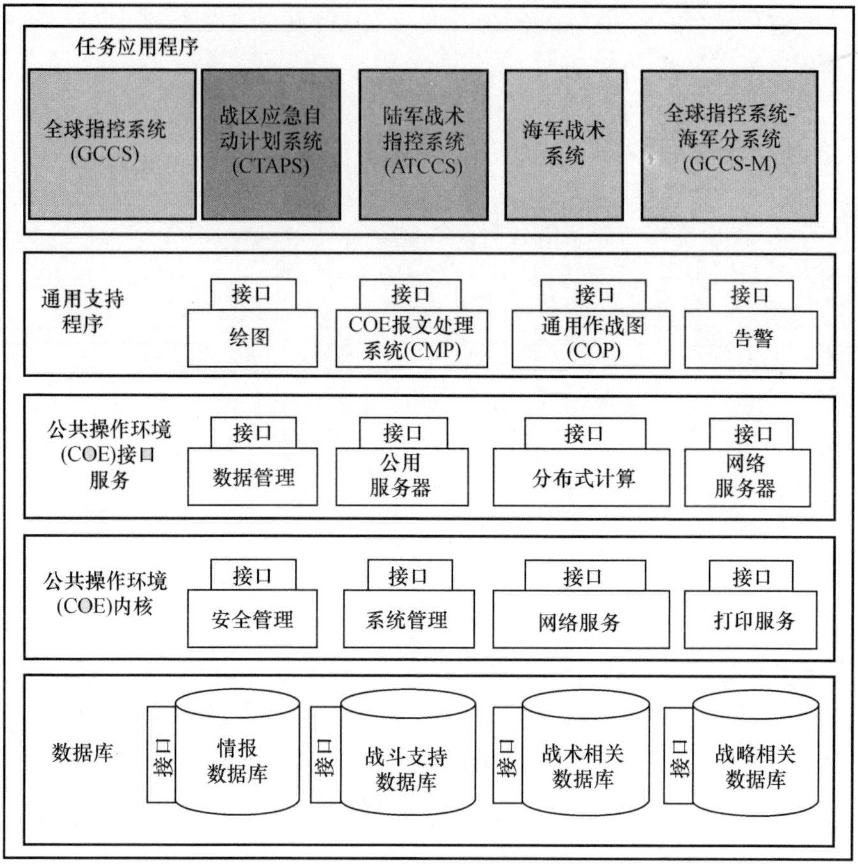

任务应用程序
全球指控系统(GCCS)
战区应急自动计划系统(CTAPS)
陆军战术指控系统(ATCCS)
海军战术系统
全球指控系统-海军分系统(GCCS-M)
通用支持程序
接口
绘图
接口
COE报文处理系统(CMP)
接口
通用作战图(COP)
接口
告警
公共操作环境(COE)接口服务
接口
数据管理
接口
公用服务器
接口
分布式计算
接口
网络服务器
公共操作环境(COE)内核
接口
安全管理
接口
系统管理
接口
网络服务
接口
打印服务
数据库
接口
情报数据库
接口
战斗支持数据库
接口
战术相关数据库
接口
战略相关数据库

图 7-6　指挥控制系统的典型架构

SIMNET
虚拟的
实时的
实体级
1980年代
DIS
虚拟的
实时的
实体级
1990年代
TENA
靶场的
实时的
实体级
2000年代
HLA
通用目的
1995年以后
ALSP
构造的
逻辑时间的
聚合级
1990年代

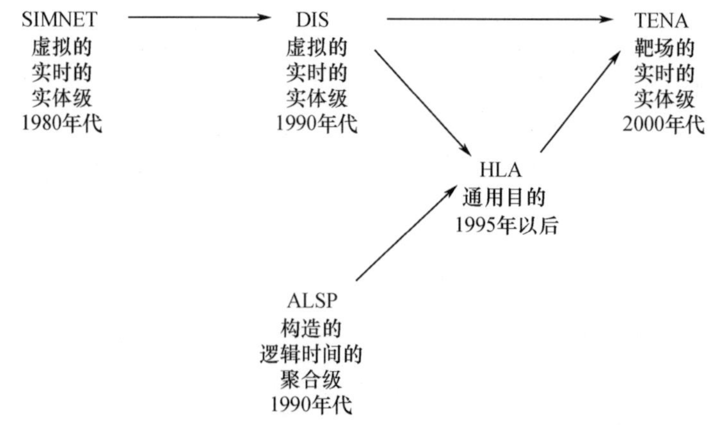

图 7-7　作战仿真系统架构的主要发展历程

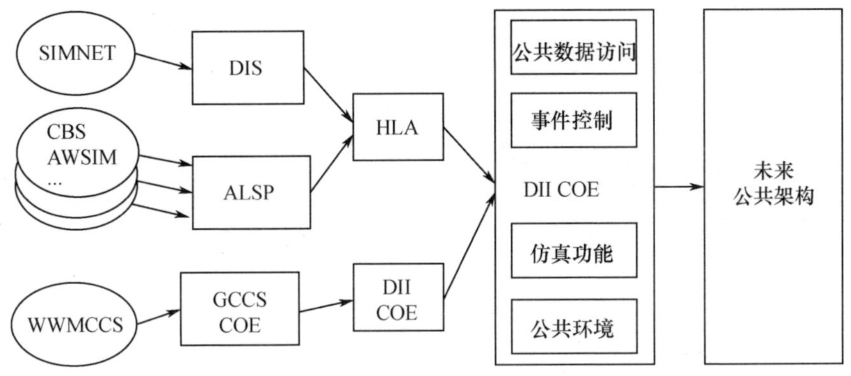

图 7-8　指挥控制系统与仿真系统构架发展趋势

7.2.3　信息交互模型

指挥控制系统、仿真系统的信息交互模型分别属于数据模型、对象模型。

1. 指挥控制系统

制订指挥控制系统信息交互模型的目的是在作战部队从军到营的所有级别(或合适的最低级别)实现指挥控制信息系统(Command and Control Information System,C2IS)的广泛互操作性,甚至能够支持多国、联军和联合作战。指挥控制系统信息交互模型是一种数据模型。

1978 年,北约的长期国防计划(Long - Term Defense Plan,LTDP)任务部队在指挥控制领域建议,在大幅缩减开销的情形下,应当做一些分析,以确认成员国是否能够获得满足未来战术自动数据处理需求的能力(包括互操作性)。20 世纪 80 年代初期,北约欧洲盟军最高副指挥官(Deputy Supreme Allied Commander Europe)开始调研任务部队所提建议的可行性,成立了联合战术指挥与控制信息系统(Army Tactical Command and Control Information System,ATCCIS)常设工作组,用以处理北约未来的指挥控制系统所面临的挑战。ATCCIS 包括了更多的其他数据模型,其设计理念是为了囊括所有参与国的未来指挥控制系统的相关概念。

基于 ATCCIS 的系统是"联合士兵互操作性演示系统(Joint Warrior Interoperability Demonstrator,JWID)"项目的一部分,其技术的适应性曾被论证过多次。最后,ATCCIS 数据模型与联合数据发布 No. 32(ADatP - 32)一起成为北约的标准,它的新名称是陆军指挥与控制信息交换数据模型(Land Command and Control Information Exchange Data Model,LC2IEDM),1999 年被采纳。与此同时,1998 年 4 月,加拿大、法国、德国、英国和美国的陆军指挥控制信息系统项目管理人员在加拿大卡尔加里市建立了多方互操作程序(Multilateral Interoperability Program,MIP)。MIP 替换和改善了之前的两个程序:战场互操作程序(Battlefield Interoperability Protocol,BIP)和四方互操作程序(Quatroliteral Interoperability Protocol,QIP)。这些程序的目的和现今的 MIP 是一致的,但是每个程序都应用在不同的指挥层级。截止到 2002 年,ATCCIS/LC2IEDM 与 MIP 的活动很类似,同一批专家,规范和技术也几乎相同。ATCCIS 与 MIP 的整合是自然且具有积极意义的一步,北约发布了 MIP 的有关策略体现了这一点。LC2IEDM 变成 MIP 的数据模型,基于复制机制建立了 MEM 和 DEM,2003 年更名为指挥与控制信息交换数据模型(Command and Control Information Exchange Data Model, C2IEDM)。不久之后,C2IEDM 和北约的合作数据模型(CorporateData Model, CDM)再次整合。这一步催生了联合协调、指挥与控制信息交换数据模型(Joint Consultation, Command and Control Information Exchange Data Model,JC3IEDM)。当前,JC3IEDM 仍由国际用户群体不断地改进着。

指挥控制系统信息交互模型的发展历程如图 7-9 所示。

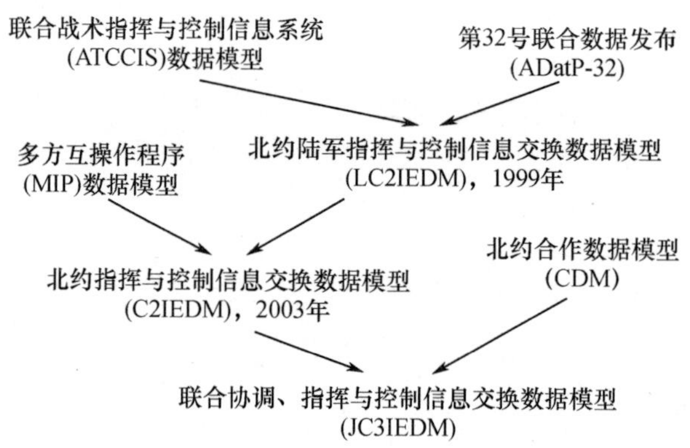

图 7-9　指挥控制系统信息交互模型发展历程

实际上,JC3IEDM 仅是联合作战管理语言(C-BML)的一个发展阶段。关于 C-BML,美军制定了 3 个发展阶段:第一阶段的目标是制定数据模型,即 JC3IEDM;第二阶段的目标是制定形式结构(语法);第三阶段的目标则是制定形式语义(本体)。目前,前两个阶段的工作已完成,而第三阶段的工作已持续了近 10 年。作战仿真与指挥控制系统之间互操作的复杂性由此可见一斑。

2. 仿真系统

当前,基于高层体系结构(HLA)的主流仿真系统信息交互模型采用对象模型。HLA 要求每个联邦成员或者联邦具有描述实体表示方式的对象模型。HLA OMT 规定了这些对象模型应该包含的信息种类,但是对对象模型内部具体用到哪些对象类并不做具体定义。对象模型主要有3种：

(1) 联邦对象模型(FederationObjectModel,FOM)：用来定义联邦成员间的公用数据交换；为增强该对象模型的可重用性，在此基础上发展出了粒度更小的基本对象模型(BasicObjectModel,BOM)。

(2) 仿真对象模型(Simulation Object Model,SOM)：用来描述单个仿真应用所能提供给联邦的功能。

(3) 管理对象模型(Management Object Model,MOM)。MOM是HLA为联邦管理定义的对象模型，其作用是收集汇总各联邦成员、整个联邦和RTI的运行状态信息，并为控制RTI、联邦和单独的联邦成员提供手段。

7.2.4 通信协议

1. 指挥控制系统

当指挥控制系统之间必须交互信息时，这两个系统就会产生报文。报文可以是面向可读文本的，或者面向与通信协议紧密绑定的比特的。它们也能在数据库系统中或基于数据备份机制进行处理。面向文本的报文格式的典型例子有：北约文本报文格式(盟军第3号数据出版物，ADatP－3)、美军报文文本格式(US MTF)、超视距(Over the Horizon,OTH)报文格式，其中的绝大多数已经映射到XML模型中。例如，美军野战手册《FM 101－5－2》定义了162种不同的文本报文格式，部分报文如表7－5所列。

表7－5 美军野战手册《FM 101－5－2》定义的部分报文

火力计划—火力计划计算[FP. COMPFP]	事故报告/严重伤害报告[SIR]
火力计划—火力计划执行命令[FP. FPO]	指挥员态势报告[SITREP]
火力计划—火力计划目标列表[FP. FPT]	斜距报告[SLANTEP]
火力计划—核打击时间表[FP. NUCSCD]	出动架次分配[SORTIEALOT]
火力计划—预备火力单元[FP. RESFU]	溢出报告[SPILLREP]
简令[FRAGO]	现场报告[SPOTREP]

面向位的报文格式的典型例子有：战术数字信息链(Tactical Digital Information Link,TADIL)报文格式、联合可变报文格式(Joint Variable Message Format,JVMF)。Molitoris(2003)提出使用XML作为面向文本的报文和面向位的报文的通用描述，其他一些文章也提出过类似的建议。这些建议已被应用到面向文本的报文，却未被面向位的报文采用。

2. 仿真系统

分布式交互仿真(DIS)标准IEEE1278.1定义了DIS的应用层需求，其主要规定了 DIS 网络中传输的数据包的格式及其使用方法。DIS 网络交互的数据包通称协议数据单元(ProtocolDataUnit,PDU)。这是一个沿用于计算机网络的术语,原意是指网络层次体系结构中来自上一层的服务数据单元(Service Data Unit,SDU)加上附加的协议控制信息(Protocol Control Information,PCI)得到的传送给下层的数据单元。该协议定义了以下 27 种 PDU,它们被组织为 6 个协议族,即实体信息/交互、战斗、后勤、仿真管理、分布式放射再生、无线电通信,其中,实体信息/交互协议族应用最为广泛,包括实体状态 PDU、碰撞 PDU;战斗协议族应用也较为广泛,包括射击 PDU、爆炸 PDU。每种 PDU 都有自己的详细格式。

7.2.5 数据库

数据库的异构主要包括下列几种情形:属性和表的命名异构(如,异字同义、同字异义)、表的结构异构(如,表的组成和大小不同)、记录值的异构(如,不同的单位制及其相互转换、命名异构)、语义异构、数据模型异构等。

很显然,在进行指挥信息系统装备运用培训时,在数据准备阶段,如果数据准备人员必须就编制、编成、配置、行动方案准备两套数据,分别供作战仿真系统与指挥控制系统使用,不仅需要投入大量的人力、时间,还很容易造成数据的不一致,甚至引入错误,从而埋下严重隐患;而在培训与试验实施阶段,如果模拟指挥方舱里的各级参训对象(指挥人员)无法看到虚拟兵力的态势,难以及时依据态势做出决策,则会影响到预期培训效果的达成。

美军为解决早期信息系统中数据与系统捆绑在一起不便于数据共享和系统集成的问题,自 20 世纪 60 年代开始实施统一的数据建设,最主要的措施包括两个方面:一是强化数据标准构建,颁发了 DoDD8320 系列文件、ISO/IEC11179 等标准;二是统筹基础设施建设,主要包括联合公共数据库(JCDB)建设以及 C4ISR 体系结构框架 2.0 中提出的共享数据工程(SHADE)。

7.2.6 小结

概括起来,指挥控制系统遵从军语,通常基于 DII COE(国防信息基础设施公共操作环境)等架构,采用 C2IEDM(指挥控制信息交换数据模型)、JC3IEDM(联合协调、指挥与控制信息互换数据模型)等信息交换模型,通过 VMF(可变格式报文)、TADL(战术数据链报文)、USMTF(美军文本格式报文)等报文及 JCDB(联合公共数据库)等军事数据库进行交互;作战仿真系统遵从军用仿真术语,基于分布交互仿真(DIS)、聚合级仿真协议(ALSP)、高层体系结构(HLA)等架构,采用 FOM(联邦对象模型)、BOM(基本对象模型)等信息交换模型,通过

PDU(协议数据单元)等协议及仿真数据库进行交互。

指挥控制系统与作战仿真系统的异构性主要体现在术语体系、架构、信息交互模型、通信协议以及数据库等方面(表7-6)。

表7-6 指挥控制系统与作战仿真系统的异构性

	指挥控制系统	作战仿真系统
术语体系	军语	军用仿真术语
架构	DII COE 等	DIS、HLA 等
信息交互模型	C2IEDM、JC3IEDM 等数据模型	FOM、BOM 等对象模型
通信协议	USMTF、VMF 等报文	PDU、CCSIL 等协议
数据库	JCDB 等军事数据库	仿真数据库

7.3 指挥控制系统与作战仿真系统语义互操作通用技术框架设计

从指挥控制系统与作战仿真系统语义互操作的要求出发,结合当前两者之间互操作采用以接口驱动为主的现状,借鉴面向服务架构(SOA)的优点,对基于SOA的指挥控制系统与作战仿真系统语义互操作通用技术框架进行整体设计。

7.3.1 语义互操作的要求

指挥控制系统与作战仿真系统语义互操作需要具备实时、同步、安全等特性。首先,只有实现两者之间的实时互操作,才能满足人们在回路仿真方面的需求。其次,仿真信息到指挥控制系统的映射、指挥信息到作战仿真系统的映射必须保持同步。再次,要保证访问控制、数据传输、事务调度、数据一致性和完整性等方面的安全。

7.3.1.1 实时性

当实物或人在仿真回路中时,必须进行实时仿真,即要求仿真系统实时接收动态输入,并实时产生动态输出。实时性要求系统必须在确定的时间期限到达之前完成规定的任务,否则将可能导致严重甚至灾难性后果或系统崩溃。实时系统中,计算的正确性不仅取决于计算的逻辑正确性,而且取决于输出计算结果的时间。

实时系统分为硬实时系统和软实时系统。硬实时系统指系统要确保在最坏情况下的服务时间,即对于事件响应时间的截止期限必须得到满足。其他的所有实时特性的系统称为软实时系统。从统计的角度来说,软实时系统中的任务能够得到确保的处理时间,事件也能够在截止期限前得到处理,但违反截止期限并不会带来致命的错误,如实时多媒体系统。指挥控制系统与作战仿真系统之间的语义互操作也属于软实时系统。

为了提高运行效率,仿真系统应允许实体采用不同的状态更新间隔。例如,地地导弹、空空导弹等此类高速、高机动运动实体需要毫秒级的更新速率,而水面舰艇、地面装甲车辆等这类运动实体只需要秒级的更新速率。这样,当仿真中存在多个不同类型实体时便可节省 CPU 资源。实时仿真系统中,所有实体的状态更新间隔应取最小状态更新间隔的整数倍,以满足基于帧的实时调度算法的需要。

7.3.1.2 同步性

指挥控制系统生成的所有报告具有标准的格式和内容(具体与所支持的消息或复制协议有关)。这些报告必须能够转换成为作战仿真系统中的事件,并进行更新。而且,指挥控制系统能够产生命令、下达任务、提交请求。计划中的信息也必须和作战仿真系统进行通信、且通信必须是双向的,这意味着实体更新和仿真命令不仅基于指挥控制信息来产生,也要基于实体更新和仿真命令,指挥控制系统也将收到报告和命令的通报。这种同步关系如图 7-10 所示。

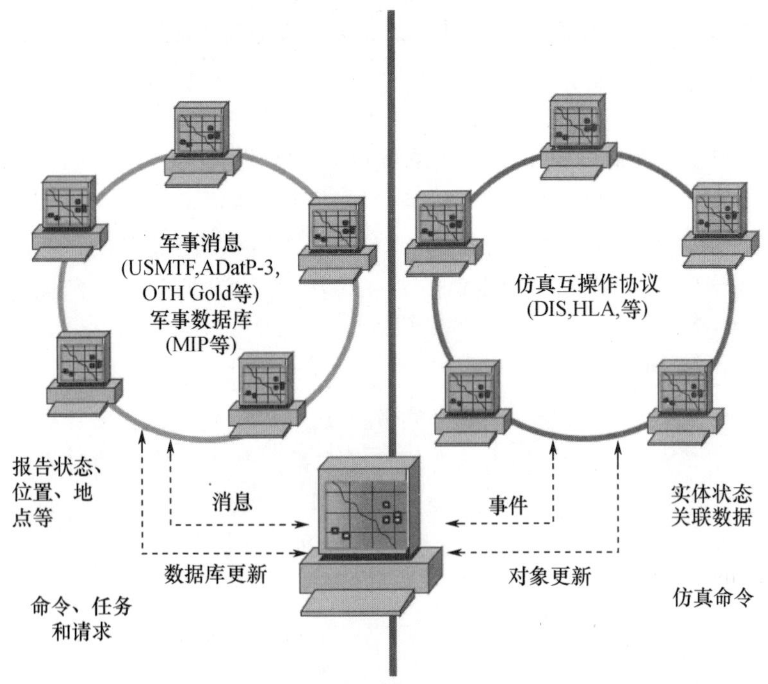

图 7-10 指挥控制系统与作战仿真系统同步交互信息

在图左边，指挥控制系统 IT 架构建立在良好定义的报文的交换，或者（也可以同时）军事数据库的数据备份或更新的基础之上。信息通过遵循临时信息交换范式的事件或交互，或持久对象（如仿真实体）的属性得到更新。

7.3.1.3 安全性

对指挥控制系统与作战仿真系统语义互操作的主要担忧之一是安全问题。不论互操作技术设计的多么好，未经军方安全标准严格测试的非保密的系统经常被认为是潜在的威胁（也确实如此）。没人想让仿真系统访问那些极其重要的作战数据，从而危及自身安危。这些情况包括：

（1）在演练过程中让不安全的第三方得到这些数据；

（2）根据仿真得到的错误或不一致的数据对系统数据进行修改，可能会干扰指挥控制系统的功能；

（3）引入一些使用户产生错误印象或理解的数据。

安全性体现为保密性、授权、认证、完整性和有效性等内容。在进行信息系统顶层设计时，需要对这些信息系统性能和实时性、同步性之间实现恰当的平衡。其中，如何实现系统互操作性和安全性的兼顾就是一个重要的方面。互操作性的提高会增加连通系统的安全脆弱性，加快攻击包的传播速度。像"尼姆达"或"红色代码"之类的病毒就会在网络防火墙后制造广播风暴。

当前，可采取的策略是拒绝访问未经严格测试的组件，但许多正在使用的功能组件除外。如果这些组件由非安全系统提供，则导致组件功能无法使用。安全网关，也叫"门卫（gatekeeper）"，提供了解决该问题的方法。图 7－10 中，位于指挥控制系统与作战仿真系统之间的组件即为安全网关。

7.3.2 面向服务的架构（SOA）的语义互操作

已有方法大多仅考虑语法层的实现，而语义层的交互也是依靠将语义隐式地、内含地包含在语法和其他结构中来实现的。

7.3.2.1 传统的异构系统互操作架构

目前，常用的异构系统互操作架构有以下 4 种，即网关、代理、中间件、协议。为便于更好地理解，本书对这些定义进行了如下简化和一般化：

（1）网关提供了由不同基础设施解决方案支持的仿真系统间的连接和转换。网关的关注重点是仿真系统，而不是配套的基础设施。

（2）代理是连接不同基础设施解决方案的仿真系统。它包含多个仿真系统共享的公共要素，包括实体和事件，并使用由仿真系统基础设施提供的接口。

（3）中间件把基础设施连接到一起，并允许使用基础设施的服务，通过接口程序界面交互。这两个基础设施保持不变，但是提供给其他基础设施的接口通常比提供给仿真系统的接口更加丰富。

(4) 协议扩展了基础设施从网络协议层到二进制层的互操作功能。

图 7－11 展示了这 4 个类别，涉及两类 4 个不同的系统，分别是 A1、A2、B1 和 B2。它们由两种不同的互操作基础设施 I1（作战仿真系统）和 I2（指挥控制系统）提供支撑。这 4 个类别分别使用网关连接两类系统、使用代理经由仿真系统接口与有关基础设施连接、使用中间件经由基础设施接口连接到有关基础设施、通过扩展二进制层协议连接到有关基础设施。

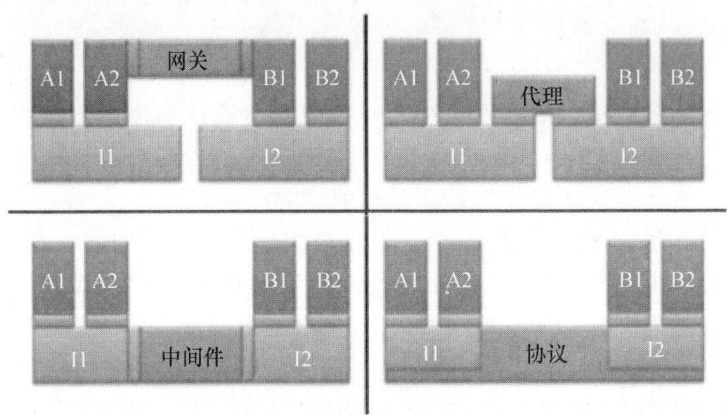

图 7－11　网关、代理、中间件及协议

这些架构不仅可用于仿真系统基础设施，而且可以用于对这些基础设施进行综合集成，为作战环境提供支持。指挥控制与仿真（C2－Sim）的代理是德国开发的一个原型，把以 IEEE 1516 标准为基础的仿真系统连接到以北约的多方互操作程序（MIP）为基础的指挥控制系统，美国开发的代理也采取了类似的方法。图 7－11 中的代理解决方案可以这样来理解：A1 和 A2 是通过 IEEE1516 标准连接的两个仿真系统，B1 和 B2 是支持 MIP 标准的指挥控制系统，而代理则连接这两类系统。

7.3.2.2　基于 SOA 的指挥控制系统与作战仿真系统语义互操作框架

面向服务的架构（SOA）是一种架构策略，它将应用程序的不同功能单元——服务（Service），通过服务间定义良好的接口和契约（Contract）联系起来。接口采用中立的方式定义，独立于具体实现服务的硬件平台、操作系统和编程语言，使得构建的系统中的服务可以使用统一和标准的方式进行通信。

SOA 在企业信息化应用中，从企业的需求开始，允许创建具有互操作性的松耦合“业务服务”，这些“服务”能在企业内部和企业间轻松共享。应用 SOA 设计指挥控制系统与仿真系统互操作的通用技术框架，既可借鉴企业应用 SOA

构建信息系统架构的经验,又要充分考虑指挥控制系统与仿真系统互操作的需求和特点。

采用开放的、成熟的Web服务标准建立基于SOA的仿真架构,可更好地支持指挥控制系统与作战仿真系统之间互操作的实现,使得作战人员能够直接通过实际装备或指挥控制系统与作战仿真系统交互,从而提高了参训人员进入仿真回路的效率。因此,指挥控制系统与作战仿真系统互操作正逐步由接口驱动转为面向服务。与传统的接口驱动方式相比,面向服务的互操作方式具有灵活、耦合度低、安全性较好等优点。这两种互操作实现方式的比较如表7-7所列。

表7-7 互操作实现方式的比较

	成熟度	开发周期	耦合度	扩展性	安全性
接口驱动	较高	较短	较高	较差	一般
面向服务	较高	较长	较低	较好	较好

7.3.3 指挥控制系统与作战仿真系统语义互操作的通用技术框架

不论是系统、信息还是数据异构,对于语义异构问题,首先都需要把问题分解成异构单元以利于实现一些基本操作,如各种关系判定(等同判定、包含判定等),这也是早期研究的经验总结。Hammer和Czejdo等指出,如果我们定义一些基本元素作为解决映射问题的基本方法,那么将信息模型转化为由这些元素所组成结构的过程就是分解过程,但“分解”并不是最终的目的,在完成了元素间的“映射”过程后,还需要将这些元素重新组合成分解前的形式(如应用形式),这就是“集成”过程。根据这个分析,完整的语义互操作过程可以定义为资源的发现与识别、语义异构性的解析和本地数据与远程数据的合一处理3个步骤。这些早期研究为以后的语义互操作的实现提供了一个很好的思考框架。

指挥控制系统与作战仿真系统语义互操作的通用技术框架,在逻辑上分为5层,自底向上分别是接入层、资源层、语义交互层、服务层和应用层(图7-12)。

其中,接入层完成互操作各方的互连,通过标准通信接口,在确定用户身份后,按照一定的格式与规则汇集用户的请求信息,作为语义交互层的输入;资源层为语义交互层提供所需的资源,包括基础词典、语法规则库、军事本体库、仿真本体库、XML文档解析器等;在确保安全的前提下,语义交互层完成语义交互,输出交互结果,并将结果写入本地数据库,便于查询以及原理验证;服务层完成

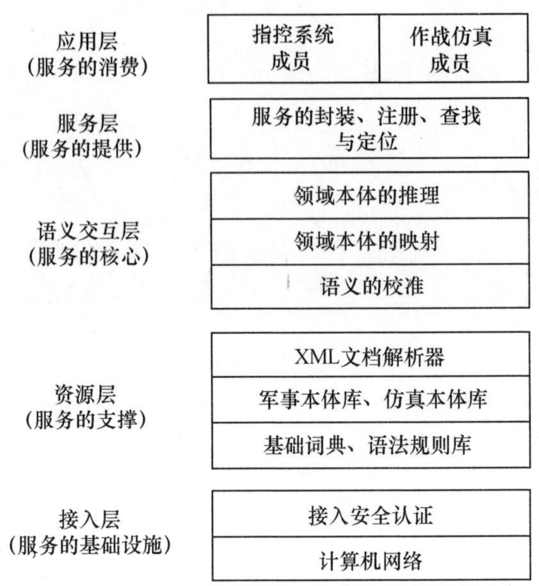

图7-12 基于SOA的作战仿真与指挥控制系统语义互操作的通用技术框架

服务的封装、注册、查找与定位,为用户提供语义互操作服务;应用层是互操作服务的消费者,包括作战仿真成员、指挥控制系统成员。

(1) 语义的显式描述采用本体。与现在的大多数互操作方法不同,采用本体来使作战术语所包含的信息资源的语义"显性"化,而不是隐式地、内含地包含在语法和其他结构中,将大大地促进指挥信息领域与作战仿真领域的语义互操作问题的解决。

(2) 服务描述采用Web服务本体描述语言(Ontology Language for Web Services,OWL-S)。OWL-S(即过去的DAML-S)是美国国防高级计划署资助项目"DAML计划"所提出的一种方法。OWL-S是一种以OWL定义的Web服务本体,可以将其看作OWL的一个应用。它提供了一套核心标记语言,以一种明确的、计算机可理解的方式描述Web服务的属性和功能。OWL-S对于Web服务的描述主要包括以下3个方面:ServiceProfile(服务概述)描述服务能做什么,类似于黄页信息,包括服务的整体描述性信息,以及服务的输入、输出、前置条件和效果;ServiceModel(服务模型)用以刻画服务如何工作,包括服务执行的先后顺序、服务执行的过程以及服务调用的流程等;而ServiceGrounding(服务绑定)则给出如何使用服务的细节,包括采用通信协议的类型、消息格式以及服务的寻址方式等具体细节。

(3) 服务的查找采用扩展的语义查询 Web 规则语言(Semantic Query - Enhanced Web Rule language,SQWRL)。针对以统一的描述、发现与集成(UniversalDescription, DiscoveryandIntegration,UDDI)为代表的,关键字匹配为依据的服务查找技术存在的查全率与查准率不高的问题,SQWRL 是基于语义网规则语言(SemanticWebRuleLanguage,SWRL)的扩展本体规则描述语言。SQWRL 并不改变 SWRL 的语义,并且它使用标准的 SWRL 语法。在 SWRL 基础上,SQWRL 扩展了一个内置原子库(built - ins),它可以高效地把 SWRL 转换为一个查询,从而进行信息抽取。这些内置原子在 SQWRL 本体中进行定义,它们有一个默认的名字空间前缀 sqwrl。可以在标准的 Protege - OWL 库里找到相关规范。

7.4 作战任务领域本体模型

如果指挥控制系统、作战仿真系统领域已有作战计划(OPLAN)、命令(OPORD)、报告、请求等重要对象的逻辑结构,可以考虑采用映射的方法建立相关领域的本体模型;否则,需要重头建立。作战命令是作战任务领域本体模型的核心关注对象。

7.4.1 作战命令概述

当前,作战命令在指挥控制过程中多采用非标准的书面语言或口语进行传达。由于这种方式在表达和语法上的模糊性和歧义性,指挥控制系统与不同系统交互时,对作战命令有时难以理解和自动处理,最终降低彼此之间互操作的有效性。SISO 仿真互操作标准化组织开发了联合作战管理语言(C - BML),其中一个重要贡献就是明确地规定了一个使用 C2IEDM 来统一定义的军事命令的集合,以使它们能被 C2、M&S 和自动化系统理解;为了有效的信息共享,它把条令化无歧义的词汇作为基础。但是,目前作战命令使用的作战管理语言在表达上并没有做到无歧义。为了促使作战命令在面向指挥控制系统时,能够实现无歧义地被传输与认知,需要对作战命令进行统一的描述。作战命令的概念模型如图 7 - 13 所示。

图中描述了作战命令、命令发布方、命令接收方、指挥关系、隶属关系、作战行动以及作战任务等基本概念,并且清晰地表达了概念之间的层次关系。其中,命令发布方与作战命令是一对一的关系,而命令发布方与命令接收方是一对多的关系,3 种指挥关系是贯穿两者之间的,同时,命令接收方充当作战任务的执行者。根据作战目标的状态,实施具体的作战任务,针对同一种作战任务时,执行者会采取不同的作战行动,针对不同的作战行动对行动能力的需求又有所不

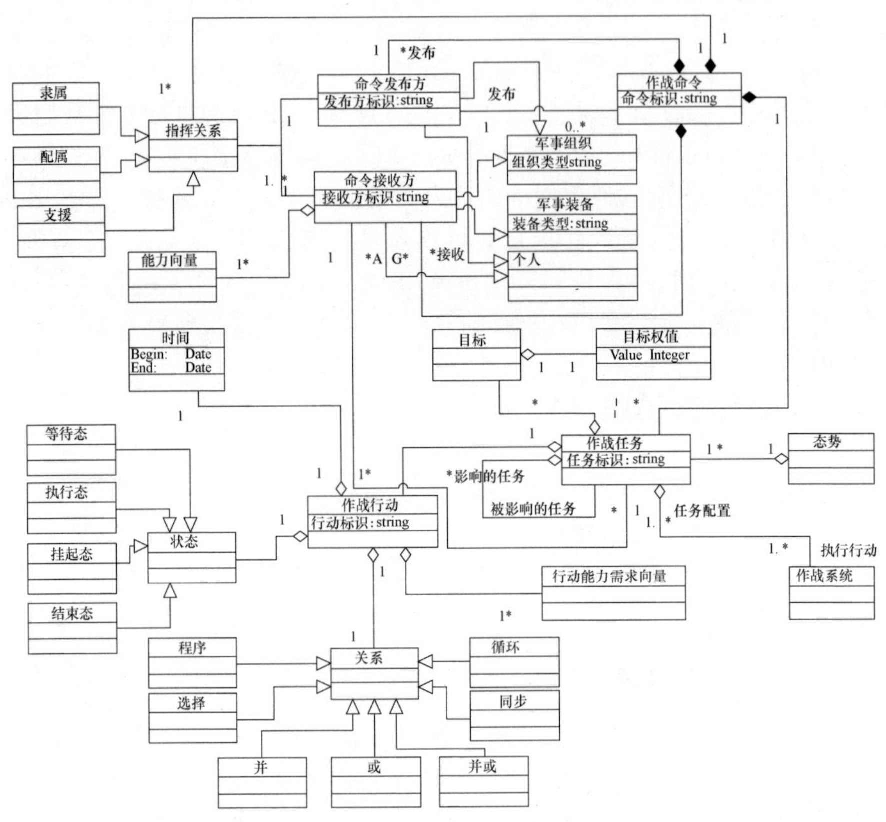

图 7－13 作战命令的概念模型

同,不同时刻作战行动处于不同状态,而彼此又互相影响。

信息化战争中,相同的命令发布方对同一命令接收方会发布不同的作战命令。比如广义上的作战命令包括开进命令、换班命令、撤离战场命令、机动命令等。作战命令又有合同命令和个别命令之分。合同命令是对所属和配属作战单位统一下达的命令,通常用于战役、战斗组织阶段。防御作战命令,还应有阵地编成、火力配系、工事构筑、障碍物配系等内容。个别命令是只针对某一作战单位下达的命令,其内容仅限于该部队的任务及其有关问题,通常用于战役、战斗过程中,或为不暴露整个作战企图时采用。如此多的作战命令,对于不同的系统而言,只有能够被无歧义的接受与识别,才利于作战行动的实施。

作战命令的内容一般包括当前战场环境、所属部(分)队的作战任务和保障信息等内容。作战命令具有如图 7－14 所示的层次结构。

作战命令中的核心要素是作战任务。作战任务有不同的形式与类型,它的

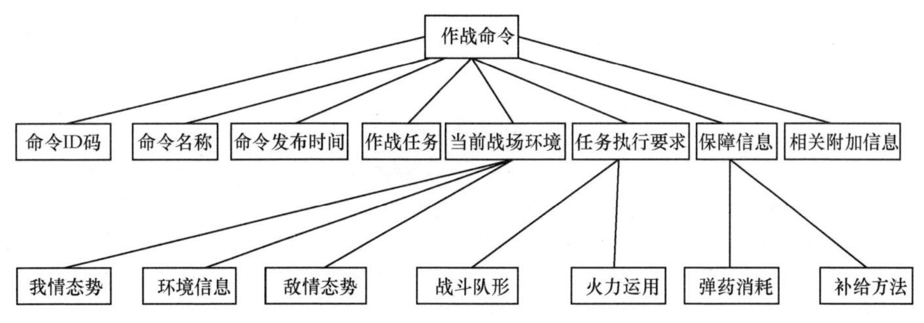

图 7－14　作战命令的层次结构

部分知识结构如图 7－15 所示。

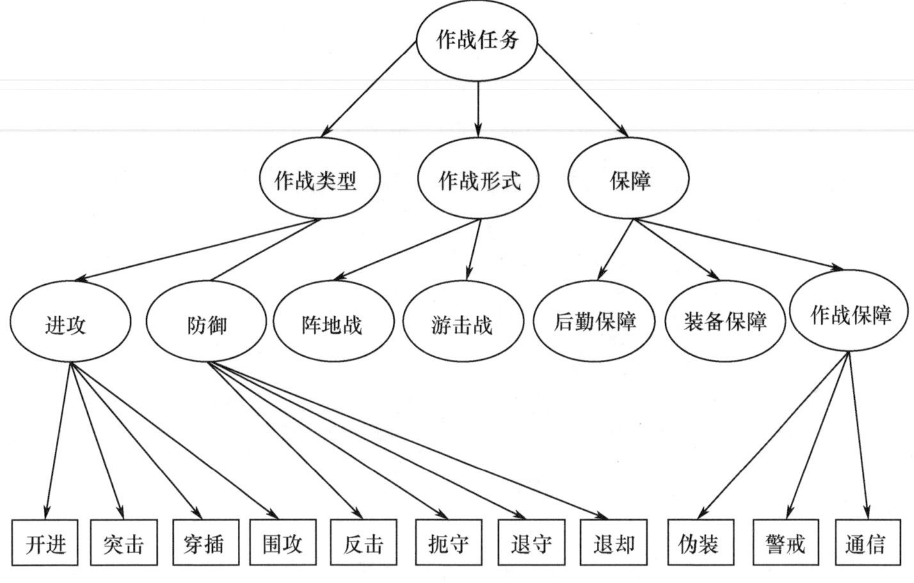

图 7－15　作战任务的部分知识结构

7.4.2　采用映射方法创建作战任务领域本体模型

采用从头开始、手工方式建立领域本体模型，是一件非常烦琐、效率不高的工作。考虑到指挥控制系统、作战仿真系统领域已建立了作战计划(OPLAN)、命令(OPORD)、报告、请求等重要对象的逻辑结构(以 XML Schema)，本书采用了由 XML Schema 生成本体的方法。例如，命令的逻辑结构如表 7－8 所列，由 XML Schema 生成本体的方法如图 7－16 所示。

建立的本体模型存储于关系数据库当中，便于依据实体之间的关系进行指挥控制系统、作战仿真系统领域本体模型之间的映射。

表 7-8　命令的逻辑结构

```
< xs:element name = "OrderID"  type = "OrderIdentificationType"/ >
< xs:element name = "FRAGOID" type = "OrderIdentificationType"  minOccurs = "0"/ >
< xs:element name = "CategoryCode" type = "OrderCategoryCodeType"/ >
< xs:element ref = "Header"/ >
< xs:element ref = "TaskOrganization"/ >
< xs:element ref = "Situation"  / >
< xs:element ref = "Mission"/ >
< xs:element ref = "Execution"/ >
< xs:element ref = "AdministrationLogistics"/ >
< xs:element ref = "CommandAndSignal"/ >
< xs:element ref = "Overlay"  maxOccurs = "unbounded"/ >
```

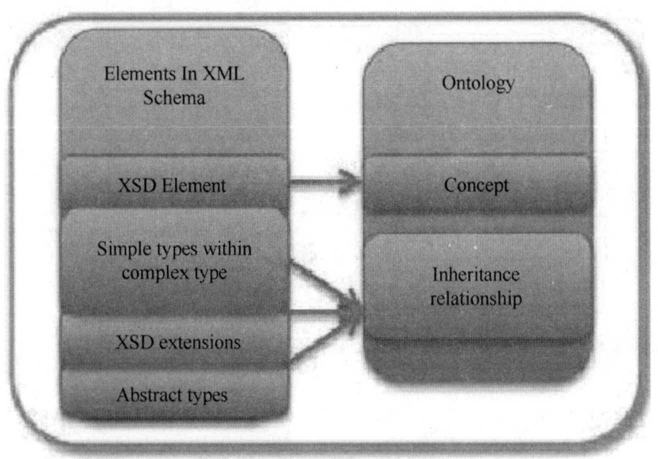

图 7-16　由 XML Schema 生成本体的方法

7.4.3　基于 OWL 的作战任务领域本体模型

在 Protégé Desktop 中可定义"进攻"为(图 7-17):

"进攻 Equivalent To(开进 or 突击 or 反包围 or 穿插 or 牵制 or 围攻 or 突袭)"

即"开进""突击""反包围""穿插""牵制""围攻""突袭"在概念上都属于"进攻"的范畴。

所以,由以上定义可以断定:假如一个具体的任务是开进或突击或反包围或穿插或牵制或围攻或突袭,那么,这个任务必定是一个进攻任务;或者说这些具体的任务是具有进攻性质的任务。

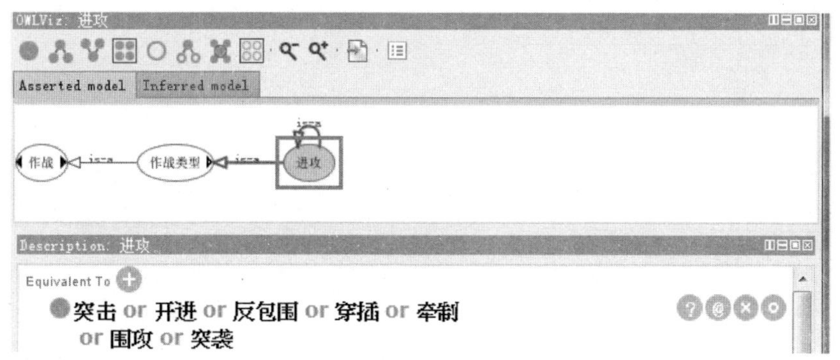

图 7 - 17　进攻的定义

同理，对于防御、保障以及行军的定义也符合上述过程（图 7 - 18）。

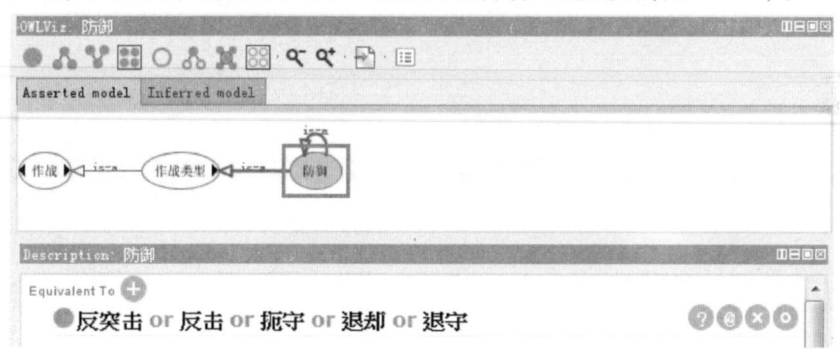

图 7 - 18　防御的定义

类似地，可以定义“开进”“突击”“反包围”“穿插”“牵制”“围攻”“突袭”等系列作战任务的概念（图 7 - 19）。通过定义“进攻”以及“防御”这些概念的等价概念，使用推理机 FaCT + + 对构建的本体进行 TBox 推理，可得到推理后的概念层次可视化结构如图 7 - 20 所示。可见，本体推理的结果完全符合预期。

采取类似的操作，可以定义作战、保障、疏散、行军、强行军以及常行军 6 个子类，其中有具体任务，也有抽象任务。如图 7 - 21 所示，左边为推理前的概念层次结构，使用推理机 FaCT + + 对构建的本体进行推理，右边为推理后的概念层次结构。

综合上述各步骤的结果，得到作战任务领域本体模型的类层次结构及可视化表示，如图 7 - 22 所示。

以下两节将研究对象进一步聚焦为装甲分队机动领域本体模型的建立以及推理。

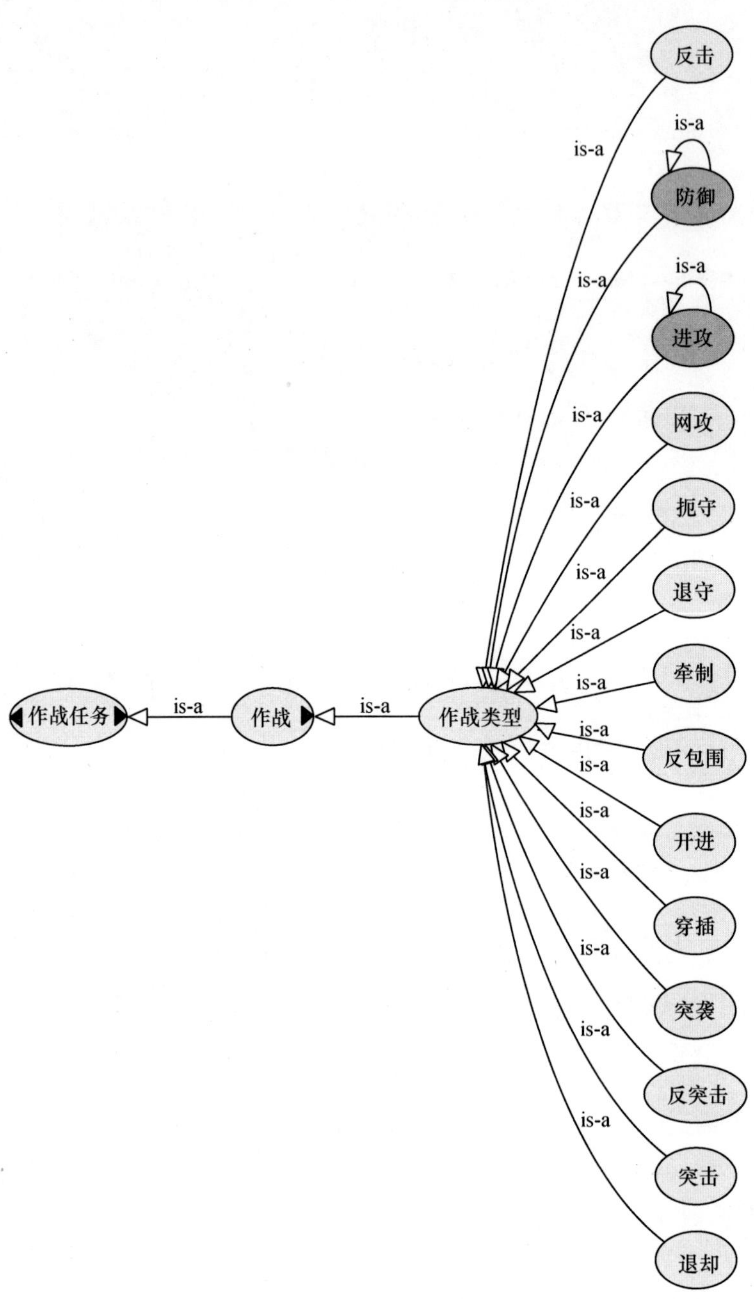

图 7-19　作战任务的层次结构(陈述的事实)

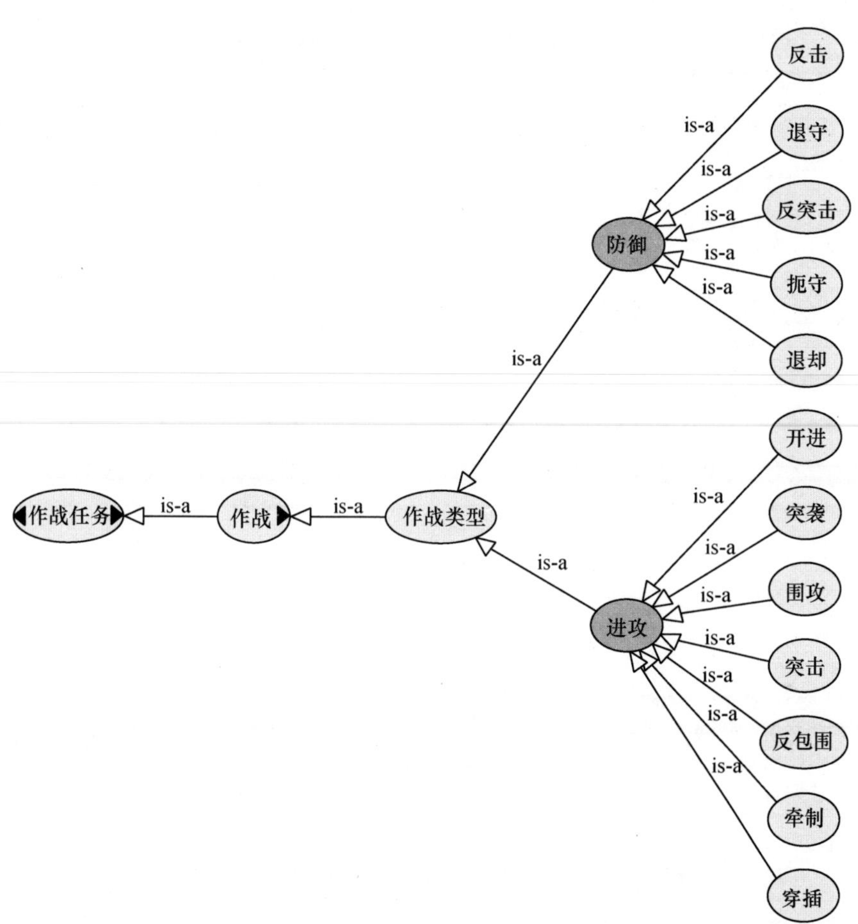

图 7－20　作战任务的层次结构(推理结果)

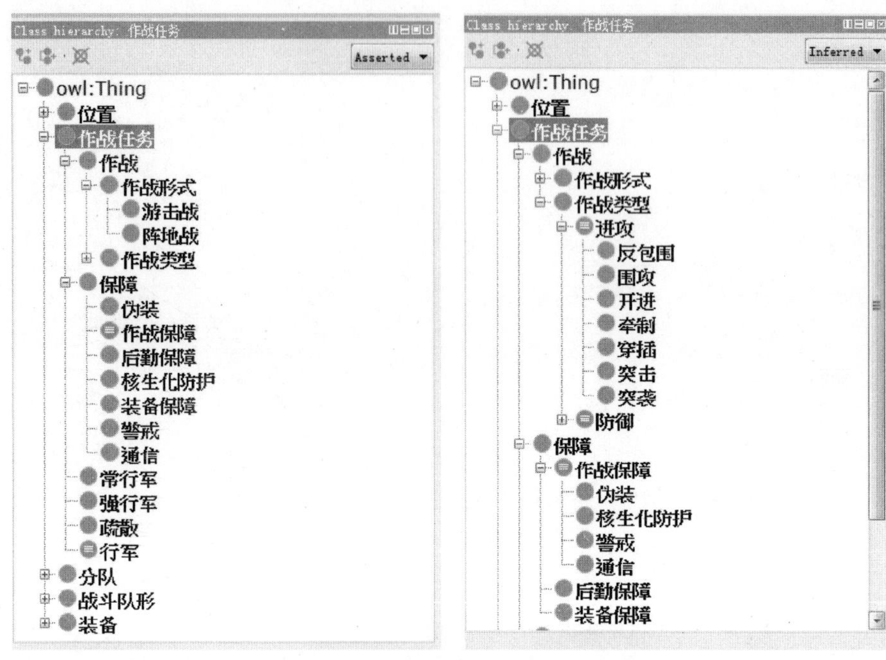

图 7-21　作战任务(陈述的事实及推理结果)

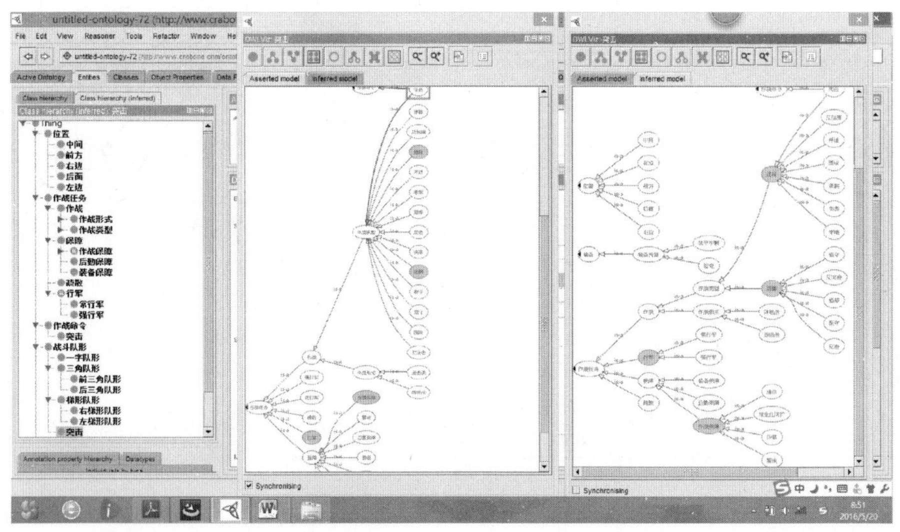

图 7-22　作战任务领域本体模型的类层次结构及可视化表示

7.5 装甲分队机动领域本体模型的建立

装甲分队机动领域本体模型的建立主要包括以下步骤:创建 OWL 类层次结构、创建属性、创建个体、描述个体的各种约束。

7.5.1 类层次结构

装甲分队机动本体模型的类层次结构及可视化表示如图 7-23 所示。

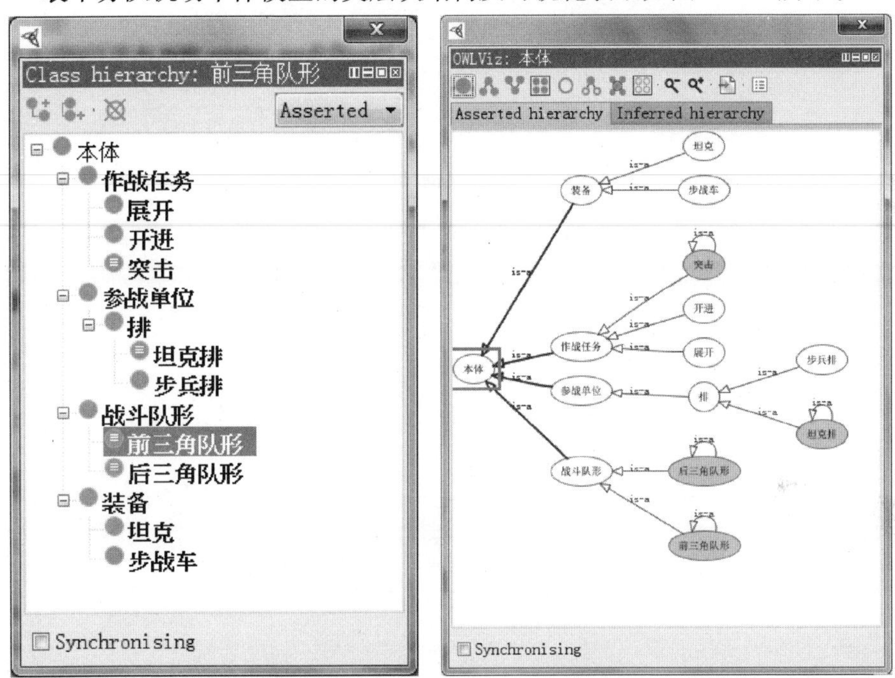

图 7-23 装甲分队领域本体模型的类层次结构及可视化表示

装甲分队机动本体模型的类、实例以及相互之间的联系,构成了一个复杂的网状概念结构,例如,坦克一排编配了 3 辆坦克及 1 辆步战车,要执行开进、展开为前三角队形、突击蓝方步兵支撑点等 3 个作战任务,在 OntoGraf 中的可视化效果如图 7-24 所示(节点左上角的"+"号表示该节点尚可以展开)。

7.5.2 战斗队形本体

假设坦克排往北开进,建立如下坐标系:以 1 号车(头车)为坐标系原点,1 号车运动方向为 Y 轴正方向(正北),X 轴正方向指向正东;1 号车左翼为 2 号

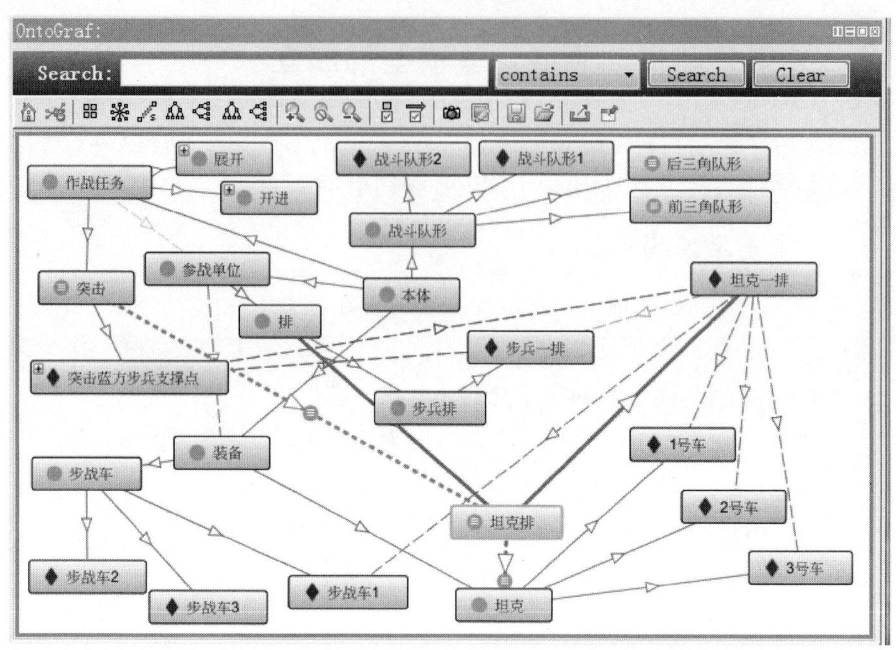

图 7－24　装甲分队本体模型的网状结构

车,1 号车右翼为 3 号车。则坦克排常见的战斗队形中,考虑容许的偏差,各车的相互距离及方位可用表 7－9 来描述。

表 7－9　坦克排战斗队形定量描述

战斗队形	坦克	与 1 号车的间距	相对 1 号车的方位
前三角队形	1 号车	0	90°
	2 号车	(50m,150m)	(220°,230°)
	3 号车	(50m,150m)	(310°,320°)
后三角队形	1 号车	0	90°
	2 号车	(50m,150m)	(130°,140°)
	3 号车	(50m,150m)	(40°,50°)
左梯次队形	……	……	……
右梯次队形	……	……	……
一字队形	……	……	……
一路队形	……	……	……

由此,可定义坦克排前三角战斗队形和后三角战斗队形,分别如图 7－25 和图 7－26 所示。

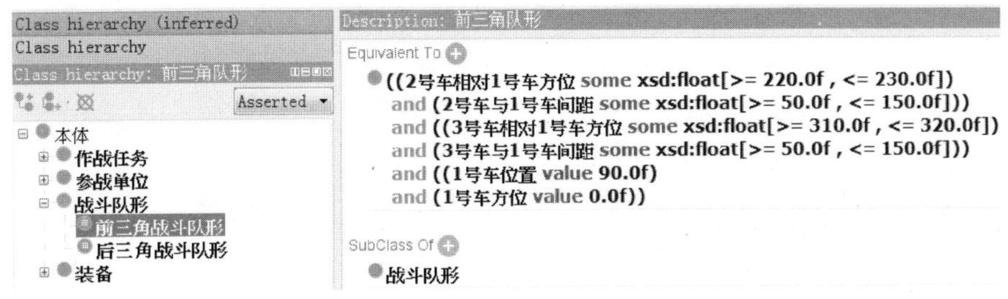

图 7－25　坦克排前三角战斗队形的定义

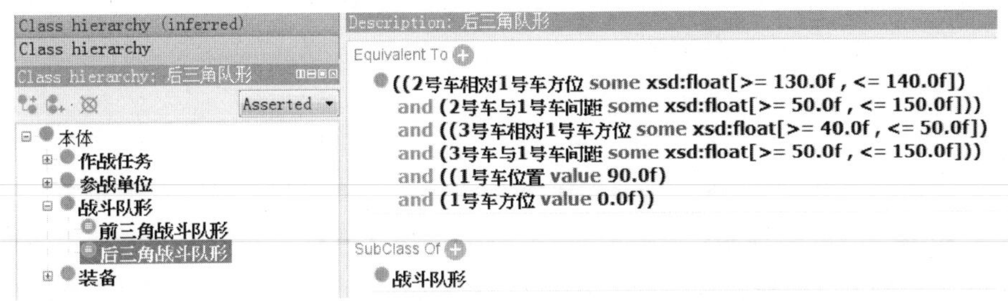

图 7－26　坦克排后三角战斗队形的定义

7.6　装甲分队机动领域本体的推理

以陆军某战术级信息系统装备运用培训系统为平台开展基于本体的语义互操作的原理验证。该系统主体包括两个成员：陆军战术指挥控制系统（ATCCS）和陆军战术仿真系统（ATSS）（图 7－27）。其中，ATCCS 为实装，基于指挥控制公共服务进行构建，能够为陆军作战部队营至师级指挥人员提供态势感知、指挥控制等功能，其主要包括指挥控制、火力、情报、通信、作战保障、勤务保障 6 个分系统，分系统之间采用标准报文（MSG）进行通信，同类分系统之间也可能采用定制报文格式进行通信；ATSS 是基于 HLA 架构、采用面向对象技术实现的蒙特卡罗仿真系统，它能够生成各种相对合理的战场情况，作为战术对抗背景提供给受训对象临机处置，从而提高其运用指挥控制系统的能力。ATSS 与 ATCCS 是两类不同性质的系统，通过标准报文实现两者之间的语义互操作。

机动控制是指挥控制系统实现指挥这一核心功能的基础之一。为此，在开展作战仿真与指挥控制系统语义互操作的原理验证时，应优先考虑对机动指令的互操作进行测试。

案例设定红方坦克一排（计算机生成兵力）接到上级（连长席位）下发的机动作战命令："T 时由出发阵地以行军队形机动到 W 位置，展开为前三角战斗队

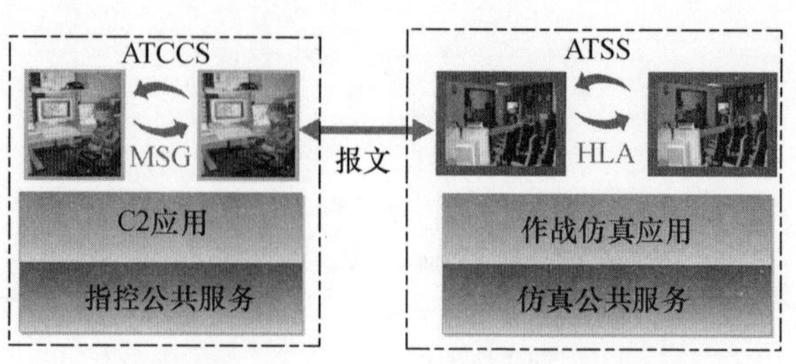

图 7－27　陆军战术级装备体系运用培训系统的结构

形，而后，向位于 W 位置前方 2000 米的蓝方步兵支撑点进行突击，以支援自己的右翼——步兵一排（计算机生成兵力）。”

显然，要正确执行该机动作战命令，坦克一排计算机生成兵力必须“理解”以下几件事情：首先，先后次序上，它需要执行如下一个动作序列，即“行军—展开—突击”；其次，它需要知道自己编配有（且仅有）3 辆坦克；再次，它需要知道前三角战斗队形的含义，以及如何由行军队形变换为前三角队形；最后，在友邻关系上，步兵一排是坦克一排的右翼，坦克一排则是步兵一排的左翼。

7.6.1　任务次序的推理

首先，定义对象属性“执行单位”，以描述某个作战任务的执行单位（图 7－28）。

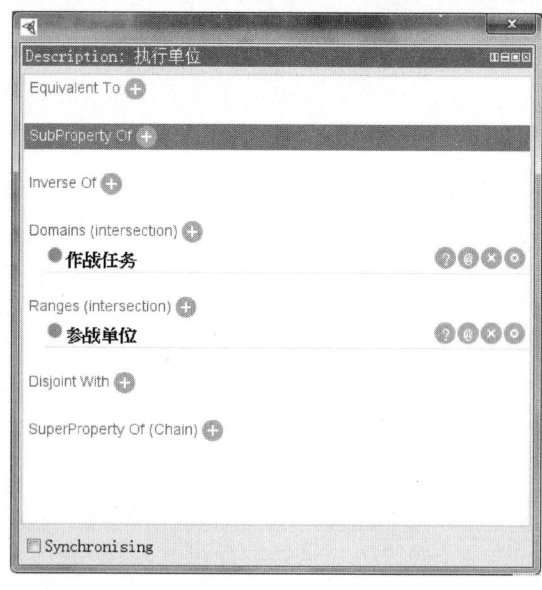

图 7－28　对象属性“执行单位”的定义

其次，通过创建该对象属性的断言，为坦克一排描述所担任的作战任务。创建完3项任务之后,在DL query中的查询结果表明,作战任务创建完毕(图7-29)。

图7-29 设置作战任务的执行单位(陈述的事实)

再次,定义对象属性"前置任务",以描述坦克一排所担任的某个作战任务的前置任务。该对象属性具备传递关系,如图7-30所示。

图7-30 对象属性"前置任务"的定义

然后,描述作战任务之间的先后次序,即先开进到W位置,后展开为前三角队形,而后向蓝方步兵支撑点发起突击,如图7-31所示。

作战任务之间的先后次序,在SPARQL中的查询结果如图7-32所示,可

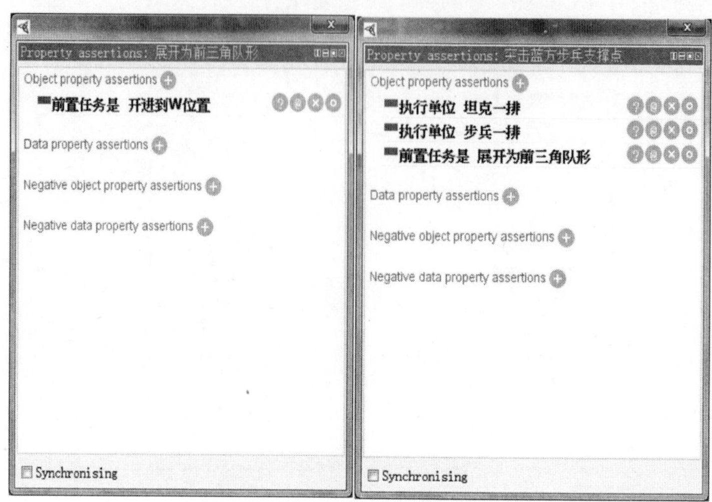

图 7-31 前置任务(陈述的事实)

见,前置任务的设置结果完全符合预期。

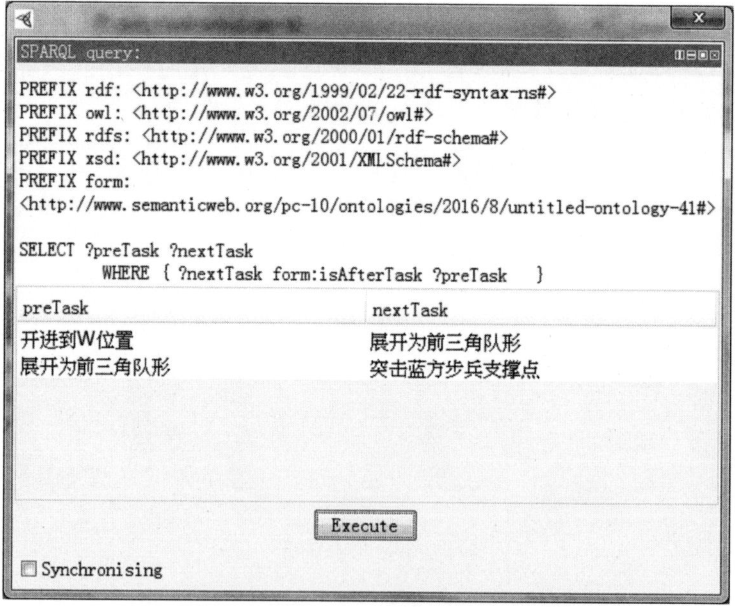

图 7-32 在 SPARQL 中查询任务先后次序

然后,运行 TBox 推理,得出开进到 W 位置也是向蓝方步兵支撑点发起突击的前置任务(图 7-33)。

图 7 – 33　开进到 W 位置是突击步兵支撑点的前置任务(推理结果)

7.6.2　编配装备的推理

首先,定义对象属性“编配装备”,以描述某个作战单位所编配的装备。这里假设坦克排只能编配有坦克,如图 7 – 34 所示。

图 7 – 34　坦克排只能编配有坦克的定义

其次,创建坦克排的实例“坦克一排”、创建坦克的3个实例以及步战车的3个实例,并为实例“坦克一排”编配3辆坦克及1辆步战车,如图7-35所示。

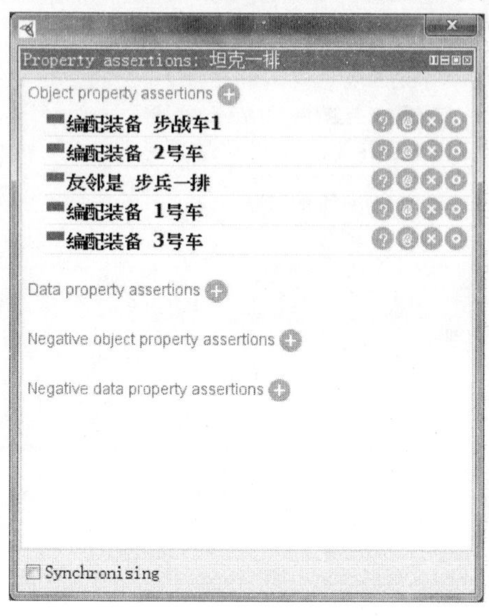

图7-35 “坦克一排”编配3辆坦克及1辆步战车(陈述的事实)

实例“坦克一排”的装备编配关系,在扩展的语义查询Web规则语言(SQWRL)中的查询结果如图7-36所示。

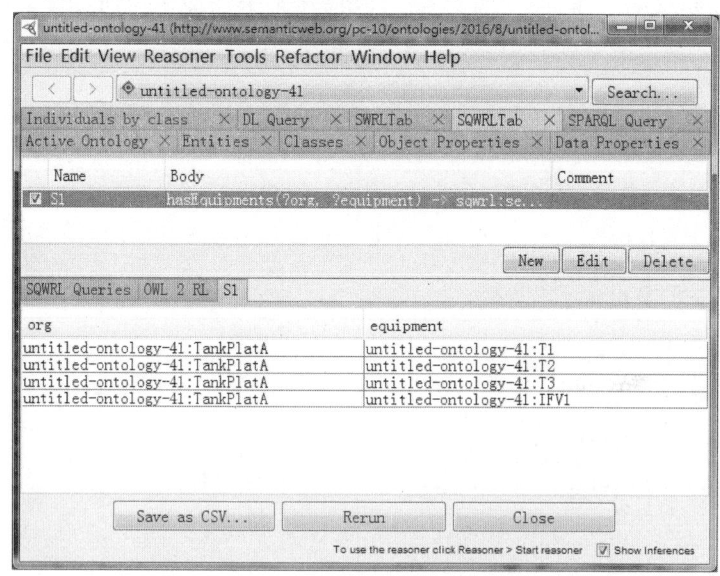

图7-36 在SQWRL中查询装备编配关系

再次，申明坦克和步战车的互斥关系。

这样，运行推理时，即可检测出本体模型当中存在的不一致情形(图 7-37)。

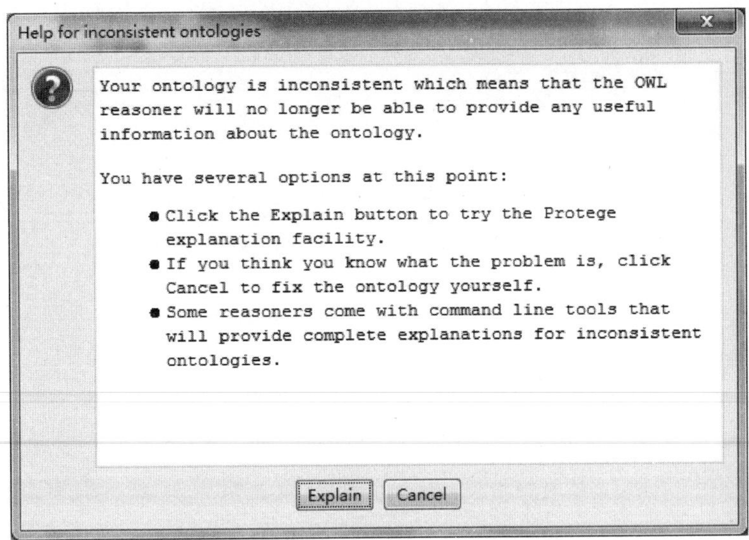

图 7-37　本体模型不一致情形的检测

同时，用户还可以知道本体模型出现不一致情形的原因(图 7-38)。

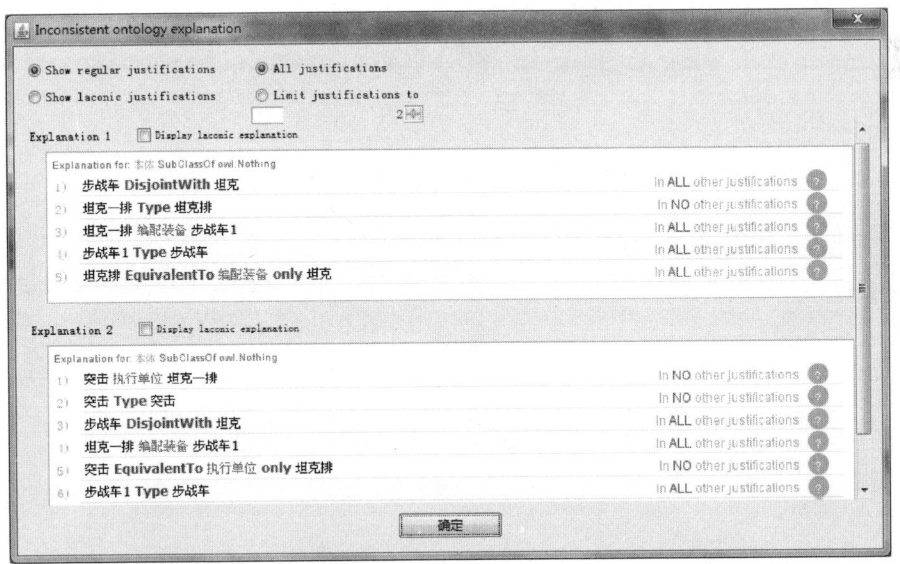

图 7-38　本体模型出现装备编配不一致情形的两种解释

7.6.3 战斗队形的推理

首先，定义战斗队形的两个实例“战斗队形 1”和“战斗队形 2”，分别如图 7-39的左侧和右侧所示。

图 7-39　实例“战斗队形 1”和“战斗队形 2”的定义

其次，运行 ABox 推理，得出实例“战斗队形 1”和“战斗队形 2”分别属于前三角队形和后三角队形(图 7-40 的左侧与右侧)。

图 7-40　实例“战斗队形 1”和“战斗队形 2”的推理结果

通过运行 DL query，同样可以得出实例“战斗队形 1”和“战斗队形 2”分别属于前三角队形、后三角队形的结果。可见，推理结果符合预期（图 7－41）。

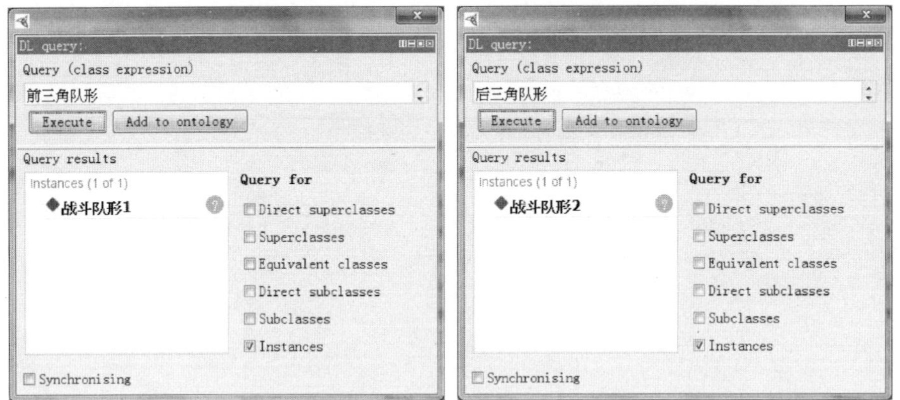

图 7－41　在 DL query 中查询战斗队形的推理结果

7.6.4　执行单位的推理

与检测本体模型当中，作战单位所编配的装备是否合理相类似，还可以检测本体模型当中作战任务的执行单位是否合理。

首先，假设突击任务只能由坦克一排来执行，而不能由其他单位来完成。这种制约关系的定义如图 7－42 所示。

图 7－42　突击任务只能由坦克排而不能由其他单位来执行的定义

这时，如果定义突击任务由步兵一排来执行（图 7－43），就会引发不一致情形。

本体模型出现执行单位不一致情形的原因如图 7－44 所示。

图 7-43　分配步兵一排来执行突击任务(陈述的事实)

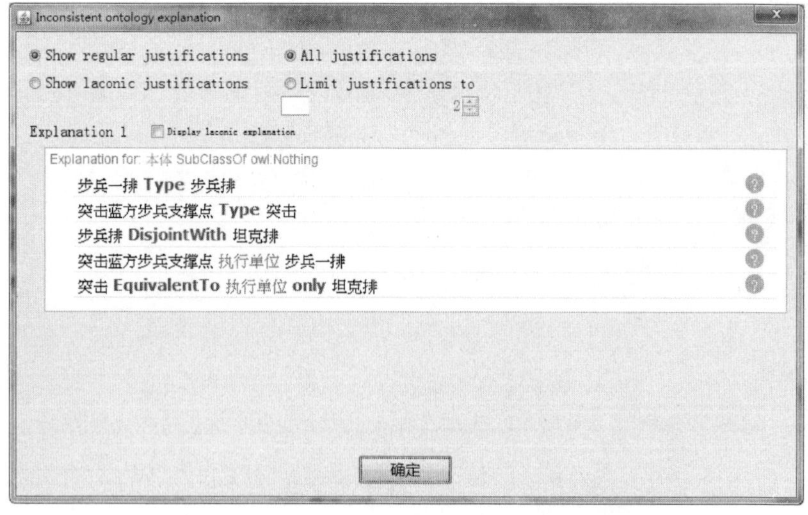

图 7-44　本体模型出现执行单位不一致情形的解释

7.6.5 友邻关系的推理

首先,定义对象属性"友邻是",以描述两个作战单位之间的友邻关系。该对象属性具备对称关系,如图 7-45 所示。

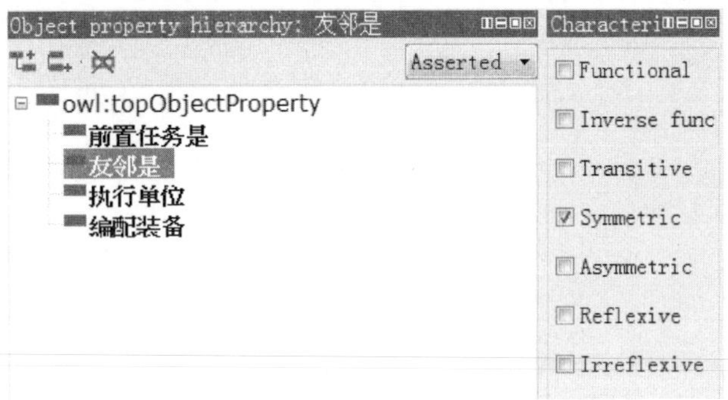

图 7-45 对象属性"友邻是"的定义

其次,描述坦克一排与步兵一排的友邻关系,如图 7-46 所示。

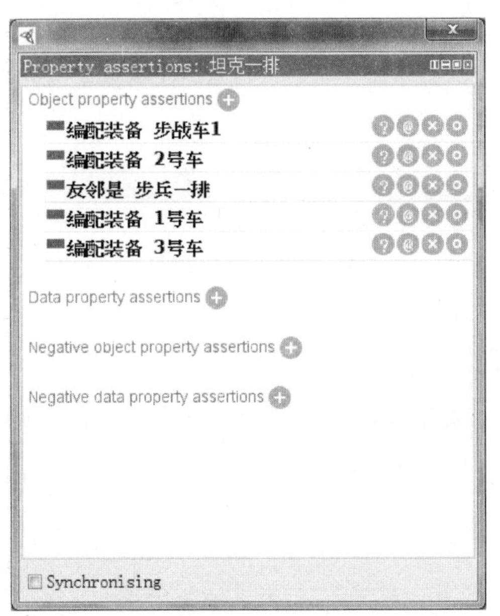

图 7-46 坦克一排的友邻是步兵一排(陈述的事实)

然后,运行 TBox 推理,得出步兵一排的友邻是坦克一排(图 7-47)。

图 7-47　步兵一排的友邻是坦克一排(推理结果)

7.7　本章小结

本章剖析了互操作的涵义,在分析信息系统互操作层次模型的基础上,分析了作战仿真系统互操作、指挥控制系统互操作、指挥控制系统与作战仿真系统互操作的概念;深入辨析了指挥控制系统与作战仿真系统在术语体系、系统架构、信息交互模型、通信协议以及数据库等方面的异构性;依据语义互操作的需求,基于面向服务的架构,对指挥控制系统与作战仿真系统语义互操作的通用技术框架进行了顶层设计;基于 Web 本体语言,建立了作战任务领域本体模型和装甲分队机动领域本体模型,并开展了任务次序、编配装备、战斗队形、执行单位和友邻关系等方面的推理,从而对建立的本体模型进行了验证。

第 8 章　概率本体理论与工程应用

由于 OWL 是基于传统逻辑的，对概率性知识描述以及可能性推理的支持存在不足。而在许多领域，如军事的许多相关领域中，不确定信息是固有的，甚至处于支配地位。这些领域的许多知识通常以一种概率模型表示。而通过在标准本体上增加注解（Annotation）的方式，不能表达概率模型中的结构性约束和概率依赖关系，更不能进行有效推理。因此，研究人员对 OWL 进行了拓展，以支持概率性知识描述和可能性推理，其中最典型的一种是概率网络本体语言（Probabilistic Web OntologyLanguage，PR－OWL）。PR－OWL 是 OWL 的扩展，用以表达复杂的贝叶斯概率模型，经过发展 PR－OWL 解决了早期在表达及语义上与 OWL 不相容的问题，并被应用于许多领域。为了配合 PR－OWL 更强的表现能力和满足对贝叶斯概率模型设计更高的要求，构建概率本体需要一套规范的设计方法。概率本体建模周期正是在这种背景下应运而生的。

8.1　贝叶斯网络

通过许多相互关联的假设，贝叶斯网络采用简约的方式来表达一个联合概率分布。贝叶斯网络（Bayesian Network，BN）由一个有向无圈图（Directed Acyclic Graph，DAG）和一组局部分布构成，图中的节点代表随机变量。随机变量表示一个属性、特征或一组可能不确定的假设。每个随机变量有一组相互排斥的可能取值，这些所有可能取值构成一个集合。也就是说，只有一个可能的值是或将是正确的值，但不确定是哪一个。该图表示直接的定性依赖关系；局部分布定量表示这些依赖关系的强度。通过随机变量由图中节点表示的形式，图形和局部分布律一起表示联合概率分布（Costa 等，2006）。

贝叶斯网络已经被成功地用来创建不同领域中不确定性知识的概率表示。虽然标准贝叶斯网络提供了一个功能强大的、灵活的建模工具，但它们被设计为解决有限类型的问题——涉及一个固定的、一套不确定假设和证据项的推理。在案例研究中提出的问题就是这样一个例子，即在一个时间段内根据一套给定的、固定的证据资料集识别出一辆车辆的类型。然而，现实世界中往往涉及一些数量不断变化的、多种类型的实体,并且实体之间以一种复杂的方式交互。例如,现代的营级作战模型需要对许多实体(例如,坦克、多用途车等装备,排、班等分队)、各类实体的结构和行为(如每类坦克在各种地形上特征性的合理速度范围)、以及个体特性(如某辆坦克在一个给定的地形上机动)进行表示和推理。贝叶斯网络可以用来仿真一辆坦克在给定的战场环境中的预期行为。在仿真中涉及许多坦克,每辆坦克可能是贝叶斯网络的一个副本。但是,这个解决方案未能采集到坦克之间的交互,因而将无法采集到重要的战场动态情况,如一组坦克执行一个共同任务。更一般地,贝叶斯网络具有命题表达的能力,并因而仅适用于简单车辆识别案例的此类问题,其中,每辆车被孤立进行考虑。模型意图采集到情况的变化(例如,同时观察多部车辆,并推理它们是否形成一组或仿真一组的行为)需要一个更具表现力的形式,这种形式可以表示多个实体的关注点(例如,来自不同时间的许多车辆、许多报告),这些实体如何关联(例如那些车是否是一组?),情况随时间如何演变(如车辆"bravo 4"是否在加速?),实体的不确定性(如虚假的报告)和在战场上能观察到的其他复杂的知识模式。

8.2 多实体贝叶斯网络

多实体贝叶斯网络(Multi - Entity Bayesian Networks,MEBN)扩展了贝叶斯网络的命题表达能力,并实现了一阶逻辑的表达。MEBN 将世界描述成为相互关联的实体、实体各自属性及其关系的集合。有关实体属性及其关系的知识被表示为一组可重复模式的集合,该可重复模式被称为多实体贝叶斯网络片段(MFrag)。MFrag 一般都比较小,用于对领域知识里的小块进行建模,以便能重用于符合上下文节点的领域中。一个良好定义的 MFrag 的集合,能共同满足一阶逻辑约束(确保联合概率分布的唯一性),称为多实体贝叶斯网络理论(MTheory)(Costa and Laskey,2006)。MFrag 的集合要是能够被认为是作战模型的完整、一致的部件,它们应当形成一个 MTheory。

多实体贝叶斯网络将随机变量分为 3 种不同类型,即驻留节点、输入节点和上下文节点,如图 8 - 1 所示。

(1) 驻留节点指那些分布律在 MFrag 中进行过定义的随机变量,用圆角矩形来表示。在一个完整的 MTheory 中,每个随机变量有其自身的局部概率分布并在其主 MFrag 中进行显式定义①。驻留节点的可能值可以是已存在实体的实例或是互斥、完备的特定取值的列表。

① 注:如果该局部概率分布不是显式定义的,将使用一个默认的分布。

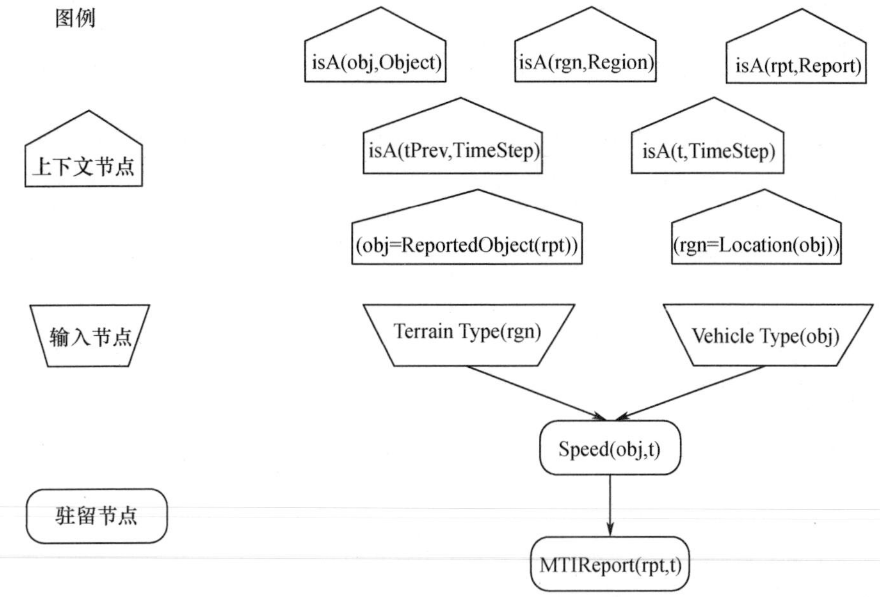

图 8-1　MFrag 结构从父变量指向子变量的有向箭头表示它们之间的依赖关系（节点包含有一系列变量，当 SSBN 实例进程被触发时它被唯一的标志所取代）

（2）输入节点是“指针”，用于引用另一个 MFrag 的驻留节点，用梯形来表示。输入节点提供了一种机制，允许在 MFrag 之间进行随机变量的复用①。输入节点将影响一个给定的 MFrag 中是自己子节点的那些驻留节点的分布概率，但它们自己的分布概率在主 MFrag 中定义。在一个完整 MTheory 中，每个输入节点都必须指向 MFrag 中的一个驻留节点。

（3）上下文节点是逻辑（即真或假）随机变量，表示在 MFrag 中定义的有效所分布必须满足的条件，用无边形来表示。上下文节点能表示几个重要的样式以及这些样式的不确定性。例如，图 8-1 中的上下文节点隐含 MTI(rpt,t)的分布依赖于 Speed(obj,t)值，其中，obj 是 rpt 正在报告的那个实体。被报告的对象的问题被称为数据关联。在对象紧密关联的情况下，它可能不确定报告指的是哪个对象。这个问题就是关联不确定性或引用不确定性。随机变量 ReportedObject(rpt)有 rpt 主题中所有对象的可能值。可以在主 MFrag 中为 ReportedObject(rpt)定义一个概率分布来表示它的关联不确定性。如果能够推理出 MFrag 的上下文节点所必须满足的有效知识，就可以在推理模型中应用 MFrag

① 注：通过将输入节点作为同一个 MFrag 中驻留节点的父节点，有可能模拟出“直接”递归。这时要特别注意避免在所得特定场景的贝叶斯网络（SSBN）中出现环路。

的概率分布。如果上下文节点所满足的变量并没有被指派实体,那么将使用默认分布。如果上下文节点不能被判断是否满足,那么,在 MFrag 中上下文节点成为几乎所有驻留节点的父节点,而不确定性通过查询处理得到显式的传递。

MFrag 表示相关的随机变量(RV)集合的不确定内容。随机变量,也被称为 MFrag 的"节点",代表一组实体的属性和特性。在一个贝叶斯网络中,采用有向图表示随机变量之间的依赖关系。MFrag 中的随机变量可能包含参数,这些参数称为普通变量。普通变量作为占位符,表示哪个领域实体能被取代。图 8-1 中,Speed(obj,t)是一个有两个参数的随机变量,obj 和 t。这两个参数可以被一个具体的对象(例如车辆 2)和一个特定的时间(T1)替换以获得 Speed(车辆 2,T1),即在 T1 时刻车辆 2 的速度。因此,MFrag 提供了一个模板,可以在一个给定的情况下根据需要多次进行实例化。由此产生的 MFrag 能够构成一个 BN,称之为特定场景的贝叶斯网络(Situation - specific Bayesian Network,SSBN),从 MTheory 推理出具体情况。每个 SSBN 可以包含重复结构的块(相同 MFrag 的实例),不同情况具有不同数目的块。这种能够表示具有重复结构的、可变大小的模型的能力是对标准贝叶斯网络表达能力的扩展。因为 SSBN 只是一个常规的贝叶斯网络,传统的 BN 算法可以直接应用于 SSBN 中而不需要特殊的修改。

因此,MFrag 是一个五元组 MFrag = $<C,I,R,G,D>$,其中,有限集合 C 代表上下文随机变量组;有限集合 I 代表输入随机变量组;有限集合 R 表示固有随机变量组;G 代表片断图;集合 D 代表 R 中的每一个值的局部分布律。集合 C、I、R 中的元素是互不相交的。片断图 G 是一个有向无环图,由集合 $I \cup R$ 中的随机变量结合在一起而组成。I 中的随机变量往往作为 G 的根节点。

多实体贝叶斯网络提供了一个简洁的方式来表示贝叶斯网络中的重复结构。它的一个重要优点是随机变量实例的数目可以动态地根据需要实例化,没有固定的限制。MFrag 可以被看作是代表给定域的模块化"知识块"。由于 MTheory 是此类"知识块"的一致组合,多实体贝叶斯网络(作为一种知识表示形式)适合用作知识融合的用户案例(Laskey 等,2007)。

8.3 概率本体

现代作战具有不确定性、分布式特点。其中,不确定性主要来源于战场环境本身的不确定性、对态势感知的不确定性、对敌方作战能力分析的不确定性、关于敌方作战知识的不确定性;分布式主要体现在作战意图识别的知识分布在多个兵力平台,其推理过程可由多个兵力平台协同完成。

为了表示现实生活中广泛存在的模糊性和随机性不确定知识,一种思路是引入云模型对 OWL2 语法进行不确定扩展,从而提出了不确定本体语言 C - OWL2。这种方法不改变 OWL2 的现有结构,用 OWL2 的注释属性 annotation 进行语法扩展,并给出了相应概念、角色等的 C - OWL2 语法,最后举例说明其具体使用方法。研究结果表明,该方法将 OWL2 本体分为精确部分和不确定部分,并且当不考虑不确定部分时,不影响精确部分知识的表示和推理;该方法是对模糊描述逻辑功能的扩展,解决了 OWL2 语言只能处理精确本体的问题。

另一种思路是采用概率网络本体语言(PR - OWL)。PR - OWL 是基于多实体贝叶斯网络(MEBN)构建的,最早由美国乔治·梅森大学的 Paulo Costa 教授在其博士学位论文当中提出。当前,主要有两个研究小组在并行开展研究。第一个小组由乔治·梅森大学 C4I 中心的 Kathryn B. Laskey 教授牵头,重点关注 PR - OWL 的语义及逻辑框架;第二个小组由巴西利亚大学的 Marcelo Ladeira 教授牵头,重点关注基于已经比较成熟的贝叶斯网络软件包(UNBBayes),为 PR - OWL 开发开源项目的多实体贝叶斯网络(MEBN)推理机。

PR - OWL 的主干概念如图 8 - 2 所示。这些主干概念来源于 MEBN,也是 PR - OWL 顶层本体的主要部分。MEBN 是一种一阶贝叶斯逻辑,也是一种直接基于实体关系的一阶概率逻辑,它利用实体关系模型将贝叶斯理论融进了经典的一阶逻辑,能够以逻辑一致的方式表达不确定性。在 MEBN 中,一个实体贝叶斯模型就是一个 MEBN 理论,在 PR - OWL 中以 MTheory 表达;MEBN 理论由若干 MEBN 片段(MFrag)组成,在 PR - OWL 中通过关系 hasMFrag 表达这种包含关系;每个 MEBN 片段代表了一组实体的影响关系以及与之关联的随机变量之间的概率信息。拥有随机变量的实体在 PR - OWL 中以 Node 表达;实体(Node)或者拥有一个被其他实体定义的可能状态,或者用一个概率分布进行定义。

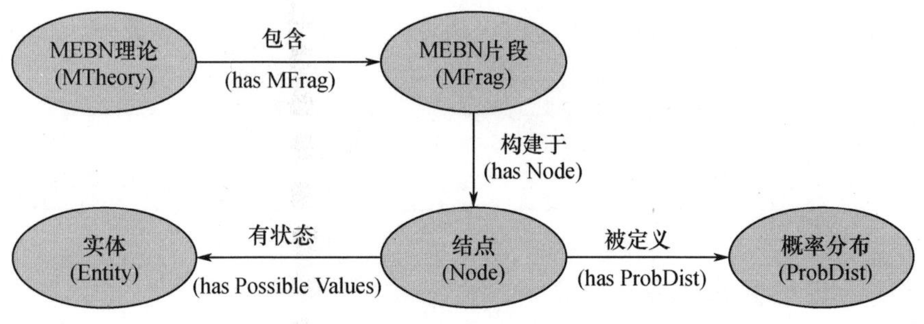

图 8 - 2　PR - OWL 的主干概念及其关系

正是基于这种形式化表示,PR - OWL 也有了自己的工具——UnBBayes。UnBBayes 提供了图形用户界面和推理机,可以用于对基于 PR - OWL/MEBN 的概率本体进行建模和推理,并且与基于 OWL 的本体建模工具(如 Protégé)保持兼容。

8.4 概率本体建模周期

为了配合 MEBN 更强的表现能力和满足对模型设计更高的要求,MTheory 需要一套规范的设计方法。概率本体建模周期(Probabilistic Ontology Modeling Cycle,POMC)的目的是提供构建 MEBN 模型的一种方法,这是语义技术不确定性建模过程(Uncertainty Modeling Process for Semantic Technologies,UMPST)中的一部分,包括模型需求的描述、模型的分析与设计、模型的实现、模型的测试等 4 个阶段,如图 8-3 所示,参见 Carvalho(2010)以及 Carvalho(2011)。本节结合车辆识别 MTheory 模型,来说明 POMC 各阶段的主要内容。

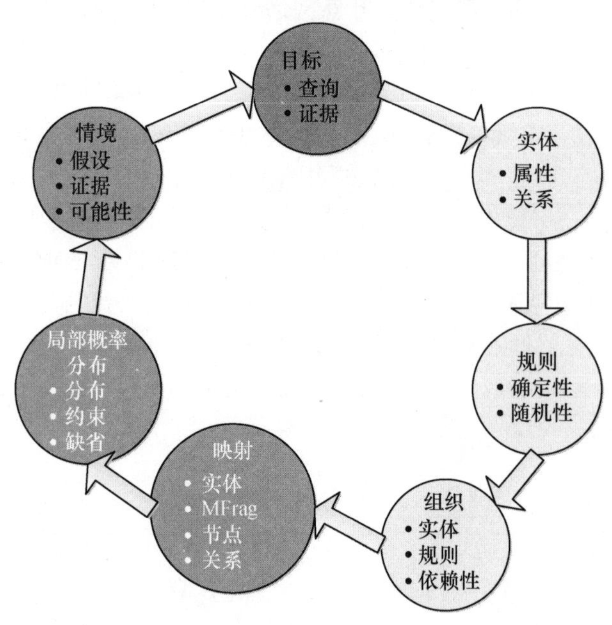

图 8-3 概率本体建模周期

8.4.1 模型需求的描述

概率本体建模周期(POMC)的第一步是描述模型的需求,以及定义模型将接收的输入。这个步骤还包括定义什么样的证据对模型可用,以便实现其目标。

8.4.2 模型的分析和设计

该阶段包括 3 个步骤。

(1) 确定在 MTheory 中定义什么样的实体,包括它们的属性和关系。

分析这个车辆识别 BN,显然,应该包含车辆和报告等实体。也就是说,其他类型的实体可以被列为"车辆识别"的一部分,但只列出直接关系到模型目的的那些实体。举个例子,传感器在这一领域发挥重要作用(例如,报告的生成),但不管这些报告是如何产生的,对于车辆类型的判断而言,只有报告是必需的。另一方面,地形类型和气候条件是为完成推理所需要的属性,所以它们所关联的实体/实体集必须是模型的一部分并且包括在列表中。在本例中,将包含一个实体"区域",该实体具有天气和地形类型等属性。最后,考虑可能会接收到多个异步报告,也将定义一个实体"时间步长"。

(2) 评估领域信息,这是进行推理的基础。也就是说,需要定义一组规则,以反映发生在该领域的过程。

(3) 组织领域信息。对前两个步骤收集到的信息进行初步、名义上的组织,评估这些实体如何对领域过程产生影响和如何受领域过程影响,在实体和规则之间的交互中观察到什么依赖性,并利用这些依赖关系对实体和规则进行相应的组织。

8.4.3 模型的实现

模型实现这个阶段有两个不同的步骤:映射和局部概率分布(LPD)。虽然建立实际模型的概念与工具无关,模型的实现则不然。因此,本节采用 UnBBayes - MEBN 实现 MEBN 车辆识别模型来说明模型的实现这个阶段,包括两个步骤。

8.4.3.1 映射

观察实体与规则之间的交互可得到依赖关系,而依据这些依赖关系对实体与规则进行组织是驱动模型结构设计的主要因素。因此,映射与前一个阶段的最后一个步骤(即信息组织)紧密相关。一旦实体被定义,必须通过相互依赖的随机变量(输入节点、驻留节点、上下文节点)和普通变量(在给定的情况下,单个会被取代)来描述其概率的属性和关系,这些变量全部在 MEBN 模型的以 Mfrag 为基础的结构当中。从一般的角度来看,概率本体中的 MFrag 部件可以将领域中的一些概念或模式进行编码,如表 8 - 1 所列。

表 8 - 1 适用于 MFrag 编码的通用知识,可用于所有满足其上下文约束的个体。特定个体的具体信息通常被当作发现结果进行描述,此处没有描述。

表 8-1　MFrag 能采集的知识样式

概念/模式	说明
实体属性	例如,车辆类型(履带式车辆、轮式车辆、非机动车辆),实体"区域"的天气(晴朗、多云)
具体/抽象的部分	如果一个实体被认为是结构化的,就可以表示出它的各个部分(例如,实体"报告"的 GIS 数据、图像数据及 MTI 数据)
实体的引用	这通常表示为一个以实体 A 为参数、实体 B 为可能值的随机变量(ReportedRegion(rpt),其中的 rpt 是一个"报告"类型的普通变量,可能的值是单个地域)。N 维引用可使用多参数表示。关系的类型使用具有两个或更多参数的布尔型的随机变量表示,那么当实体与它的参数联系时它的值是 TRUE。这样,可能的值可以预先定义,其概率分布由它的 LPD 定义
关系	一个非函数的关系(如一个对象在传感器的视野范围内)能使用布尔型随机变量表示,当实体与它的参数联接时值是 TRUE,否则为 FALSE。这些状态的概率分布通过 LPD 定义
依赖性	依赖性可表示为箭头,指向驻留节点,使用局部概率分布(Local Probability Distribution,LPD)描述。局部概率分布指定了一个随机变量的概率,决定了它的依赖性
限制	上下文节点能表示这个领域的限制

8.4.3.2　局部分布概率的定义

定义模型结构之后,模型实现阶段的下一步是为每个 MFrag 定义局部概率分布(LPD)。UnBBayes - MEBN 提供了一种灵活的方式来声明驻留节点的局部概率分布(LPD)。这是通过使用一个特殊目的的脚本来实现的,图 8-4 对局部概率分布的语法进行了描述。varsetname 是用圆点分隔的普通变量的列表,它指向包含所有这些普通变量、将这些普通变量作为参数的父节点。MIN、MAX 及 CARDINALITY 分别是最小值函数、最大值函数、计算父节点基数的函数,它们均以 varsetname 作为参数,并且满足 b_expression。如果没有提供脚本,UnBBayes - MEBN 假设各随机变量服从均匀分布(所有值的概率相同)。当前版本的 LPD 脚本没有提供定义引用节点的局部概率分布(LPD)的方式,因此使用均匀分布。

8.4.4　模型的测试

模型的测试是建立用于评估和验证模型的场景。要做到这一点,需要在场景中明确一组相关的实体。对于任何给定的场景,都要假设一个固定的、已知数量的实体集,但是该数目可以随着情况而变化。如果所设定场景包含了与 8.5 节相同类型的、相同数量的实体(即 3 个报告、一个对象、一个区域、一个时间步长),有关对象类型的查询将触发特定场景的贝叶斯网络(SSBN)的构建过程;

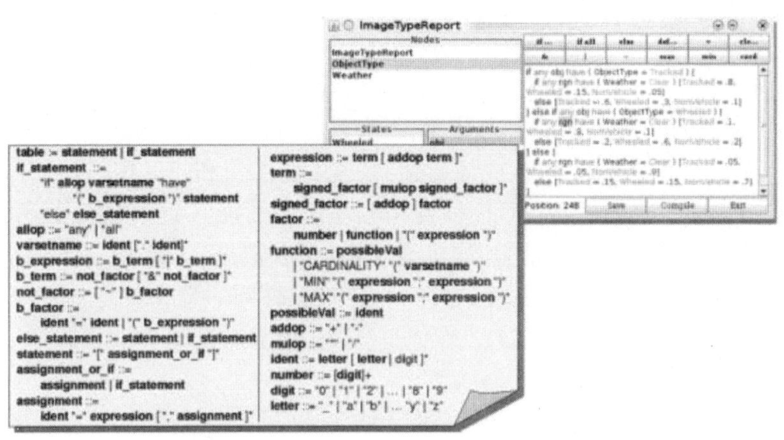

图 8-4　动态局部概率分布(LPD)的语法

(右上角的窗口显示了 UnBBayes - MEBN 如何编写 LPD 脚本)

否则,对于任意数量的报告、对象、区域等,SSBN 构建过程将产生回答查询所需的最小的 SSBN。

典型场景之一:

(1) 天气晴朗。

(2) 成像传感器报告"目标为一辆履带车辆"。

(3) 运动目标指示器(Moving Target Indicator,MTI)报告"目标为中速行驶"。

(4) 地理信息系统(Geographic Information System,GIS)报告"目标是在道路上行驶"。

典型场景之二:

(1) 天气是阴天。

(2) 成像传感器报告"目标为一辆轮式车辆"。

(3) 运动目标指示器(MTI)报告"目标为慢速行驶"。

(4) 地理信息系统(GIS)报告"目标在非常粗糙的地形环境中"。

8.5　车辆识别多实体贝叶斯网络模型

根据建模目的,确定车辆识别 MEBN 模型的结构、影响因素。根据观察样本,确定证据列表。在上述基础之上,建立车辆识别 MEBN 模型。最后,依据典型场景,对车辆识别 MEBN 模型进行了测试。

8.5.1 建立模型结构

为简单起见,本节的车辆识别 MEBN 模型处理的唯一查询将是辨别由可用传感器观察到的军用车辆的类型,影响因素只考虑传感器、车辆类型、天气、地形(图 8-5)。传感器有 3 类,即成像传感器、速度传感器和地形传感器,分别生成成像报告、运动目标指示器(MTI)报告和地理信息系统(GIS)报告;车辆类型也有 3 类,即履带车辆、轮式车辆和非机动车辆(错误情报)。因此,这个需求意味着来自一个或多个传感器的一个或多个报告被关联到一类或多类车辆的不同组合的可能性。

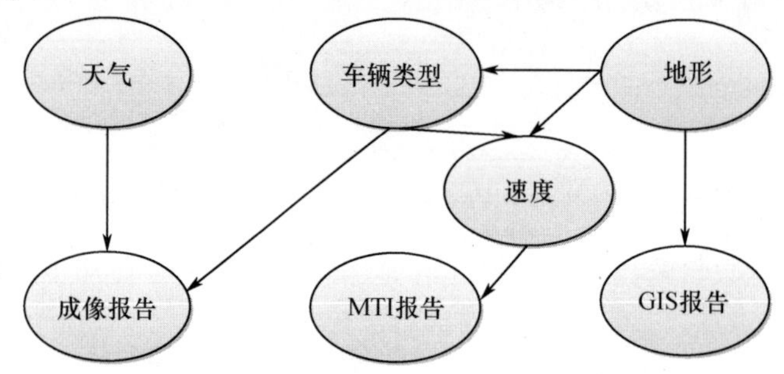

图 8-5 车辆识别贝叶斯网络

信息融合是通过使用领域专家知识和数据构建贝叶斯网络模型,并进行推理来实施的。该模型是高度简化的。现假设,得到的领域专家知识/数据可以概括为:

(1) 在非常粗糙的地形上,履带车辆的最高行驶速度是 6km/h,轮式车辆不能行驶。

(2) 在越野地形上行驶的车辆,是履带车辆的可能性大于轮式越野车辆。在崎岖的越野地形上,履带式车辆速度为 8 ~ 12km/h,轮式车辆速度为 5 ~ 9km/h。在平滑的越野地形上,轮式车辆速度为 10 ~ 20km/h,履带式车辆速度为 5 ~ 15km/h。在公路上,轮式车辆速度为 35 ~ 115km/h,履带式车辆速度为 15 ~ 60km/h。

(3) MTI 雷达提供行驶车辆的大致位置和速度,但探测不到静止的物体。

(4) 成像传感器通常从其他对象中区分车辆,使其能正确报告是履带式或轮式车辆。阴天会干扰成像传感器从其他对象中区分车辆的能力。

(5) GIS 通常会准确地报告一个位置是否是在路上、在平滑的越野地形上、在崎岖的越野地形上还是在非常崎岖的越野地形上。但是,地形数据库偶尔也会出错。

8.5.2 建立证据列表

证据列表包括以下内容。

1. 天气和地形

在贝叶斯网络中,“天气”和“地形”都是根节点,所以,随机变量“天气”和“地形”的局部分布都是直接指定的,与其他随机变量的值没有关系。

假定天气条件是晴朗的概率占 80%,阴天占 20%。也就是说,$P_r[W=w_S]=0.8$,$P_r[W=w_O]=0.2$。

由于地理信息系统可能出现错误,所以“地形”节点是必需的。它表示实际地形类型,GIS 报告中的证据会对实际地形类型产生影响。据推测,在关注的地区,关注的对象处于道路、平滑的越野地形、粗糙的越野地形以及非常粗糙的越野地形的概率分别是 40%、30%、20% 和 10%。也就是说,$P_r[T=t_R]=0.4$;$P_r[T=t_S]=0.3$;$P_r[T=t_H]=0.2$ 及 $P_r[T=t_V]=0.1$。

2. 车辆类型

“车辆类型”随机变量的先验分布与其父节点(地形类型)有关。也就是说,给定车辆的类型概率依赖于它所处位置的地形。

(1) 道路。在道路上,关注的对象是轮式车辆、履带式车辆、非机动车辆的概率分别是 60%、35%、5%。也就是说,$P_r[V=v_W|T=t_R]=0.60$;$P_r[V=v_T|T=t_R]=0.35$;及 $P_r[V=v_N|T=t_R]=0.05$。

(2) 平滑的越野地形。在平滑的越野地形上,关注的对象是轮式车辆、履带式车辆、非机动车辆的概率分别是 50%、45%、5%。也就是说,$P_r[V=v_W|T=t_S]=0.50$;$P_r[V=v_T|T=t_S]=0.45$;$P_r[V=v_N|T=t_S]=0.05$。

(3) 粗糙的越野地形。在粗糙的越野地形上,关注的对象是轮式车辆、履带式车辆、非机动车辆的概率分别是 35%、55%、10%。也就是说,$P_r[V=v_W|T=t_H]=0.35$;$P_r[V=v_T|T=t_H]=0.55$;$P_r[V=v_N|T=t_H]=0.10$。

(4) 非常粗糙的越野地形。在非常粗糙的越野地形上,关注的对象是轮式车辆、履带式车辆、非机动车辆的概率分别是 10%、70%、20%。也就是说,$P_r[V=v_W|T=t_V]=0.10$;$P_r[V=v_T|T=t_V]=0.70$;$P_r[V=v_N|T=t_V]=0.20$。

请注意,根据这个分布,轮式车辆在非常粗糙的越野地形上的概率是正的,而领域专家表示,轮式车辆不能行驶在这样的地形上,即轮式车辆在非常粗糙的越野地形上将被卡住,因此不会移动。在后面将看到,在描述速度分布时,轮式车辆相应的运动速度为 0。

3. 成像报告

“成像报告”随机变量的概率分布以其父节点“天气”和“车辆类型”的值为条

件定义。在此,已经做了一些假设以得到该分布(表8-2),表中每一列的和为1。

(1) 天气晴朗的情况下,成像报告的正确率为96%,而在成像报告出现错误时,两种错误清晰出现的概率各占一半。也就是说,$P_r[I=i_x \mid W=w_S, V=v_x]=0.96$,$P_r[I=i_x \mid W=w_S, V\neq v_x]=0.02$,当 $x\in\{W,T,N\}$。

(2) 天气是阴天的情况下,成像报告的正确率将降低到40%。同样,在成像报告出现错误时,两种错误清晰出现的概率各占一半。也就是说,当 $x\in\{W,T,N\}$ 时,$P_r[I=i_x \mid W=w_O, V=v_x]=0.40$、$P_r[I=i_x \mid W=w_O, V\neq v_x]=0.30$。

表8-2 节点"成像报告"的条件概率表

车辆类型	轮式车辆		履带式车辆		非机动车辆	
天气类型	晴朗	多云	晴朗	多云	晴朗	多云
履带式车辆	0.02	0.3	0.96	0.4	0.02	0.3
轮式车辆	0.96	0.4	0.02	0.3	0.02	0.3
非机动车辆	0.02	0.3	0.02	0.3	0.96	0.4

4. 速度和MTI报告

"速度"随机变量阐述了在贝叶斯网络中普遍使用的建模技术,即使用一个离散型随机变量来表示一个内在连续型测量(即对象的速度)。大多数贝叶斯网络工具包实现了接收离散型随机变量的推理算法,这就解释了这些工具进行离散化的原因。在这种情况下,需要做出一些假设,以简化"速度"节点的条件概率表(Conditional Probability Table,CPT),同时保持模型的逼真度。关于所提供速度数据的基本假设是,这些数据不是精确、稳定状态的速度,而是现实生活中常见的速度区间的划分。速度被分割成若干区间,这些区间确定了对所提供数据的有意义的分割。具体来说,有4个状态:

(1) 快速(S_F),对应大于60km/h的速度。

(2) 中速(S_M),对应的速度在16~59km/h的范围内。

(3) 慢速(S_S),对应的速度在1~15km/h范围内。

(4) 静止(S_N),对应于小于1km/h的速度,或一个静止对象。

使用这些状态,定义"速度"随机变量:

$$S:\Omega\rightarrow T_S=\{S_F,S_M,S_S,S_N\}$$

进一步假设,每一种车辆类型事实上都有能力以指定的速度范围之外的速度行驶。具体来说,

(1) 在非常粗糙的越野地形中,轮式车辆将被卡住,因此,轮式车辆静止的概率是100%。

(2) 在非常粗糙的越野地形之外的其他各种地形中,机动车辆静止的概率是10%。

(3) 车辆速度低于指定的速度区间时,将花费时间进行加速,并且,车辆加速可能超出指定的速度区间。

(4) 在各种地形条件下,非机动车辆静止的概率通常为70%。越野时,非机动车辆从来达不到快速。

"速度"节点的条件概率表如表8-3所列。

表8-3 节点"速度"的条件概率表

	轮式车辆				履带式车辆				非机动车辆			
地形类型	道路	平滑的越野地形	粗糙的越野地形	非常粗糙的越野地形	道路	平滑的越野地形	粗糙的越野地形	非常粗糙的越野地形	道路	平滑的越野地形	粗糙的越野地形	非常粗糙的越野地形
静止	0.1	0.1	0.1	1	0.1	0.1	0.1	0.1	0.7	0.7	0.7	0.7
慢速	0.1	0.3	0.7	0	0.3	0.4	0.5	0.75	0.15	0.2	0.25	0.3
中速	0.3	0.5	0.1	0	0.5	0.4	0.3	0.1	0.1	0.05	0.05	0
快速	0.5	0.1	0.1	0	0.1	0.1	0.1	0.05	0.05	0.05	0	0

最后,"MTI报告"随机变量与"速度"随机变量具有相同的状态,并且"MTI报告"的CPT被设计为重现速度传感器的精度。举个例子,当车辆的速度是"慢速",则MTI返回目标"静止"的概率是5%、返回目标"慢速"的概率是80%、返回目标"中速"的概率是10%、返回目标"快速"的概率是5%。

5. GIS报告

如果GIS是100%准确的,那么这个节点是多余的。假设GIS通常是准确的,具体而言,道路被正确识别的概率是99%,其他3类地形被正确识别的概率是90%,而错误识别的概率被均匀分配到毗邻的地形类型中。具体做法是:

$$P_r[G=g_R \mid T=t_R]=0.99;P_r[G=g_s \mid T=t_R]=0.01;$$
$$P_r[G=g_H \mid T=t_R]=0;P_r[G=g_v \mid T=t_R]=0;$$
$$P_r[G=g_R \mid T=t_S]=0.05;P_r[G=g_s \mid T=t_S]=0.9;$$
$$P_r[G=g_H \mid T=t_S]=0.05;P_r[G=g_v \mid T=t_S]=0;$$
$$P_r[G=g_R \mid T=t_H]=0;P_r[G=g_s \mid T=t_H]=0.05;$$
$$P_r[G=g_H \mid T=t_H]=0.9;P_r[G=g_v \mid T=t_H]=0.05$$
$$P_r[G=g_R \mid T=t_v]=0;P_r[G=g_s \mid T=t_v]=0;$$
$$P_r[G=g_H \mid T=t_v]=0.1;P_r[G=g_v \mid T=t_v]=0.9$$

8.5.3 建立车辆识别模型

考虑到表8-1中的映射关系,在车辆识别模型中可以识别以下MFrag和变量。图8-6对MFrag(包括依赖关系和上下文)进行了可视化。

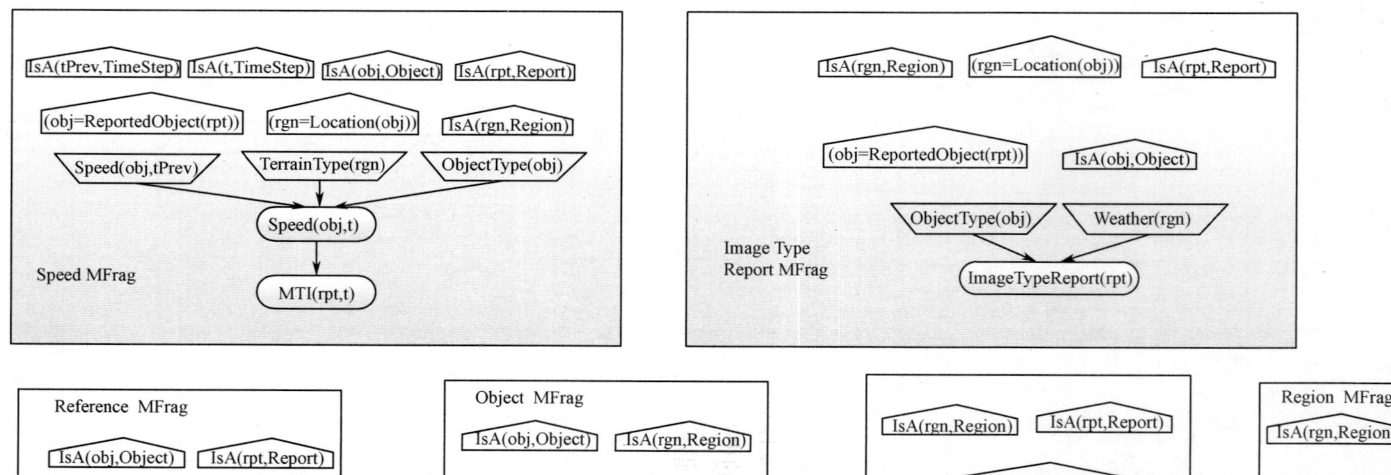

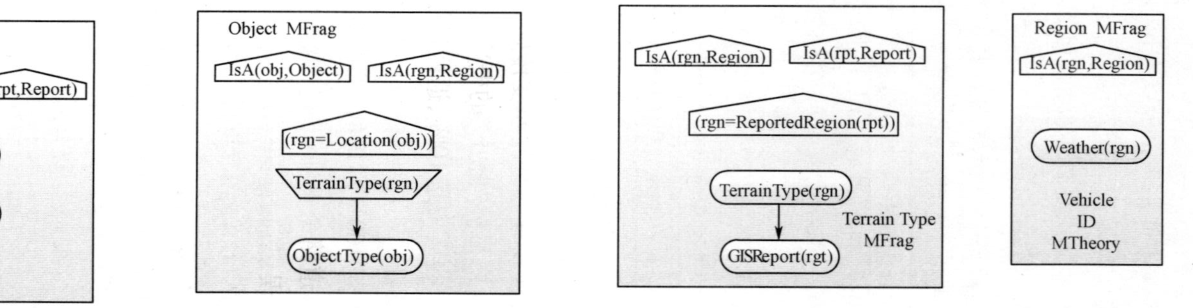

图8–6　车辆识别MTheory

（1）ReferenceMFrag：表示实体间引用关系的随机变量的集合（例如，传感器所报告的对象，某对象所处的区域）。这些驻留节点的状态是某类型实体的实例（例如，对于“区域”对象而言是“位置”）。目前 UnBBayes 的实现定义了情况中的实体的均匀分布。未来的版本将有更丰富的表示。因为本书的案例研究并未涉及引用的不确定性，引用随机变量的分布是不重要的。

① Location（obj）：将对象与它所处的区域相关联。国家是区域的实例。

② ReportedRegion（rpt）：将报告与报告所在区域联系起来。国家是区域的实例。

③ ReportedObject（rpt）：将一个报告与它报告的对象联系起来。状态是对象的实例。

④ isA（obj，Object）：上下文节点，表示普通变量 obj 属于对象 Object 的类型。它表示满足其他上下文约束的对象实例能被这个 MFrag 的随机变量中的普通变量“obj”代替。因为它们表示同样的内涵，其他的“isA”被忽略。

（2）SpeedMFrag：表示一个对象的速度及它对 MTI 报告的影响。

① Speed（obj，t）：表示在给定时刻对象的速度。状态是集合{静止、慢速、中速、快速、高速}。在之前讨论的对象中增加了“速度”。这是为了在该模型的计划升级版本中反映速度随时间的变化模式，尽管这不是本例的重要方面。

② MTI（rpt，t）：表示在给定的时间步长情况下 MTI 中报告的速度。分布由对象速度决定，从而产生报告。状态有{静止、慢速、中速、快速、高速}。

③ rgn = Location（obj）：上下文节点，表示 rgn 是对象 obj 所处的位置。上下文节点将仅在它们出现的第一个 MFrag 中解释。

④ obj = ReportedObject（rpt）：上下文节点，表示对象是报告 rpt 的主题。

（3）ImageTypeReportMFrag：表示来自于图像的报告（如卫星影像图）。

ImageTypeReport（rpt）：表示从一个图像中推出的对象的类型。状态是{履带、轮式及非机动车}

（4）ObjectMFrag：表示对象的属性。在简单的例子中，仅仅表示对象的类型。其他特征，如形状、表面材质或材料构成等，可能用一个更复杂的模型表示。

ObjectType（obj）：表示分析对象的类型。本例中这是一个查询节点（目标）。状态是{履带、轮式及非机动车}

（5）TerrainTypeMFrag：表示一个地区的地形类型及 GIS 报告的地形类型。对于本章中的简单例子，表示地形类型及 GIS 报告的地形类型。

① TerrainType（rgn）：表示一个地区的实际地形类型。状态是{道路、平滑的越野地形、粗糙的越野地形、非常粗糙的越野地形}。

② GISReport（Report）：表示从 GIS 报告中获取的地形类型。状态是{道路、

平滑的越野地形、粗糙的越野地形、非常粗糙的越野地形}。

③ rgn =ReportedRegion (rpt):上下文节点,rgn 是报告 rpt 的地区。

(6) WeatherMFrag:表示一个地区的天气属性。

Weather(rgn):表示天气情况(从天气报告中获取)。状态是{晴朗,阴天}。

图 8 -7 显示了在图 8 -6 中使用 UnBBayes 的 MTheory。

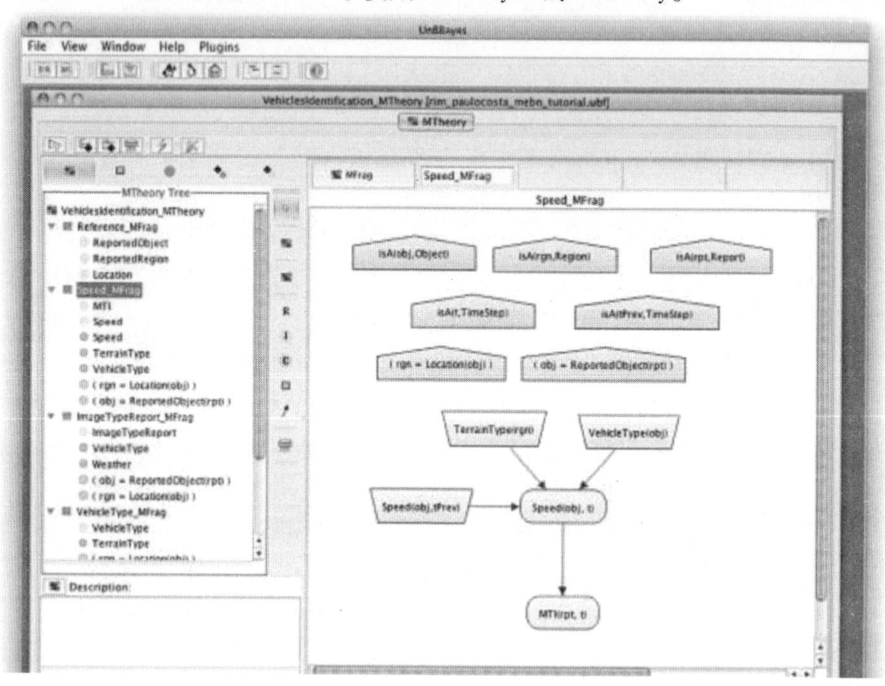

图 8 -7 UnBBayes 中的车辆识别 MTheory

由于分布 Speed(obj,t)依赖于 Speed(obj, tPrev),要注意 Speed_MFrag 包含时序递归。MEBN 对于时序递归有足够的表现力。读者可能会好奇递归如何被处理,特别是,没有上下文节点实施 tPrev 先于 t 的约束,也没有一个初始值支撑这种约束。有限种类的线性序列递归会被 UnBBayes 自动和隐含地进行处理。普通变量 t 和 tPrev 是时间步长的类型,这已被定义为一个线性序列类。因此,UnBBayes 自动处理这个递归。

8.5.4 进行模型测试

考虑如下典型场景:

(1) 天气是阴天。

(2) GIS 报告该区域为非常粗糙的越野地形。

(3) 在该区域中观察到两个目标:第一个目标由成像传感器报告为轮式车辆,由 MTI 报告为慢速行驶;第二个目标由成像传感器报告为履带式车辆,由 MTI 报告为中速行驶。

针对上述典型场景,可建立一个问题求解的 SSBN,如图 8－8 所示:综合考虑这些报告,该区域很可能是非常粗糙的越野地形,从而这两个目标也很可能都是履带式车辆。鉴于是在阴天的条件下证据出现了自相矛盾,该模型推断成像传感器很可能报告错误。

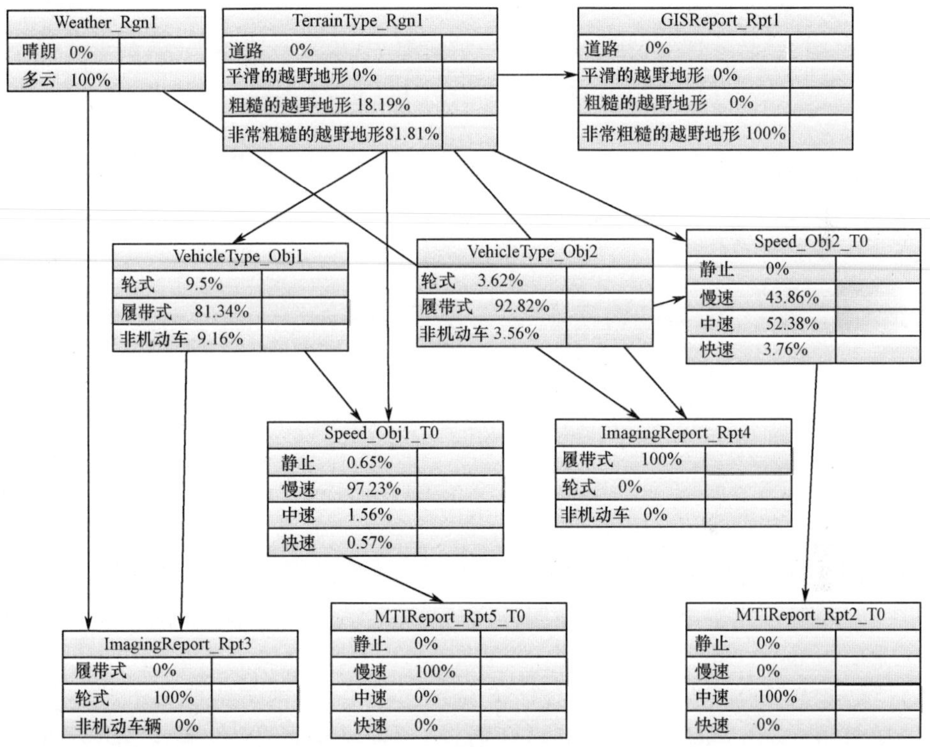

图 8－8 车辆识别 SSBN

8.6 本章小结

概率网络本体语言适合于描述作战领域当中固有的不确定性。本章简要介绍了贝叶斯网络、多实体贝叶斯网络、概率本体等概率本体的基础理论,着重阐述了概率本体建模周期,作为概率本体的建模方法;最后,结合车辆识别多实体贝叶斯网络模型,阐述了概率本体在工程领域的典型应用。如何根据概率本体建立特定场景的贝叶斯网络是下一步的研究重点。

附录1 SWRL常见问题解答

1. SWRL提供哪7种类型的原子?

SWRL提供7种类型的原子(atom):类原子;对象属性原子;数据属性原子;个体不同原子;个体相同原子;数据取值范围原子;内置原子。

(1) 类原子

类原子包括两个部分,即一个谓词符号(OWL的一个命名类或类表达式),以及一个参数(代表OWL的个体)。例如:

Person(?p)

Man(Fred)

其中,Person和Man是OWL的命名类;?p是代表OWL个体的一个变量;Fred是OWL一个个体的名称。

若要声明Man类的所有实例也是Person类的实例,可以通过使用类原子的简单规则表示:

Man(?p) - >Person(?p)

当然,OWL也能直接做出这种声明。

(2) 对象属性原子

对象属性原子由OWL对象属性和代表OWL个体的两个参数组成。例如:

hasBrother(?x,?y)

hasSibling(Fred,?y)

其中,hasBrother和hasSibling分别是OWL对象属性;?x和?y分别是代表OWL个体的两个变量;Fred是一个OWL个体的名称。

"一个人有男性同辈,意味着他有兄弟。"要建立这么一条SWRL规则,将要求用OWL描述"person(人)""male(男性)""sibling(同辈)"和"brother(兄弟)"等概念的含义。"person"和"male"的概念可以直观地用OWL类"Person"及其子类"Man"来描述;"sibling"和"brother"的概念可以直观地用定义域和值域均为"person"的OWL对象属性hasSibing和hasBrother来描述。因此,这条规则可以表达为

Person(?p)^hasSibling(?p,?s)^Man(?s) - >hasBrother(?p,?s)

这条规则将对象属性hasBrother与拥有一个或多个男性同辈的全体OWL

个体关联起来，并将这些同辈作为有关个体的兄弟。

(3) 数据属性原子

数据属性由 OWL 数据属性和两个参数组成，其中，第一个参数代表 OWL 个体，第二个参数代表数据值。例如：

hasAge(?x,?age)

hasHeight(Fred,?h)

hasAge(?x,23)

hasName(?x,"Fred")

其中，hasHeight、hasAge 和 hasName 是 OWL 数据属性；?x 是代表 OWL 个体的一个变量；Fred 是 OWL 个体的名称；?h 和?age 是代表数据值的变量。

通过使用布尔型数值属性，一条表示将全体车辆拥有者划分为驾驶员的规则，可以写为

Person(?p)^hasCar(?p,true) - > Driver(?p)

这条规则将 Person 类中全体车辆拥有者的实例划分为 Driver 类的成员。

本体中已命名的个体可以被直接引用。例如，用户可以重写上述规则，把已命名的个体 Fred 划分为驾驶员，即

Person(Fred)^hasCar(Fred,true) - > Driver(Fred)

值得一提的是，这条规则只能作用于一个本体中已知个体 Fred；用户不能使用这种形式的规则来创建一个新的个体。

(4) 个体不同原子

个体不同原子用于声明两个个体互不相同，其构成为 differentFrom 符号和代表 OWL 个体的两个参数。例如：

differentFrom(?x,?y)

differentFrom(Fred,Joe)

其中，?x 和?y 是代表 OWL 个体的变量；Fred 和 Joe 是 OWL 个体的名称。下文将解释如何在 SWRL 规则中运用这类原子。

(5) 个体相同原子

个体相同原子用于声明两个个体完全相同，由 sameAs 符号和代表 OWL 个体的两个参数构成。例如：

sameAs(?x,?y)

sameAs(Fred,Freddy)

其中，?x 和?y 是代表 OWL 个体的变量；Fred 和 Freddy 是 OWL 个体的名称。下文将解释如何在 SWRL 规则中运用这类原子。

(6) 数据取值范围原子

数据取值范围原子用于声明数据值的取值范围，其构成包括：数据类型名或

一组文字，以及一个代表数据值的参数。例如：

xsd:int(?x)

[3,4,5](?x)

其中，?x 是一个代表数据值的变量。

(7) 内置原子

SWRL 最强大的功能之一是支持用户自定义的内置原子。内置原子是一个谓词，能接收一个或多个参数，并且在参数满足谓词的情况下，返回"true(逻辑真)"。例如，可以定义一个内置原子"等于(=)"，它接收两个参数，如果这两个参数是相同的，则返回"true"。SWRL 内置函数规范[①]包含了许多核心内置原子[②]，用于完成常见的数学与字符串操作。

SWRL 核心内置数学原子在 SWRL 规则(年龄大于 17 岁的人是成年人)中使用的一个例子如下：

Person(?p)^hasAge(?p,?age)^swrlb:greaterThan(?age,17) - > Adult(?p)

按照约定，SWRL 核心内置原子以命名空间限定语 swrlb 为前缀。当被执行时，这条规则将"Person"类的实例中 hasAge 属性大于 17 的实例划分为"Adult"类的成员。

SWRL 核心内置字符串原子在 SWRL 规则(以国际访问代码"+"为前缀的电话号码是国际号码)中使用的一个例子如下：

Person(?p)^hasNumber(?p,?number)^swrlb:startsWith(?number," + ")

- > hasInternationalNumber(?p,true)

内置原子能接收各种数值或者 OWL 数据类型属性值的组合。数据类型可以是 XML Schema 中的各种数据类型以及用户自定义的数据类型。内置原子不能接收对象、类或属性值。然而，SWRL 的 SWRLAPI 版本进行了自定义扩展，从而能够接收这些类型的参数。

虽然 SWRL 规范确实规定：若传入参数的数量或类型不正确，内置原子应该返回"逻辑假(false)"，但 SWRL 规范不提供声明内置参数的数量或类型的机制——参数的检查是内置原子的责任。

SWRL 允许定义新的内置原子库，并在规则中进行使用。用户能定义内置原子库去完成更广范围的任务。例如，这些任务可能包括货币转换、时态操作、术语搜索。

2. 内置原子可以给参数赋值吗？

---

① http://www.daml.org/rules/proposal/builtins.html

② http://protege.cim3.net/cgi-bin/wiki.pl?CoreSWRLBuiltIns

可以。内置原子也可以给参数赋值（或绑定参数）。例如：SWRL 原子 swrlb：add（?x，2，3）使用 SWRL 核心内置加法算子来增加两个整型常量。如果当这个内置原子被调用时，x 未被绑定，则当该调用返回时，x 将被赋予 5。如果当这个内置原子被调用时，x 已被绑定，该原子将简单地判断 x 的值是否为 5。

如果一个内置原子成功地完成了参数赋值，它应该返回“true”。如果有不止一个参数未被绑定，那么这些参数都需要被绑定。如果内置原子返回“false”，意味着没能完成参数赋值。

一条使用兼有参数赋值的内置原子来计算矩形面积的规则如下：

Rectangle（?r）^hasWidthInMeters（?r，?w）^hasHeightInMeters（?r，?h）^

swrlb：multiply（?areaInSquareMeters，?w，?h）- > hasAreaInSquareMeters（?r，?areaIn SquareMeters）

由于当内置乘法算子被调用时，areaInSquareMeters 变量尚未绑定，该内置乘法算子将为其赋值，从而返回真值。如果该内置乘法算子被调用时，areaInSquare Meters 变量已被绑定，那么它的值将被直接用于谓词求值。在非内置算子中使用的变量，当该算子被调用时，将自动确保它是被绑定的。

用户可以使用一条类似的规则，将面积超过 $100m^2$ 的长方形划分为“Big-Rectangle（大长方形）”：

Rectangle（?r）^ hasWidthInMetres（?r，?w）^ hasHeightInMetres（?r，?h）^

swrlb：multiply（?areaInSquareMeters，?w，?h）^ swrlb：greaterThan（?100，?areaIn SquareMeters）

- > hasAreaInSquareMetres（?r，?areaInSquareMeters）^ BigRectangle（?r）

这条规则展示了同一条规则中一个变量被内置原子赋值和该变量被其他的内置原子使用。当被传入内置乘法算子时，areaInSquareMeters 变量未被绑定，从而被赋值；当“大于”内置算子被调用时，areaInSquareMeters 变量被赋予这个值。

绑定的优先顺序是从左到右。如上所述，非内置原子中使用的变量将自动被绑定——这些原子比所有内置原子有优先权。

未绑定的变量可能出现在任何参数位置，比如考虑以下两条规则，均可用以将一个人的工资从英磅转换为美元（假设 1 英镑 =1.3 美元）：

Person（?p）^ hasSalaryInPounds（?p，?pounds）^ swrlb：divide（?pounds，?dollars，?1.3）

- > hasSalaryInDollars（?p，?dollars）

Person（?p）^ hasSalaryInPounds（?p，?pounds）^ swrlb：multiply（1.3，?pounds，?dollars）

- > hasSalaryInDollars（?p，?dollars）

在这些例子中，未绑定的美元变量分别在第 2 和第 3 个参数位置。

未绑定的参数可能有多个满足内置原子需要的有效绑定。例如，给变量 x 赋值以 7 和 -7，均满足内置“取绝对值”原子 swrlb：abs（7，?x）的需要。

当然,不是所有内置原子都可以进行参数赋值。例如,SWRL 核心内置原子 greaterThan 支持参数赋值可能是违反直觉的。内置原子设计人员必须决定哪些参数——如果有的话——需要被绑定。

对 SWRL 规则有关参数绑定的定义,可参看文献[①]。

3. SWRL 规则可以使用 OWL 的类表达式吗?

可以。SWRL 规则支持使用 OWL 的类表达式[②](也称为类描述)。例如,对于一个实例——是 OWL 类的成员、数据属性 hasChild 的最小基数为 1——如果要将其划分为 Parent,相应规则可编写如下:

(hasChild > = 1)(?x) - > Parent(?x)

值得注意的是:这条规则并不是说所有拥有孩子的实例是父母。实际上,它的意思是所有拥有 hasChild 属性且其最小基数为 1 的 OWL 类的实例是父母。依据这条规则,拥有未知数量的孩子的实例可能被划分为父母。

规则也能使用类表达式来推断有关实例的结论:

Parent(?x) - > (hasChild > = 1)(?x)

在这种情况下,该规则表明:类 Parent 的所有实例的数据属性 hasChild,其基数限制为一个或更多。类似地,可以用类表达式来推断:如果一个出版物的数据属性 hasAuthor,其基数限制明确为一个,那么,它是单一作者出版物。

Publication(?p) ^ (hasAuthor = 1)(?p) - > SingleAuthorPublication(?p)

当然,这种类型的结论仅使用 OWL 就可描述,并不需要借助于 SWRL。所有这些 OWL 类表达式在 SWRL 规则中使用与在本体中其他地方使用时具有相同的语义。也就是,这些类表达式都是逻辑表达式。对于如下这条规则:

(hasChild > = 1)(?x) - > Parent(?x)

某些类对数据属性 hasChild 施加了基数限制(对应一个或多个实例);凡是能被(直接或间接)证明是这些类的成员的那些实例,都能够匹配该规则。它不能匹配本体中的那些 hasChild 属性有一个或多个值的实例。本体中某些实例的 hasChild 属性并没有被赋值,但是该数值的存在能从 OWL 公理中被推断出。由于 OWL(和 SWRL)遵循开放世界假设,这条规则实际上是能够匹配这些实例的。SWRL 不可能用于表现这种类型的匹配。

4. SWRL 采用开放世界假设吗?

是的。关于 SWRL 最值得一提的是它共享 OWL 的开放世界假设(OWA)[③]。例如,如果 OWL 类"Author"的两个个体合作出版了一本书,则可推断他们为合

---

① http://protege.cim3.net/cgi - bin/wiki.pl?SWRLBuiltInBridge#nid88T

② http://www.w3.org/TR/owl - ref/#ClassDescription

③ http://en.wikipedia.org/wiki/Open_World_Assumption

著者，建模人员可能编写如下推理规则进行推理：

Publication(?p)^hasAuthor(?p,?y)^hasAuthor(?p,?z) - > collaboratesWith(?y,?z)

然而，OWL 的开放世界语义并不支持“如果两个个体的名称不同，那么，它们便自动是不同的个体”这种假设。也就是说，OWL 没有采用唯一命名假设(uniquenameassumption)。另外，根据正则规则模式匹配，该规则中的变量 y 和 z 也可以匹配同一个个体。

如前所述，SWRL 支持 sameAs 和 differentFrom 原子来声明个体的相同或不同。因此，可以使用 differentFrom 语句或 owl:allDifferents 公理来声明“Author”类的所有个体都互不相同，对上述规则进行补充，从而达成建模人员的预期目标：

Publication(?p)^hasAuthor(?p,?y)^hasAuthor(?p,?z)^differentFrom(?y,?z) - >
CollaboratesWith(?y,?z)

类似地，只有当本体中显式声明了 OWL 公理 owl:sameAs，或者个体的同一性可以由其他公理推理得出，SWRL 才能推断出两个个体是相同的。

由于采用了开放世界假设，试图通过规则枚举出本体中的个体或属性，可能并不总行得通。例如，不能在规则中基于本体的个体或属性值的数量——除非这些数量在本体的表达式中得到了明确表述——而做出推断。因此，以下这条规则试图基于出版物的作者的数量来推断该出版物是单一作者，这在 SWRL 中是行不通的：

Publication(?p)^hasAuthor(?p,?a)^has exactly one hasAuthor value in current ontology - >
SingleAuthorPublication(?p)

某个出版物可能只有一位已知的作者，但是也可能存在其他作者——除非通过使用本体公理①来明确其他作者并不存在。

在某些情况，本体的开放世界假设也容易引导建模人员编写出适应性低于预期的规则。例如，编写一条规则用于定义一个入迷的人是一个既拥有某样东西并且又被它迷住的人。最为直观的规则将具有类似如下的形式：

Person(?x)^owns(?x,?t)^isObessedBy(?x,?t) - > ObessedPerson(?x)

然而，这条规则将不能描述那些个体——他们为拥有的事物的同一实例所着迷。因此，更一般性的公式将是：

Person(?x)^owns(?x,?t1)^isObessedBy(?x,?t2)^sameAs(?t1,?t2) - > ObessedPerson(?x)

5. SWRL 支持非单调推理吗？

不支持。如同 OWL，SWRL 只支持单调推理(Nonmonotonic Inference)。因

① http://protege.cim3.net/cgi - bin/wiki.pl?SWRLLanguageFAQ#nid9LP

此,SWRL 规则不能用于修改本体中的已知信息。如果 SWRL 允许这种修改,将导致非单调推理[1]。由于这个原因,SWRL 规则不能撤销或移除本体中的已知信息。

例如,考虑如下规则,通过为年龄超过 25 岁的驾驶员赋予逻辑真值(True)来表示该驾驶员可参保:

```
Driver(?d)^hasAge(?d,?age)^swrlb:greaterThan(?age,25) - > isInsurable(?d,true)
```

这条规则将为所有满足年龄限制的驾驶员的 isInsurable 属性赋予一个真值。它的确没有改变该属性的已知值。例如,如果之前已经为某个驾驶员的该属性赋予了“false”,那么,当对该驾驶员成功激活这条规则时,将导致这个属性拥有两个值。如果 isInsurable 属性具备函数特性(这很有可能应该是的),那么,当对本体进行推理时,本体推理机将提示本体中出现了不一致。

类似地,建模人员可能编写如下规则,来为驾驶员的年龄增加一岁:

```
Driver(?d)^hasAge(?d,?age)^swrlb:add(?newage,?age,1) - > hasAge(?d,?newage)
```

与前面提到的规则一样,这条规则的成功调用会导致驾驶员的 hasAge 属性拥有两个值,这可能并不是建模人员的本意。更糟糕的是,这条规则将使得每一个新的值被调用一次,并且永无止境地为驾驶员赋予被增加的年龄值。

6. SWRL 支持否定吗?

在 OWL 2 中,否定分为两种:原子的否定和“失败即否定(Negation As Failure)”[2]。OWL 2 提供了对象属性断言的否定“Negative Object Property Assertions”和数据属性断言的否定“Negative Data Property Assertions”。

(1) SWRL 支持“失败即否定”吗?

SWRL 不支持“失败即否定”,这是 SWRL 单调性推理的进一步结果。例如,下面的规则是行不通的:

```
Person(?p)^¬ hasCar(?p,?c) - > CarlessPerson(?p)
```

显而易见,给这个 Person 实体增加一辆车可能使这个结论失效。只有通过 OWL 公理来显式地声明实体没有车,才能安全地推理出这些实体是无车一族的结论:

```
Person(?p)^(hasCar =0)(?p) - > CarlessPerson(?p)
```

尽管如此,通过引入基于集合的操作,SQWRL 能够支持某些形式的“失败即否定”,从而对 SWRL 的功能进行了扩展(详见“附录 2 SQWRL 语法及查询示例”中“2. 基于集合或包的查询”一节)。

---

① http://www.aaai.org/AITopics/html/nonmon.html

② http://en.wikipedia.org/wiki/Negation_as_failure

（2）SWRL 支持原子的否定吗？

SWRL 不支持原子的否定。

尽管 SWRL 不支持原子的否定或“失败即否定”，在 SWRL 规则中有可能使用 owl:complementOf 类描述来达成经典的否定[①]的效果。例如，若要描述“只要不是 Person 类的成员，就应是 NonHuman 类的成员”，可编写如下规则：

(not Person)(?x) -> NonHuman(?x)

当然，由于本体（和 SWRL）的开放世界假设，只有对于可被明确推断为不可能是 Person 类的成员的那些成员，才能得出这个结论。例如，如果有本体公理声明 Person 类和 Dog 类的成员是没有交集的，那么，这条规则能安全地得出“所有 Dog 都是 NonHuman”的结论。

7. SWRL 支持原子的析取（逻辑或）吗？

不支持。只支持原子的合取（逻辑与）。因此，如下规则是行不通的：

A(?x) or B(?x) -> C(?x)

在大多数场合下，这个限制都能很容易被解决。在这个例子中，下面两条规则能产生预期效果：

A(?x) -> C(?x)

B(?x) -> C(?x)

很容易看出，原子的析取操作会增加规则语言语义的复杂性。例如，考虑如下规则：

A(?x) or B(?y) -> C(?x)

如果该规则的前提与 B 类而不是 A 类的一个实例相匹配，那么，该规则的结论中将产生什么行为是不清楚的——变量 x 将没有被进行有意义的绑定。

在规则的结论部分存在分离的原子也会导致类似的困惑。例如，考虑如下规则：

C(?x) -> A(?x) or B(?y)

若该规则与 C 类的实例相匹配，那么，这些实例是应该被划分为 A 类、B 类还是同时划分为 A 类、B 类？

然而，如果在规则中使用 OWL 的类合并操作符（union），那么，SWRL 规则也支持规则的一种简单形式的逻辑或，即

(A or B)(?x) -> C(?x)

这条规则将把 A 类或 B 类的所有实例都划分为 C 类的实例。

尽管如此，通过引入基于集合的操作，SQWRL 能够支持类合并，从而对

---

① http://en.wikipedia.org/wiki/Negation

SWRL 的功能进行了扩展(详见“附录 2 SQWRL 语法及查询示例”中“2. 基于集合或包的查询”一节)。

8. SWRL 支持使用注释值来引用 OWL 实体吗?

一般情况下,可以在规则中使用 OWL 中的名称来直接引用相应的命名实体(即,类、属性和实例)。例如,对于 RDF 格式的 OWL 文件,这些名称存储于 rdf:ID 或 rdf:About 属性中。然而,在许多本体中,这些名称本身是没有含义的,反而是注释(annotation)属性的值(例如,rdf:label)包含便于用户理解的名称。用户可以在规则中通过将这些注释值包含在单引号中来引用它们。

例如,假设驾驶员类有一个精心设定的注释属性,值为‘a Driver’,这样,上述规则也能编写如下:

‘a Driver’(?d)^hasAge(?d,?age)……

当使用注释值来引用属性和实例时,可采用相同的方法。

值得注意的是,与 OWL 实体的名称不同,注释值不必是唯一的。因此,规则中不能使用引用了多个 OWL 实体的注释值。命名实体的注释值应该是唯一的(在任何场合下似乎都应该确保这一点),否则,应该使用实体的名称。

通常,合适的、用户可见的注释值是由用户使用本体建模工具逐个为实体指定的。本体建模工具的 SWRL 编辑器构件将负责支持用户所选中注释值的展示和编辑。如果所选中的注释值发生了改变(或如果某注释值不再被使用,而恢复使用实体名称来引用某个实体),编辑器应该提供新的值。不管用户使用哪个注释值,该实体的底层表示应该是不变的。SWRLTab 中 SWRL 是如何实现对注释值的处理的,有关描述可参见相关文献①。

9. SWRL 支持 OWL Full 或者 RDF/RDFS 吗?

(1) SWRL 不直接支持 OWL Full。

SWRL 的语义是以 OWLDL 为基础的,因此它不支持关于类或属性的直接推理。OWLFull 的某些构造,例如,以类作为属性值,是不受 SWRL 支持的。例如,建模人员不能编写这样一条规则,基于某个类是另一个类的子类这样的事实来推理一些新的知识。由于相同的原因,RDF/RDFS 构造以及 owl:Class 或 owl:DatatypeProperty 等 OWL 构造,不能在 SWRL 规则中使用。

SWRLAPI 在实现时支持用户自定义内置函数,从而允许与 OWLFull 本体进行一些受限交互。SWRLTab 的内置函数支持使用 OWL 类的名称、属性的名称、个体的名称以及 xsd 数据类型作为内置参数。在这些扩展下,就可以定义支持

① https://github.com/protegeproject/swrlapi/wiki/SWRLAPISWRLSyntax#how-are-owl-classes-properties-and-individuals-referred-to

OWL Full 操作的内置函数。

值得一提的是,如果这些扩展被用于推理新的知识,那么由 OWL 和 SWRL 提供的形式化语义可能会失效。在理想的情况下,只应该在本体查询中使用这些内置函数。例如,在 SWRL Tab 中,这些内置函数被设计为与 SQWRL 查询语言结合使用。

(2) SWRL 不支持 RDF/RDFS。

SWRL 的基础是 OWLDL,并且不支持 RDF/RDFS。例如,SWRL 规则不能针对 RDFS 的类实例或 RDF 的属性关系进行推理。另外,SWRL 规则也不能使用 rdfs:class 或 rdf:type 等此类 RDF 表达项。然而,SWRL 内置函数库是可能支持 RDF 的操作的。例如,SWRLTab 提供的 RDF 内置函数库[①]支持 RDF 或 RDFS 的操作。然而,同样要注意的是,当在规则中使用 RDF 或 RDFS 的相关操作以支持 OWLFull[②] 时,这些规则不能提供仅使用 OWL 和 SWRL 的规则所具有的形式上的保证。

同时,一些 RDF 或 RDFS 本体可能被转换为 OWL 本体。例如,标准的 RDFS 构造(如:rdfs:Class、rdfs:subClassOf 以及类似表达项),能被准确映射为相应的 OWL 构造。例如,Protégé - OWL 为两者提供了直观的转换机制[③]。

10. 什么时机使用 SWRL?

SWRL 基于 OWLDL,并且共享了 OWLDL 的形式化语义。SWRL 比单独使用 OWLDL 具有更强的表达能力,但是这个更强的表达能力是以可判定性为代价的。然而,可判定性的这种限制可能更多只是理论意义而非实际影响上的,这取决于底层的推理引擎以及特定本体和相关 SWRL 规则的内在特性。尽管如此,一般来说,只要有可能,建模人员应该只使用 OWL 构造;并且,只是当要求更强的表达能力时,才使用 SWRL。

11. 如何调试 SWRL 规则?

由于查询规则中潜在的复杂的相关性,SWRL 规则库可能比较难以调试。在 SWRLAPI 中,SQWRL[④] 可被用于帮助这种类型的调试。

由于 SQWRL 以 SWRL 为基础,并且有效地利用 SWRL 规则的前提条件作为查询的检索条件,所以 SQWRL 能被用于检查在规则中使用的变量的值。

例如:

Person(?p)^hasAge(?p,?age)^swrlb:greaterThan(?age,17) - > Adult(?p)

---

① http://protege.cim3.net/cgi - bin/wiki.pl?RDFBuiltIns

② http://protege.cim3.net/cgi - bin/wiki.pl?SWRLLanguageFAQ#nidA5L

③ http://protege.cim3.net/cgi - bin/wiki.pl?UsageTipsAndTricks#nidA5E

④ https://github.com/protegeproject/swrlapi/wiki/SQWRL

通过替换 SWRL 规则的结论部分,SWRL 规则就能简单地被转换为 SQWRL 查询:

Person(?p)^hasAge(?p,?age)^swrlb:greaterThan(?age,17) - >sqwrl:select(?p,?age)

然后,就可以在 SQWRLQueryTab① 中执行这些查询。

12. 什么是 DL - 安全的 SWRL 规则?

DL - 安全的(DL - safe)SWRL 规则是 SWRL 规则的受限制子集。这些规则在可判定性方面具有建模人员所期待的属性。通过将规则限定为只对本体中的已知实例进行操作,可以确保可判定性得到满足。更精确地说,DL - 安全的 SWRL 规则中的所有变量只与本体中的已知实例进行绑定。由于复杂的原因②,将变量与未知实例进行绑定的能力,将会导致不可判定性。SWRL 规则中的变量只能绑定到已知实例的这种限制,已被证明确保了可判定性③。SWRL 规则中的变量为什么可能被绑定到已知实例以外的其他实体上,这可能不是显而易见的。然而,SWRL 规则不是孤立存在的——它们是一种 OWL 公理,并且与本体中其他 OWL 公理交互。例如,考虑下面的规则:

Vehicle(?v)^Motor(?m)^hasMotor(?v,?m) - > MotorizedVehicle(?v)

它用于将一辆拥有发动机的车辆划分为机动车辆。很明显,对于 Vehicle 类中的任一实例,只要它有 hasMotor 属性,并且该属性以 motor 类的实例为值,将被划分为机动车辆。

假设我们现在定义 Vehicle 的子类"Car"及相关的限制(hasMotorsome Motor),并且定义子类"Car"的一个简单实例。由于本体已经声明"Car"有发动机,因此,建模人员可以预期,"Car"的实例将被划分为机动车辆。然而,由于在本体中并没有为 hasMotor 属性明确一台发动机(只是声明它有一些发动机),使用 DL - 安全的 SWRL 推理机,将不会推理得出"Car"的实例是机动车。这样做意味着规则中的变量 m 将被绑定到一个未知的实例。还有其他很多情形,SWRL 规则中的变量也可能被绑定到未知的实例上。

很明显,DL - 安全性在某种程度上限制了 SWRL 的表达能力。DL - 安全的规则得出的推理结果可能并不完整。也就是说,这些规则不能得出一个特定本体预定的全部推论。然而,得出的所有推论在形式上都是正确的。需要注意的是,DL - 安全性是由对 SWRL 推理机得出的结论而不是对规则编写的本身进行限制而取得的——看起来,DL - 安全的规则恰好像普通的 SWRL 规则。

---

① https://github.com/protegeproject/swrlapi/wiki/SQWRLQueryTab

② http://www.comlab.ox.ac.uk/people/boris.motik/pubs/mss04dl - safe.pdf

③ http://www.comlab.ox.ac.uk/people/boris.motik/pubs/mss04dl - safe.pdf

当前，支持 SWRL 的 OWL 推理机，例如 Pellet[①] 和 KAON2[②]，只能对 SWRL 规则进行 DL－安全的推理。SWRL API 中基于 OWL 2 RL 的 SWRL 推理机，也是 DL－安全的。

然而，如果 SWRL 规则使用了绑定了参数的内置函数[③]，那么，SWRL 规则可能变得不可判定（undecidable）。考虑如下例子：

Driver(?d)^hasAge(?d,?age)^swrlb:add(?newage,?age,1) - > hasAge(?d,?newage)

粗看上去，该规则似乎是将驾驶员的年龄增加一岁。然而，正如上面所讨论的，SWRL 的推理是单调的。因此，该规则并不会修改驾驶员的年龄，而是为驾驶员生成无限多个年龄，每个年龄都比之前的一个年龄大一岁。针对这条规则的推理将不会终止。

① http://pellet.owldl.com/

② http://kaon2.semanticweb.org/

③ http://protege.cim3.net/cgi-bin/wiki.pl?SWRLLanguageFAQ#nid8JR

附录 2　SQWRL 语法及查询示例

以下 SQWRL 查询使用了 SWRLAPI 的内置函数库[①]，有关 SQWRL 查询的更多例子可参见 https://github.com/protegeproject/swrlapi/wiki/MathematicalBuilt-InLibrary#examples。

按照功能，SQWRL 查询涉及 4 种类型：基本信息的查询与统计、基于集合或包的查询、本体自身信息的查询、其他类型的查询。实际工作当中，应用最为广泛的应该是基本信息的查询与统计。

1. 基本信息的查询与统计

(1) 计算圆的周长。

Circle(?c)^hasRadius(?c,?r)^swrlm:eval(?circumference,"2 * pi * r",?r) -> sqwrl:select(?r, ?circumference)

由于 SQWRL 支持隐式乘法，所以上述查询也可写作：

Circle(?c)^hasRadius(?c,?r)^swrlm:eval(?circumference,"2 pi r",?r) -> sqwrl:select(?r, ?circumference)

(2) 返回两个人之间的距离，这两人分别位于(x1,y1)和(x2,y2)：

Person(?p1) ^ Person(?p2) ^ differentFrom(?p1,?p2) ^

hasX(?p1,?x1) ^ hasY(?p1,?y1) ^ hasX(?p2,?x2) ^ hasY(?p2,?y2) ^swrlm:eval(?d, "sqrt(pow(x1 - x2, 2) + pow(y1 - y2,2))", ?x1, ?y1, ?x2, ?y2)

-> sqwrl:select(?p1, ?p2, ?d)

(3) 查询年龄超过 17 岁的个体。

Person(?p) ^hasAge(?p, ?age) ^swrlb:greaterThan(?age, 17) -> sqwrl: select (?p)

或者运用 SWRL 规则，分两步：

Person(?p) ^hasAge(?p, ?age) ^swrlb:greaterThan(?age, 17) -> Adult(?p)

Adult(?p) -> sqwrl: select (?p)

(4) 计算人群的平均年龄。

Person(?p) ^ hasAge(?p, ?age) -> sqwrl:avg(?age)

---

① https://github.com/protegeproject/swrlapi/wiki/SWRLAPIBuiltInLibraries

(5) 统计每个人拥有的车辆数目。

Person(?p) ^ hasCar(?p, ?c) - > sqwrl:select(?p) ^sqwrl:count(?c)

(6) 消除重复记录的统计。

Person(?p) ^ hasName(?p, ?name) - > sqwrl:countDistinct(?name)

而如下统计则可能包含重复记录:

Person(?p) ^ hasName(?p, ?name) - > sqwrl:count(?name)

(7) 查询数据属性 hasChild 的基数限制多于一人的个体。

(hasChild > =1)(?i) - > sqwrl:select(?i)

(8) 记录的排序(默认为升序)。

Person(?p) ^ hasName(p, ?name) ^ hasCar(?p, ?c)

- > sqwrl:select(?name) ^ sqwrl:count(?c) ^ sqwrl:orderBy(?name)

降序排序为:

Person(?p) ^ hasName(?p, ?name) ^ hasCar(?p, ?c)

- > sqwrl:select(?name) ^ sqwrl:count(?c) ^ sqwrl:orderByDescending(?c)

(9) 返回指定的一部分记录(如,只返回前两条记录)

Person(?p) ^ hasName(?p, ?name) - > sqwrl:select(?name) ^ sqwrl:limit(2)

返回按照字母顺序、排在前几位的记录(如,第一位):

Person(?p) ^ hasName(?p, ?name)

- > sqwrl:select(?name) ^ sqwrl:orderBy(?name) ^ sqwrl:firstN(1)

返回按照字母顺序、不是排在前几位的记录(如,不是第一位):

Person(?p) ^ hasName(?p, ?name)

- > sqwrl:select(?name) ^ sqwrl:orderBy(?name) ^ sqwrl:notFirstN(1)

类似的操作符包括 sqwrl:lastN、sqwrl:notLastN。sqwrl:firstN、sqwrl:lastN、sqwrl:notFirstN 以及 sqwrl:notLastN 操作符的别名分别为 sqwrl:leastN、sqwrl:greatestN、sqwrl:notLeastN 以及 sqwrl:notGreatestN。

(10) 查询返回结果列名称的修饰。

SQWRL 将自动给出查询返回结果列的名称,内置原子 sqwrl:columnNames 可以对其进行修饰(如,将默认的"name"修饰为"NumberOfPerson")。

Person(?p) ^ hasName(?p, ?name) - > sqwrl:count(?name) ^ sqwrl:columnNames("NumberOfPerson")

2. 基于集合或包的查询

基于集合或包的查询采用集合(包)构造内置原子 sqwrl:makeSet(sqwrl:makeBag)和分组汇总 sqwrl:groupBy 来完成。将这两个内置原子结合使用,可构建相当复杂的查询语句。

基于集合或包的查询语句具有如下基本形式:

SWRL Pattern Specification ?Collection Construction Clause ?Collection Operation Clause - > Select Clause

SQWRL 支持 UNICODE。这里的集合查询模式符“˚”是上圆圈(UNICODE 编码为 02DA),并不是度标记“°”(UNICODE 编码为 00B0),也不是中圆圈“ 。”,更不是句号“。”。输入这个特殊符号有 3 种方法:①直接输入。利用 Windows 系统工具“字符映射表”,即在“转到 UNICODE”框中输入“02DA”,通过 UNICODE 编码查找到该字符,然后进行复制(图附 2 - 1)。②直接输入。从 SQWRL 集合操作符[①]文档中复制该字符,然后粘贴。③间接输入。在 SQWRLTab 标签页新建一条含有 sqwrl:makeSet 的查询(暂用“^”代替“˚”),例如:

owl:Thing(?i)^sqwrl:makeSet(?s, ?i) - > sqwrl:select(?i)

注意该查询语句并没有什么实际意义,语法正确,执行不会返回任何结果。确认之后,查询编辑器将自动将“^”代替为“˚”,即生成如下查询语句:

owl:Thing(?i)?sqwrl:makeSet(?s, ?i) - > sqwrl:select(?i)

图附 2 - 1　集合查询模式符(上圆圈符号)的输入

(1) 集合构造内置原子 sqwrl:makeSet。

SQWRL 提供了内置原子 sqwrl:makeSet 来构造集合。sqwrl:makeSet 具有如下基本形式:

---

① https://github.com/protegeproject/swrlapi/wiki/SQWRLCollections

sqwrl:makeSet(<set>, <element>)

其中,第一个参数代表将要构造的集合,第二个参数代表将要添加到集合当中的元素。该原子将为每个特定查询构造一个集合,并将指定的元素添加到该集合当中。在集合被构造之后,就可以对该集合施加 sqwrl:isEmpty、sqwrl:size 等操作。

例如,查询人群的数目(图附 2-2)。

Person(?p)?sqwrl:makeSet(?s, ?p)?sqwrl:size(?size, ?s) -> sqwrl:select(?size)

	Name	Body
☑	S1	Person(?x) ^ hasChild(?x, ?y) ^ Man(?y) -> hasSon(?x, ?y)
☑	S10	Person(?x) ^ hasChild(?x, ?y) ^ Woman(?y) -> hasDaughter(?x, ?y)
☑	S11	Person(?x) ^ hasSibling(?x, ?y) ^ hasDaughter(?y, ?z) -> hasNiece(?x, ?z)
☑	S12	Person(?x) ^ hasSibling(?x, ?y) ^ Man(?y) -> hasBrother(?x, ?y)
☑	S13	Person(?p)˄sqwrl:makeSet(?s, ?p)˄sqwrl:size(?size, ?s) -> sqwrl:select(?size)
☑	S2	Person(?x) ^ hasSibling(?x, ?y) ^ hasSon(?y, ?z) -> hasNephew(?x, ?z)
☑	S3	Person(?x) ^ hasParent(?x, ?y) ^ Man(?y) -> hasFather(?x, ?y)
☑	S4	Person(?y) ^ hasConsort(?y, ?z) ^ hasParent(?x, ?y) -> hasParent(?x, ?z)
☑	S5	Person(?x) ^ hasParent(?x, ?y) ^ Woman(?y) -> hasMother(?x, ?y)
☑	S6	Person(?x) ^ hasParent(?x, ?y) ^ hasSister(?y, ?z) -> hasAunt(?x, ?z)
☑	S7	Person(?x) ^ hasParent(?x, ?y) ^ hasBrother(?y, ?z) -> hasUncle(?x, ?z)
☑	S8	Person(?x) ^ hasSibling(?x, ?y) ^ Woman(?y) -> hasSister(?x, ?y)
☑	S9	Person(?y) ^ hasChild(?y, ?x) ^ hasChild(?y, ?z) ^ differentFrom(?x, ?z) -> hasSibling(?x, ?z)

SQWRL Queries | OWL 2 RL | S13

size
20

图附 2-2　查询集合总数

实际上,还可以对该集合施加 sqwrl:union、sqwrl:difference 以及 sqwrl:intersection 等集合运算,从而能够提供某些形式的"失败即否定"以及集合的并等功能。

例如,假设某本体中的类"Drug(药物)"有子类"BetaBlocker(β 阻滞剂,属抗心率不齐药)"和"AntiHypertensive(降压药)",以及其他类药物,类"Patient(病人)"没有子类(图附 2-3)。

则下列语句可以查询"非 β 阻滞剂"药物的数量(图附 2-4)。

Drug(?d) ^ BetaBlocker(?bbd)°sqwrl:makeSet(?s1, ?d) ^ sqwrl:makeSet(?s2, ?bbd)°sqwrl:difference(?s3, ?s1, ?s2) ^ sqwrl:size(?non_bbd, ?s3) -> sqwrl:select(?non_bbd)

再如,下列语句可以查询药物"β 阻滞剂"或"AntiHypertensive(降压药)"的数量(图附 2-5)。

AntiHypertensive(?htnd) ^ BetaBlocker(?bbd)°sqwrl:makeSet(?s1, ?htnd) ^ sqwrl:makeSet(?s2, ?bbd)°sqwrl:union(?s3, ?s1, ?s2) ^ sqwrl:size(?htndOrbbd, ?s3) -> sqwrl:select(?htndOrbbd)

注:集合(set)中的元素应该互不相同。如果选中的元素有可能相同时,可

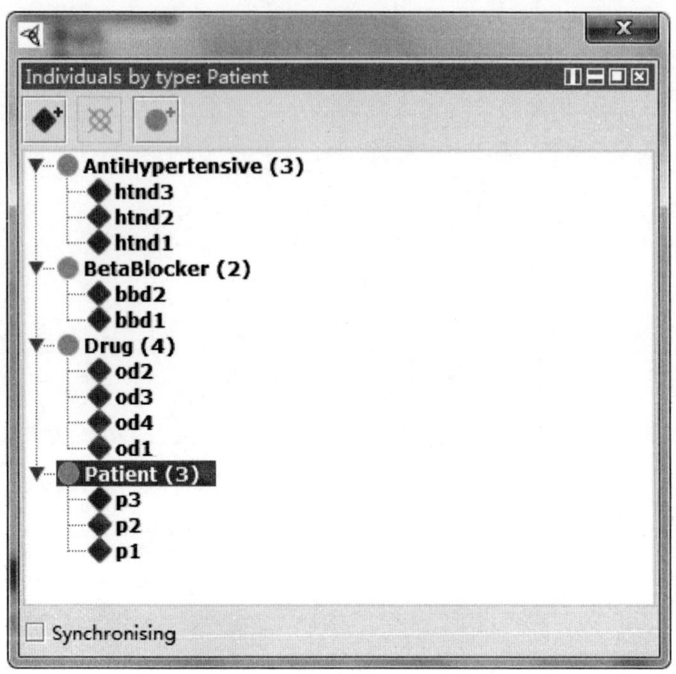

图附 2－3　药物本体及其个体

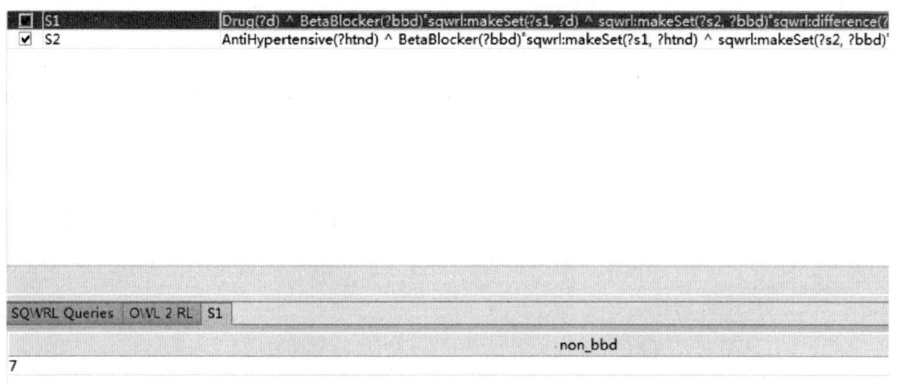

图附 2－4　查询集合的补(失败即否定)

以用内置原子 sqwrl:makeBag 将这些元素构造为一个包(bag)。sqwrl:makeBag 具有如下基本形式:

sqwrl:makeBag(< bag > , < element >)

(2) 分组汇总内置原子 sqwrl:groupBy。

上述集合操作支持一些相对简单的统计与汇总。为改进汇总功能,SQWRL

	Name	Body
☑	S1	Drug(?d) ^ BetaBlocker(?bbd)˚sqwrl:makeSet(?s1, ?d) ^ sqwrl:makeSet(?s2, ?bbd)˚sqwrl:difference(?s3, ?s1,
☑	S2	AntiHypertensive(?htnd) ^ BetaBlocker(?bbd)˚sqwrl:makeSet(?s1, ?htnd) ^ sqwrl:makeSet(?s2, ?bbd)˚sqwrl:ur

SQWRL Queries | OWL 2 RL | S2

htndOrbbd
5

图附 2-5　查询集合的并

提供了内置原子 sqwrl:groupBy。在集合或者包上的分组汇总操作,则都可以使用 sqwrl:groupBy 来完成。sqwrl:groupBy 的一般形式如下所示:

sqwrl:makeSet(< set > , < element >) ^ sqwrl:groupBy(< set > , < group >)

或是

sqwrl:makeBag(< Bag > , < element >) ^ sqwrl:groupBy(< Bag > , < group >)

其中,第一个参数代表 sqwrl:groupBy 的内置集合,第二个参数以及(可选)后续参数代表分组的元素。

例如,查询服用两种以上药物的病人(图附 2-6):

	Name	Body
☑	S1	Drug(?d) ^ BetaBlocker(?bbd)˚sqwrl:makeSet(?s1, ?d) ^ sqwrl:makeSet(?s2, ?bbd)˚sqwrl:difference(?s3, ...
☑	S2	AntiHypertensive(?htnd) ^ BetaBlocker(?bbd)˚sqwrl:makeSet(?s1, ?htnd) ^ sqwrl:makeSet(?s2, ?bbd)˚sq...
☑	S3	Patient(?p) ^ hasDrug(?p, ?d)˚sqwrl:makeSet(?s, ?d) ^ sqwrl:groupBy(?s, ?p)˚sqwrl:size(?n, ?s) ^ swrlb:gr...
☑	S4	Patient(?p) ^ hasDrug(?p, ?d)˚sqwrl:makeSet(?s, ?d) ^ sqwrl:groupBy(?s, ?p) -> sqwrl:select(?p, ?d)
☑	S5	Patient(?p) ^ hasDrug(?p, ?d) ^ hasDose(?d, ?dose) -> sqwrl:select(?p, ?d, ?dose)

SQWRL Queries | OWL 2 RL | S3

Patient	Drug
untitled-ontology-37:p1	"bbd1"^^rdf:PlainLiteral
untitled-ontology-37:p1	"htnd1"^^rdf:PlainLiteral
untitled-ontology-37:p1	"od1"^^rdf:PlainLiteral
untitled-ontology-37:p2	"bbd2"^^rdf:PlainLiteral
untitled-ontology-37:p2	"htnd2"^^rdf:PlainLiteral
untitled-ontology-37:p2	"od2"^^rdf:PlainLiteral
untitled-ontology-37:p2	"od3"^^rdf:PlainLiteral

图附 2-6　查询结果的分组显示

Patient(?p) ^ hasDrug(?p, ?d)°sqwrl:makeSet(?s, ?d) ^ sqwrl:groupBy(?s, ?p)°sqwrl:size(?n, ?s) ^ swrlb:greaterThan(?n, 2) - > sqwrl:select(?p, ?d)^ sqwrl:columnNames("Patient", "Drug")

又如,查询每名病人所服用各种药物的平均值:

Patient(?p) ^hasDrug(?p,?d) ^hasDose(?d,?dose)°sqwrl:makeSet(?s, ?dose) ^ sqwrl:groupBy(?s, ?p, ?d) ^ sqwrl:avg(?avg, ?s) - >sqwrl:select(?p, ?d, ?avg)

再如,查询每名病人所平均服用超过两剂的药物(不含 BetaBlocker 或 AntiHypertensive 这两种药物)的平均值:

```
Patient(?p) ^ hasDrug(?p, ?drug) ^ hasDose(?drug, ?dose) ^
BetaBlocker(?bb) ^AntiHypertensive(?ahtn)°
sqwrl:makeSet(?s1, ?dose) ^sqwrl:groupBy(?s1, ?p, ?drug) ^
sqwrl:makeSet(?s2, ?drug) ^sqwrl:groupBy(?s2, ?p) ^
sqwrl:makeSet(?s3, ?bb, ?ahtn) ^
sqwrl:avg(?avg, ?s1) ^
sqwrl:size(?n, ?s2) ^swrlb:greaterThan(?n, 2) ^
sqwrl:intersection(?s4, ?s2, ?s3) ^ sqwrl:isEmpty(?s4)
- >sqwrl:select(?p, ?drug, ?avg)
```

(3)返回集合中的特定元素。

指定返回集合中的特定元素,例如,第一条(sqwrl:least,即 sqwrl:first)和最后一条(sqwrl:greatest,即 sqwrl:last)、前几分之一(sqwrl:nth)和后几分之一(sqwrl:nthLast)。

例如,查询 DDI 的服用量最低的病人及其剂量:

```
Patient(?p) ^ hasTreatment(?p, ?tr) ^ hasDrug(?tr, DDI) ^ hasDose(?tr, ?dose)°
sqwrl:makeBag(?b, ?dose) ^ sqwrl:groupBy(?b, ?p)°
sqwrl:least(?leastDose, ?b) ^ swrlb:equal(?leastDose, ?dose)
- >sqwrl:select(?p, ?leastDose)
```

再如,查询 DDI 的服用量排在前 1/3 的病人:

```
Patient(?p) ^ hasTreatment(?p, ?tr) ^ hasDrug(?tr, DDI) ^ hasDose(?tr, ?dose) °
sqwrl:makeBag(?b, ?dose) ^ sqwrl:groupBy(?b, ?p)°
sqwrl:nth(?third, ?b, 3) ^ swrlb:equal(?third, ?dose)
- >sqwrl:select(?p, ?third)
```

3. 本体自身信息的查询

本体自身信息的查询可以分为 ABox、TBox、RBox 三大类。

(1) ABox:

- caa Class assertion axiom. e. g. , abox:caa(Person, ?i)
- sia Same individual axiom. e. g. , abox:sia(henry, ?i)

- dia Different individuals axiom. e. g. , abox:dia(henry, bob)
- opaa Object property assertion axiom. e. g. , abox:opaa(henry, ?p, bob)
- nopaa Negative object property assertion axiom. e. g. , abox:nopaa(henry, ?p, bob)
- dpaa Data property assertion axiom. e. g. , abox:dpaa(?i, hasAge, 13)
- ndpaa Negative data property assertion axiom. e. g. , abox:ndpaa(?i, hasAge, 13)

例如,列出所有取值为布尔真值的数据属性:

abox:dpaa(?s,?p,true) - >sqwrl:select(?p)

再如,列出数据属性 hasAge 的所有取值:

abox:dpaa(?s,hasAge,?v) - >sqwrl:select(?v)

(2) TBox:

- cd Declaration axiom for an OWL class. e. g. , tbox:cd(?c)
- opd Declaration axiom for an OWL object property. e. g. , tbox:opd(?op)
- dpd Declaration axiom for an OWL data property. e. g. , tbox:dpd(?dp)
- apd Declaration axiom for an OWL annotation property. e. g. , tbox:apd(?ap)
- dd Declaration axiom for an OWL datatype. e. g. , tbox:dd(?d)
- sca Subclass axiom. e. g. , tbox:sca(?c, Parent)
- eca Equivalent classes axiom. e. g. , tbox:eca(?c, Dog)
- dca Disjoint classes axiom. e. g. , tbox:dca(Mother, Father)
- fopa Functional object property axiom. e. g. , tbox:fopa(hasMother)
- ifopa Inverse functional object property axiom. e. g. , ifopa:eca(?p)
- fdpa Functional data property axiom. e. g. , tbox:fdpa(hasAge)
- opda Object property domain axiom. e. g. , tbox:opda(hasFriend, Person)
- opra Object property range axiom. e. g. , tbox:opra(hasFriend, Person)
- dpda Data property domain axiom. e. g. , tbox:dpda(hasSalary, Person)
- dpra Not yet implemented. Data property range axiom.
- dda Not yet implemented. Datatype definition axiom.
- dua Not yet implemented. Disjoint union of axiom.
- hka Not yet implemented. Has key axiom.

例如,列出所有已声明的类:

tbox:cd(?c) - >sqwrl:select(?c)

又如,列出所有定义域为 Person 的对象属性:

tbox:opda(?p,Person) - >sqwrl:select(?p)

再如,列出 Person 类的所有已声明的父类(superclass):

tbox:sca(Person,?c) - >sqwrl:select(?c)^sqwrl:orderBy(?c)

(3) RBox:

- topa Transitive object property axiom. e. g. , rbox:topa(?p)

- djopa Disjoint object property axiom. e. g. , rbox:djopa(?p, hasUncle)
- sopa Sub object property of axiom. e. g. , rbox:sopa(?p, hasFather)
- eopa Equivalent object properties axiom. e. g. , rbox:eopa(?p, hasUncle)
- spa Symmetric object property axiom. e. g. , rbox:spa(friendOf)
- aopa Asymmetric object property axiom. e. g. , rbox:aopa(?p)
- ropa Reflexive object property axiom. e. g. , rbox:ropa(?p)
- iropa Irreflexive object property axiom. e. g. , rbox:iropa(?p)
- iopa Inverse object properties axiom. e. g. , rbox:iopa(?p, hasUncle)
- djdpa Disjoint data properties axiom. e. g. , rbox:djdpa(?p, hasAge)
- sdpa Sub data property axiom. e. g. , rbox:sdpa(?p, hasName)
- edpa Equivalent data properties axiom. e. g. , rbox:epda(?p, hasAge)
- spoca Not yet implemented. Sub property chain of axiom.

例如,列出所有互斥的(disjoint)数据属性对:

rbox:djdpa(?dp1,?dp2) - >sqwrl:select(?dp1,?dp2)^sqwrl:orderBy(?dp1,?dp2)

再如,列出所有具备非自反(irreflexive)关系的对象属性:

rbox:iropa(?p) - >sqwrl:select(?p)^sqwrl:orderBy(?p)

4. 其他类型的查询

(1) 计算自 2016 年 1 月 1 日以来流逝的天数:

temporal:duration(?d,"2016 - 01 - 01" ,"now" ,"days") - >sqwrl:select(?d)

(2)返回一个 0 ~ 1 之间的随机数:

swrlm:eavl(?r, "rand( )") - > sqwrl:select(?r)

(3)列出一个本体模型中的所有实例:

owl:Thing(?i) - >sqwrl:select(?i)

附录 3　典型本体示例（Manchester OWL 语法格式）

```
Prefix: : <http://owl. man. ac. uk/2006/07/sssw/university#>
Prefix: owl: <http://www. w3. org/2002/07/owl#>
Prefix: rdf: <http://www. w3. org/1999/02/22 - rdf - syntax - ns#>
Prefix: rdfs: <http://www. w3. org/2000/01/rdf - schema#>
Prefix: swrl: <http://www. w3. org/2003/11/swrl#>
Prefix: swrla: <http://swrl. stanford. edu/ontologies/3. 3/swrla. owl#>
Prefix: swrlb: <http://www. w3. org/2003/11/swrlb#>
Prefix: xml: <http://www. w3. org/XML/1998/namespace>
Prefix: xsd: <http://www. w3. org/2001/XMLSchema#>

Ontology: <http://owl. man. ac. uk/2006/07/sssw/university>
AnnotationProperty: swrla:isRuleEnabled
ObjectProperty: assistsWith
    Range:
        Module
    InverseOf:
hasAssistant
ObjectProperty: hasAssistant
    InverseOf:
assistsWith
ObjectProperty: isTaughtBy
    InverseOf:
teaches
ObjectProperty: takes
    Domain:
        Student
    Range:
        Module
ObjectProperty: teaches
```

```
        Domain:
            AcademicStaff
        Range:
            Module
        InverseOf:
isTaughtBy
Class: AcademicStaff
        SubClassOf:
            Staff
Class: ComputerScienceModule
        SubClassOf:
            Module
        DisjointWith:
            EconomicsModule, MathsModule
Class: EconomicsModule
        SubClassOf:
            Module
        DisjointWith:
            ComputerScienceModule, MathsModule
Class: GraduateStudent
        SubClassOf:
            Student
        DisjointWith:
            UndergraduateStudent
Class: MathsModule
        SubClassOf:
            Module
        DisjointWith:
            ComputerScienceModule, EconomicsModule
Class: Module
        SubClassOf:
owl:Thing,
isTaughtBy only AcademicStaff,
isTaughtBy exactly 1 owl:Thing,
hasAssistant max 2 owl:Thing
Class: NonAcademicStaff
        SubClassOf:
```

```
        Staff
Class: Person
Class: Staff
    SubClassOf:
        Person
Class: Student
    SubClassOf:
        Person
Class: TakeCSModuleOnly
    EquivalentTo:
takes only ComputerScienceModule
    SubClassOf:
        Person
Class: TakeECModuleOnly
    EquivalentTo:
takes only EconomicsModule
    SubClassOf:
        Person
Class: TakeMTModuleOnly
    EquivalentTo:
takes only MathsModule
    SubClassOf:
        Person
Class: TakeModulesInBothAreas
    SubClassOf:
        Person
Class: TakeModulesInCSandMT
    EquivalentTo:
        (takes some ComputerScienceModule) and (takes some MathsModule)
    SubClassOf:
        Person
Class: TakeModulesInSingleArea
    EquivalentTo:
        TakeCSModuleOnly or TakeECModuleOnly or TakeMTModuleOnly
    SubClassOf:
        Person
Class: UndergraduateStudent
```

```
        SubClassOf:
            Student,
    takes exactly 2 Module
        DisjointWith:
            GraduateStudent
    Class: owl:Thing
    Individual: CS101
        Types:
            ComputerScienceModule
        Facts:
    isTaughtBy Prof1
    Individual: CS102
        Types:
            ComputerScienceModule
        Facts:
    isTaughtBy Prof2
    Individual: CS103
        Types:
            ComputerScienceModule
        Facts:
    isTaughtBy Prof3
    Individual: CS104
        Types:
            ComputerScienceModule
        Facts:
    isTaughtBy Prof1
    Individual: CS105
        Types:
            ComputerScienceModule
        Facts:
    isTaughtBy Prof3
    Individual: EC101
        Types:
            EconomicsModule
        Facts:
    isTaughtBy Prof7
    Individual: EC102
```

```
    Types:
        EconomicsModule
    Facts:
isTaughtBy Prof8
Individual: EC103
    Types:
        EconomicsModule
    Facts:
isTaughtBy Prof9
Individual: MT101
    Types:
        MathsModule
    Facts:
isTaughtBy Prof4
Individual: MT102
    Types:
        MathsModule
    Facts:
isTaughtBy Prof5
    DifferentFrom:
        MT103
Individual: MT103
    Types:
        MathsModule
    Facts:
isTaughtBy Prof6
    DifferentFrom:
        MT102
Individual: Prof1
    Types:
        AcademicStaff
    Facts:
teaches CS101,
teaches CS104
Individual: Prof2
    Types:
        AcademicStaff
```

Facts:

teaches CS102

Individual: Prof3

Types:

AcademicStaff

Facts:

teaches CS103,

teaches CS105

Individual: Prof4

Types:

AcademicStaff

Facts:

teaches MT101

Individual: Prof5

Types:

AcademicStaff

Facts:

teaches MT102

Individual: Prof6

Types:

AcademicStaff

Facts:

teaches MT103

Individual: Prof7

Types:

AcademicStaff

Facts:

teaches EC101

Individual: Prof8

Types:

AcademicStaff

Facts:

teaches EC102

Individual: Prof9

Types:

AcademicStaff

Facts:

```
teaches EC103
Individual: Student1
    Types:
        UndergraduateStudent
    Facts:
takes CS101,
takes CS102
Individual: Student2
    Types:
        UndergraduateStudent
    Facts:
takes CS101,
takes MT101
Individual: Student3
    Types:
        UndergraduateStudent
    Facts:
takes MT101,
takes MT103
Individual: Student4
    Types:
        UndergraduateStudent
    Facts:
takes CS101,
takes MT101
Individual: Student5
    Types:
        UndergraduateStudent
    Facts:
takes MT102,
takes MT103
Individual: Student6
    Types:
        UndergraduateStudent,
takes some Module
    Facts:
takes MT101
```

```
Individual: Student7
    Types:
owl:Thing,
takes some MathsModule
    Facts:
takes CS101
Individual: Student8
    Types:
owl:Thing,
takes some ( {CS101 , CS103 , CS104 , CS105} )
    Facts:
takes CS102
Individual: Student9
    Types:
        UndergraduateStudent
    Facts:
takes CS101,
takes CS102,
takes MT101
Individual: Students10
    Facts:
takes CS101,
takes EC101,
takes MT101
```

参 考 文 献

[1] 徐享忠,汤再江,谭亚新,等. 指挥信息系统与作战仿真系统语义互操作方法研究报告[R]. 装甲兵工程学院,2016,12.

[2] 汤再江. 指挥信息系统与作战互操作方法研究[D]. 北京:装甲兵工程学院,2017,6.

[3] (美)托克(Tolk A.)等. 作战建模与分布式仿真的工程原理[M]. 郭齐胜,徐享忠,王勃,等译. 北京:国防工业出版社,2016.

[4] 崔仙姬. OWL本体中完整性约束的验证方法研究[D]. 吉林:吉林大学,2014.

[5] 甘健侯,姜跃,夏幼明. 本体方法及其应用[M]. 北京:科学出版社,2011.

[6] 王晓伟,刘能勇,梁傲雪,等. 符号学视角下语义网定义及其理论框架的再认识[J]. 现代情报,2017,37(8):33-40.

[7] 杜小勇,李曼,王大治. 语义Web与本体研究综述[J]. 计算机应用,2004,24(10):14-16.

[8] 刘欢. 基于本体的群体事件知识管理的研究[D]. 上海:上海交通大学,2013.

[9] 魏建琳. 语义网的目标、架构及实现机制解析[J]. 西安文理学院学报(自然科学版),2011,14(4):70-73.

[10] 张星. 基于本体的大型复杂设备文本维修案例检索算法研究[D]. 合肥:合肥工业大学,2016.

[11] 翟社平,马传宾,李威,等. 基于SWRL规则推理的知识发现研究[J]. 信息技术,2016,(2):76-79.

[12] 冯志勇,李文杰,李晓红. 本体论工程及其应用[M]. 北京:清华大学出版社. 2007:1-71.

[13] 魏春良. 本体的构建方法与应用研究[D]. 成都:电子科技大学硕士学位论文,2011.

[14] 徐享忠,杨建东,汤再江. 基于OWL的本体建模与推理研究[J]. 装甲兵工程学院学报. 2017,31(5):81-85,96.

[15] 徐享忠. 基于XML的互操作框架及其在仿真系统中的应用研究[D]. 北京:装甲兵工程学院博士学位论文. 2003.

[16] 骆力明,刘王宁,刘杰,等. C-OWL2:OWL2在云模型上的扩展[J]. 北京理工大学学报. 2017,37(12):1241-1246.

[17] 黄红兵,潘显军,李贤玉,等. 作战数据知识化:需求与方法[J]. 指挥与控制学报,2015,1(4):361-374.

[18] 董志华,朱元昌,邸彦强,等. 仿真体系结构语义互操作研究[J]. 系统仿真学报,2014,26(9):1889-1985,1900.

[19] 胡丰华,邱晓刚,黄柯棣,等. 军事分析仿真语义互操作研究[J]. 系统仿真学报,2012,24(12):2468-2472.

[20] (美)安东尼奥(Antonio, G.),(美)海尔梅莱恩(Harmelen, F.). 语义网基础教程[M]. 陈小平,译. 北京:机械工业出版社,2008.

[21] W3C Recommendation. OWL 2 Web Ontology Language Document Overview (Second Edition). http://www.w3.org/TR/2012/REC-owl2-overview-20121211/,2012.12.

[22] W3C Recommendation. OWL 2 Web Ontology Language: Direct Semantics (Second Edition). http://www. w3. org/TR/2012/REC – owl2 – direct – semantics – 20121211/,2012. 12.
[23] W3C Recommendation. OWL 2 Web Ontology Language: RDF – Based Semantics (Second Edition). http://www. w3. org/TR/2012/REC – owl2 – rdf – based – semantics – 20121211/,2012. 12.
[24] W3C Recommendation. OWL 2 Web Ontology Language: Structural Specification and Functional – Style Syntax (Second Edition). http://www. w3. org/TR/2012/ REC – owl2 – syntax – 20121211/,2012. 12.
[25] W3C Recommendation. SWRL: A Semantic Web Rule Language Combining OWL and RuleML. http://www. w3. org/Submission/2004/SUBM – SWRL – 20040521/,2004. 05.
[26] 修佳鹏,熊燕,张雷,等. 基于 OWL 的战场本体构建方法[J]. 郑州大学学报(理学版),2007,39(2):136 – 140.
[27] 黄廖若,沈庆国. 利用本体建模和 SWRL 推理实现策略自动部署[J]. 计算机与现代化,2013,28(2):214 – 219.
[28] 崇元,李加祥,艾葳. 面向敌方作战行动过程中的本体构建[J]. 兵工自动化,2016,3(3):54 – 58.
[29] 刘忠,钱猛,黄金才,等. 基于语义推理的作战计划验证方法[J]. 系统工程与电子技术,2010,32(5):988 – 993.
[30] 谭玉玺,孙鹏. 基于规则库的陆军作战指挥活动仿真建模[J]. 指挥控制与仿真,2016,38(1):90 – 93.
[31] 吴扬波,贾全,王文广,等. 基于规则推理的海战仿真实体决策方法[J]. 火力与指挥控制,2009,34(8):30 – 33.
[32] 闫家传,张仁友. 坦克分队作战规则数据的描述方法[J]. 陆军军官学院学报,2014,34(4):57 – 59.
[33] 孙少斌,张诗楠,董博. 计算机生成兵力团体队形协作研究[J]. 系统仿真学报,2015,27(11):2670 – 2675.
[34] 张仁友,闫家传,李威. 基于人工智能的坦克分队战斗队形建模研究[J]. 装甲兵技术学院学报,2015,31(5): 50 – 52.
[35] 李凤霞,卢兆涵,雷正朝,等. 基于队形的聚合解聚方法研究[J]. 系统仿真学报,2013,25(10):2308 – 2313.
[36] 朱亮,秦龙,彭勇,等. 基于人工力的机动队形控制[J]. 计算机仿真,2014,31(2):48 – 53.
[37] 刘勇,胡建军,陈旺. 坦克分队快速机动协同控制系统构想[J]. 火力与指挥控制,2015,40(3):104 – 107.
[38] 叶雄兵,董献洲,季明,等. 作战模拟规则探讨[J]. 军事运筹与系统工程,2009,23(4):56 – 61.
[39] 全军军事术语管理委员会,军事科学院. 中国人民解放军军语[M]. 北京:军事科学出版社,2011:686 – 690.
[40] 张艳涛,陈俊杰,相洁. 基于 SWRL 的本体推理研究[J]. 微计算机信息,2010,26(3):182 – 183.
[41] O'Connor M J, Das A. SQWRL: a Query Language for OWL. //in OWL: Experiences and Directions (OWLED)[C]. 6th International Workshop, Chantilly, VA, 2009.
[42] Costa P C G' Laskey K B. PR – OWL: a framework for probabilistic ontologies. In: Frontiersin Artificial Intelligence and Applications. IOS Press, Baltimore, MD, 2006. 150: 237 – 249.
[43] Costa P, Laskey K and Laskey K (2006). Probabilistic ontologies for efficient resource sharing insemantic web services. In: Proceedings of the Second Workshop on Uncertainty Reasoning forthe Semantic Web, Athens, GA.

[44] Darwiche A (2009). Modeling and Reasoning with Bayesian Networks (1st edition). CambridgeUniversity Press, Cambridge, MA.

[45] 汪晨,俞家文,陆阿涛. OWL 及其在 Ontology 建模中的应用研究[J]. 情报杂志,2006(6):63 – 65.

[46] 梁晔,周海燕. 本体论与语义 Web[J]. 北京联合大学学报,2007, 21(1):40.

[47] 宋建萍. 领域本体的开发与应用研究[D]. 湖北:湖北大学,2007.

[48] 杨力. 从 RDF、DAML + OIL 到 OWL——Ontology 语言比较[J]. 农业图书情报学刊,2005,17(11):8 – 11.

[49] 胡鹤,刘大有,王生生. Web 本体语言 OWL[J]. 计算机工程,2004,30(12):1 – 2.

[50] 王利勇. 军队指挥信息系统研究[M]. 北京:国防大学出版社,2007.

[51] 军用仿真术语:GJB 6935—2009. [S]. 2010.

[52] DODD. DODD 2010. 6 Standardization and Interoperability of Weapon Systems and Equipment within the North Atlantic Treaty Organization (NATO)[S]. 11 March 1977.

[53] Mikel D Petty, Eric W Weisel. A Composability Lexicon[C]. Proc. of the spring 2003 Simulation Interoperability Workshop, Orlando FL. 2003.

[54] Hieb M R, Sudnikovich W P, Sprinkle R, et al. The SIMCI OIPT: a systematic approach to solving C4I// M&S interoperability[C]. Proc. of the Fall Simulation Interoperability Workshop, Orlando, FL. 2002.

[55] Joint Chiefs of Staff. Department of Defense Dictionary of Military and Associated Terms[R], as amended through March, 2017 (Joint Publication 1 – 02).

[56] 谭立威,邵志清,张欢欢,等. 基于启发式规则的 SPARQL 本体查询[J]. 华东理工大学学报(自然科学版),2016,42(6):1735 – 1739.

[57] Sem Web Central. OWL – S 1. 1 release[EB/OL]. [2009 – 10 – 11]. http: //www. daml. org/services/owl – s/1. 1.

[58] Massimo Paolucci T R P, Takahiro Kawamura, Sycara K. Semantic Matching of Web Services Capabilities [C]// the Semantic Web ISWC2002, Proceedings of the first international semantic, web conference. Berlin: Springer – verlag, 2002:333 – 347.

[59] Klose D, Mayk I, Sieber M, et al. Train as You Fight: SINCE—the Key Enabler[C]. Proc. of the RTO NMSG Symposium on Modeling and Simulation to Address NATO's New and Existing Military Requirements. NATO Report RTO – MP – MSG – 028, Koblenz, Germany,2004.

[60] Gruber T. Knowledge Level Modeling: Concepts and Terminology[J]. The Knowledge Engineering Review,1998, 13(1):5 – 29.

[61] Carvalho RN (2011). Probabilistic ontology: representation and modeling methodology. PhD Dissertation, George Mason University, Fairfax, VA.

[62] Carvalho RN, Laskey KB, da Costa PCG, Ladeira M, Santos LL and Matsumoto S (2010). UnBBayes: modeling uncertainty for plausible reasoning in the semantic web. In: SemanticWeb. InTech, Rijeka, Croatia, p. 1 – 28.

[63] 徐享忠,汤再江,谭亚新. 作战仿真与指控系统语义互操作技术参考框架研究[J]. 系统仿真学报,2015,27(8):1735 – 1739.

[64] 徐享忠,杨建东,汤再江. Data Virtualization for Coupling C2 and Combat Simulations Systems. IGTA2015 学术会议(Springer Press),2015,6:190 – 197.

[65] 徐享忠,邵伟,范锐. 作战仿真想定数据准备关键技术[J]. 装甲兵工程学院学报,2016, 30(1):

69 – 73.

[66] 汤再江,徐享忠,薛青,等. 指挥信息系统与作战仿真系统互操作研究综述[J]. 系统仿真学报, 2015, 27(8):1659 – 1664.

[67] 徐享忠,汤再江,谭亚新. 美军作战仿真与指控系统互操作发展历程及案例研究[J]. 系统仿真学报,2018,(12):4686 – 4693.

[68] (美)阿瑟诺维斯基(Arsenovski; D.). 代码重构(C#& ASP. NET 版)[M]. 潘立福,权乐,译. 北京:清华大学出版社,2011.

[69] PR – OWL: A Bayesian extension to the OWL Ontology Language. http://www. pr – owl. org/index. php.

[70] Protégé 5. 2. 0. http://protege. stanford. edu/products. php#desktop – protégé.

[71] 王雪瑞,李拴保. 描述逻辑 ALC 基于 RBox 的推理[J]. 湘潭大学自然科学学报,2014,36(2):104 – 108.

[72] 郭少友,魏朋争,洪娜,等. 四种 SPARQL 查询构建器及其比较研究[J]. 情报科学,2015, 33(3): 80 – 84.

[73] 曹灿. 基于本体的软件工程课程知识库研究和应用[D]. 北京:北京林业大学,2010.

[74] 李景. 领域本体的构建方法与应用研究[D]. 北京:中国农业科学院,2009.

[75] 尚新丽. 国外本体构建方法比较分析[J]. 图书情报工作,2012,56(4):116 – 119.

[76] 龙红能,殷国富,成尔京,等. 基于本体论的过程规范语言的语义分析[J]. 计算机集成制造系统 – CIMS,2003,9(10):926 – 931.

[77] Tolk A,Muguira J A. The Levels of Conceptual Interoperability Model (LCIM) [C]. Proc. of the Fall Simulation Interoperability Workshop. 2003.

[78] Levels of Information Systems Interoperability (LISI), http://www. sei. cmu. edu/isis/guide/introduction/lisi. htm.

[79] 吕律. 基于 OWL 本体和 SWRL 的事件检测的研究与实现[J]. 计算机系统应用,2009, (10): 125 – 129.

[80] 吕素刚,郑洪源. 基于扩展标记的改进本体概念分类算法[J]. 计算机工程,2011,37 (15):43 – 45.

[81] 马卫兵,王文广,朱一凡. 指控领域模块化本体开发方法[J]. 火力与指挥控制,2014,39(12): 50 – 53.

[82] 岳磊,马亚平,徐俊强,等. 面向语义的作战命令形式化描述及本体构建[J]. 指挥控制与仿真, 2012,34(1):11 – 14,28.

[83] 岳磊,马亚平,徐俊强. 面向语义的 C2 领域本体构建研究[J]. 指挥控制与仿真,2011,33(5): 12 – 15.

[84] Curts R J, Campbell D E. Building an Ontology for Command & Control[C]. 10th International Command and Control Research and Technology Symposium——the future of C2,2005(ADA464304).

[85] Molitoris JJ. Use of COTS XML and web technology for current and future C2 systems[C]. In: Proceedings of the Military Communications Conference (MILCOM). IEEE Press, Piscataway, NJ, 2003,1: 221 – 226.

[86] Laskey K, Costa P, Wright E et al. Probabilistic ontology for net – centric fusion[C]. In: Proceedings of the Tenth International Conference on Information Fusion, Quebec, Canada,2007.

[87] 牛小星,王智学,张婷婷,等. 基于 C4ISR 系统能力需求的语义 Web 服务发现技术[J]. 兵工自动化,2015,34(7):60 – 64.

[88] 贾君枝,刘艳玲. 顶层本体比较及评估[J]. 情报理论与实践,2007,30(3):397 - 400.
[89] IEEE P1600. 1. Standard upper ontology working group (SUO WG)[EB/OL]. (2006 - 07 - 29)[2015 - 09 - 08]. http://suo. ieee. org/.
[90] 刘金花,张友华,李绍稳,等. 本体演化研究进展[J]. 计算机系统应用,2011,20(7):239 - 243.
[91] 冉婕,漆丽娟. 本体的形式化研究[J]. 微型机与应用,2012,31(6):1 - 3.
[92] 陈志刚,刘志坤,杨露菁. 基于 PR - OWL 的战术意图识别概率本体建模[J]. 舰船电子工程,2015,35(2):86 - 89.
[93] Multilateral Interoperability Program, C2IEDM MAIN - US - DMWG. The C2 InformationExchange Data Model (C2IEDM MAIN) Edition 6. 1, November 20, 2003.
[94] Bruce W C, Gary J F, Roy O S. A C2IEDM Based Approach to C4I and Simulation Initialization and Synchronization [EB/OL]. (2005 - 10 - 30)[2015 - 01 - 12] . http://www. sisostds. org/DigtalLibrary/05F - SIW - 068. pdf.
[95] RonaldBS, ThomasMK and COLStuartM. Battle Command and Simulation Data Model Decision [EB/OL]. 2005 - 10 - 30)[2015 - 01 - 12] . http://www. sisostds. org/DigtalLibrary/05F - SIW - 117. pdf.
[96] 李罗. 本体知识库的封闭世界假设研究[D]. 北京:北京交通大学,2010.
[97] 张晓丹,李静,张秋霞,等. 语义 Web 本体语言 OWL2 研究[J]. 电子设计工程,2015,23(16):28 - 31.
[98] 梅婧,刘升平,林作铨. 语义 Web 的逻辑基础[J]. 模式识别与人工智能,2005,18(5):513 - 521.
[99] 李鑫. 本地封闭世界假设下事务模型研究及事务分解[D]. 大连:大连理工大学,2010.
[100] 王海,范琳,李增智. 基于 SQWRL 的语义 Web 服务发现[J]. 微电子学与计算机,2010,27(9):76 - 80.
[101] 刘杰,傅秀芬. 基于 OWL - S 的语义 Web 服务发现方法[J]. 计算机技术与发展,2012,22(4):73 - 76.
[102] 刘欢. 基于本体的群体事件知识管理的研究[D]. 上海:上海交通大学,2013.
[103] 梅婧,林作铨. 从 ALC 到 SHOQ(D):描述逻辑及其 Tableau 算法[J]. 计算机科学,2005,32(3):1 - 11.